秘書工作綜合實訓

楊珈瑋　主　編
黃絲雨　副主編

崧燁文化

前 言

秘書是領導者、主事者身邊的綜合輔助工作人員和公務服務人員。他們以輔助決策、綜合協調、溝通信息、辦文、辦會、辦事等為主要職能，是領導者、主事者的參謀和助手。要想培養學生在校期間就具備較強的綜合素質和職業技能，需要在實訓環節多下功夫。為此，我們結合多年的秘書工作教學經驗與體會，並針對當前經濟建設的需要，結合高等院校學生的特點及實際情況，精心編寫了這本教材，希望能對秘書、行政管理等專業的師生們的教學活動有實質性的幫助。

本教材的主要特點有以下幾個方面：

1. 涉及全面工作，突出重點項目

要想讓學生在走上社會崗位、參與社會實踐之前，盡可能對秘書工作有個較為全面的瞭解，掌握秘書應有的基本工作技能，需要在校內的理論課程實踐環節及獨立實訓課程中進行全方位的訓練。此教材幾乎涵蓋了秘書的所有工作內容，既包括事務管理、接待來訪、會務組織、信息與調研、信訪與保密、督查與參謀、文檔管理等主要工作，及公務文書、事務文書、商務文書、公關文書、宣傳文書等寫作工作，還包括禮儀與形象、口才與溝通、辦公設備應用等基礎工作。由於篇幅有限，本教材只能在涉及秘書多方面工作內容的基礎上突出重點，如秘書辦文、辦事、辦會方面，以培訓職業核心技能為主，在教材使用時，還可根據課時需要、學生的水平特點，適當增加或減少部分項目內容。個別項目內容或因跨專業的特點，容量也較大，另編有實訓教材，故未在此列出。

2. 精心設計情景，增強工作氛圍

要讓學生對秘書工作有更為深入的體會，更好地掌握秘書的職業工作技能，需要根據秘書崗位特點精心設計實訓情景，增強工作氛圍，培養學生的職業意識。本教材在每個項目下設置了眾多任務，每個任務又按「實訓情景」「實訓重點」「實訓步驟」進行說明，同時對實訓準備工作做了介紹，包括知識準備、材料準備，對實訓課時的安排及實訓成果展示和匯編也提出了建議、要求，並在「實訓工具箱」中補充了大量的案例分析、拓展訓練、拓展閱讀等資料內容以方便學生課后的學習和訓練。在實訓過程中本教材強調學生的主體作用，多由學生組成實訓小組根據實訓情景按照實訓步驟完成，尤其圍繞實訓重點進行思考、編排、操作，必要時學生須自學相關知識內容來完成任務。老師在整個實訓過程中主要以組織、引導、講評任務為主，為學生營造寬鬆、靈活、切合的實訓環境，鼓勵學生大膽實踐、創新設計，結合當地的經濟文化背景，積極融入當前的社會經濟領域，拓展開放的國際視野。

本教材由楊珈瑋任主編，確定全書的編寫大綱，規定體例，最后統稿，並編寫了其中的項目三、四、五及項目九、十的部分內容；黃絲雨任副主編，修訂統一格式，並編寫了其中的項目八、十三；唐元平負責項目一的編寫；蒙雨負責項目二的編寫；李琳負責項目

六、七的編寫；李英負責項目九、十的編寫；侯占香負責項目十一、十二的編寫；李小冰負責項目十四的編寫；唐蔚負責項目十五的編寫。

在編寫時，本教材借鑑了國內外同類教材、著作、報刊、網路中不少有益的文章及資料，因教材編寫體例的要求，無法一一註明。在此，特向原編著者表示敬意、感謝！也由於編者學識水平有限，書中難免存在疏漏、欠妥之處，敬請各位專家、同行和廣大讀者提出寶貴意見，以待再版時完善。

編者

目 錄

項目一　秘書禮儀與形象設計實訓 ……………………………………………（1）
　　任務一　面容保養及修飾 ……………………………………………………（1）
　　任務二　頭髮的保養及髮型設計 ……………………………………………（1）
　　任務三　妝容設計 ……………………………………………………………（2）
　　任務四　秘書服飾裝扮一 ……………………………………………………（2）
　　任務五　秘書服飾裝扮二 ……………………………………………………（2）
　　任務六　形象設計 ……………………………………………………………（3）
　　任務七　見面禮儀 ……………………………………………………………（3）
　　任務八　饋贈禮儀 ……………………………………………………………（4）
　　任務九　中餐禮儀 ……………………………………………………………（4）
　　任務十　西餐禮儀 ……………………………………………………………（4）
　　任務十一　電話禮儀 …………………………………………………………（5）
　　任務十二　傳真禮儀 …………………………………………………………（5）

項目二　秘書口才與溝通技巧實訓 ……………………………………………（26）
　　任務一　語音語調訓練（語音矯正）………………………………………（26）
　　任務二　語音語調訓練（口語表達技巧訓練）……………………………（26）
　　任務三　語音語調訓練（繞口令）…………………………………………（27）
　　任務四　語音語調訓練（練習說話）………………………………………（28）
　　任務五　非語言溝通技巧實訓（表情訓練）………………………………（28）
　　任務六　非語言溝通技巧實訓（笑語訓練）………………………………（28）
　　任務七　非語言溝通技巧實訓（目光語的訓練）…………………………（29）
　　任務八　非語言溝通技巧實訓（面試體態訓練）…………………………（29）
　　任務九　非語言溝通技巧實訓（體態訓練）………………………………（29）
　　任務十　電話溝通實訓（接電話）…………………………………………（29）
　　任務十一　電話溝通實訓（應對電話投訴）………………………………（30）

任務十二　電話溝通實訓（電話溝通的邏輯問題）……………………（30）
　　任務十三　人際溝通技能實訓（接待）………………………………（31）
　　任務十四　人際溝通技能實訓（緩和氣氛）…………………………（31）
　　任務十五　人際溝通技能實訓（適度「示弱」）……………………（31）
　　任務十六　人際溝通技能實訓（適當地批評他人）…………………（32）
　　任務十七　小組溝通……………………………………………………（32）
　　任務十八　會議溝通……………………………………………………（32）
　　任務十九　小組面試試題………………………………………………（33）

項目三　秘書日常事務管理實訓……………………………………………（44）
　　任務一　辦公室空間設計………………………………………………（44）
　　任務二　購置辦公設備…………………………………………………（44）
　　任務三　為老板打出電話………………………………………………（45）
　　任務四　為老板接答電話………………………………………………（45）
　　任務五　約會安排………………………………………………………（46）
　　任務六　擬訂旅行方案…………………………………………………（46）
　　任務七　值班工作………………………………………………………（46）

項目四　秘書接待來訪工作實訓……………………………………………（56）
　　任務一　辦公室內的迎接………………………………………………（56）
　　任務二　走出辦公室的迎接……………………………………………（56）
　　任務三　對有約來訪者和無約來訪者的接待及轉達…………………（57）
　　任務四　對同時到達的客人的接待及轉達……………………………（57）
　　任務五　必須等候的接待及轉達………………………………………（58）
　　任務六　對情況特殊的客人的接待及轉達……………………………（58）
　　任務七　為客人引見……………………………………………………（59）
　　任務八　招待及中止會晤………………………………………………（59）
　　任務九　與客人送別……………………………………………………（59）
　　任務十　對來上訪投訴的客人的接待…………………………………（60）
　　任務十一　接待方案設計………………………………………………（60）

項目五　秘書會務組織工作實訓 ……………………………………………（75）

任務一　籌備與組織慶典開幕式 ……………………………………（75）
任務二　籌備與組織新聞發布會 ……………………………………（76）
任務三　籌備與組織洽談會 …………………………………………（76）
任務四　籌備與組織簽約會 …………………………………………（77）
任務五　籌備與組織總結表彰大會 …………………………………（77）

項目六　秘書信息與調研工作實訓 …………………………………………（90）

任務一　編寫信息 ……………………………………………………（90）
任務二　編發信息刊物《工作簡報》 ………………………………（90）
任務三　編發信息期刊《網路信息摘要》 …………………………（91）
任務四　編發信息期刊《信息參考》 ………………………………（91）
任務五　開展信息調研 ………………………………………………（91）

項目七　秘書信訪與保密工作實訓 …………………………………………（100）

任務一　來信辦理 ……………………………………………………（100）
任務二　來訪處理1 ……………………………………………………（101）
任務三　來訪處理2 ……………………………………………………（102）
任務四　保密工作 ……………………………………………………（102）

項目八　秘書督查與參謀工作實訓 …………………………………………（112）

任務一　辦文中的參謀：修訂文稿主題 ……………………………（112）
任務二　辦會中的參謀：精簡會議議程 ……………………………（115）
任務三　突發事件中的參謀：協助處理突發事件 …………………（116）
任務四　調研考察中的參謀：在擬寫調研報告時體現參謀思路 …（117）
任務五　督查中的參謀：擬寫督查計劃及報告 ……………………（117）

項目九　公務管理文書寫作實訓 ……………………………………………… (127)

　　任務一　通知的撰寫 ……………………………………………………… (127)

　　任務二　報告的撰寫 ……………………………………………………… (127)

　　任務三　請示的撰寫 ……………………………………………………… (128)

　　任務四　批覆的撰寫 ……………………………………………………… (128)

　　任務五　函的撰寫 ………………………………………………………… (128)

　　任務六　會議紀要的撰寫 ………………………………………………… (129)

項目十　事務管理文書寫作實訓 ……………………………………………… (139)

　　任務一　撰寫計劃文書 …………………………………………………… (139)

　　任務二　撰寫總結文書 …………………………………………………… (139)

　　任務三　撰寫簡報 ………………………………………………………… (140)

　　任務四　規章制度的寫作 ………………………………………………… (140)

項目十一　商務服務文書寫作實訓 …………………………………………… (152)

　　任務一　撰寫合同協議書 ………………………………………………… (152)

　　任務二　撰寫招標書 ……………………………………………………… (152)

　　任務三　撰寫推銷函 ……………………………………………………… (153)

　　任務四　撰寫報價函 ……………………………………………………… (153)

　　任務五　撰寫索賠信 ……………………………………………………… (153)

　　任務六　撰寫致歉信 ……………………………………………………… (154)

項目十二　公關禮儀文書寫作實訓 …………………………………………… (167)

　　任務一　撰寫請柬 ………………………………………………………… (167)

　　任務二　撰寫邀請信 ……………………………………………………… (167)

　　任務三　撰寫開幕詞 ……………………………………………………… (168)

　　任務四　撰寫公司簡介 …………………………………………………… (168)

　　任務五　撰寫聲明 ………………………………………………………… (168)

任務六　撰寫賀信 …………………………………………………………（169）
　　任務七　撰寫祝酒詞 ………………………………………………………（169）

項目十三　宣傳推廣文書寫作實訓 ………………………………………（177）
　　任務一　軟文寫作 …………………………………………………………（177）
　　任務二　產品說明書寫作 …………………………………………………（178）
　　任務三　營銷策劃寫作 ……………………………………………………（178）
　　任務四　商品計劃書寫作 …………………………………………………（179）

項目十四　文書檔案管理工作實訓 ………………………………………（191）
　　任務一　檔案整理分類方案的評價與完善 ………………………………（191）
　　任務二　檔案的分類與鑒定 ………………………………………………（192）
　　任務三　歸檔文件整理 ……………………………………………………（192）
　　任務四　檔案管理軟件操作技能訓練 ……………………………………（192）
　　任務五　檔案的編研 ………………………………………………………（193）
　　任務六　練習填寫各種檔案登記表 ………………………………………（194）
　　任務七　公文的發文處理 …………………………………………………（194）
　　任務八　公文的收文處理 …………………………………………………（195）

項目十五　辦公設備應用管理實訓 ………………………………………（211）
　　任務一　計算機主機箱整機清理 …………………………………………（211）
　　任務二　顯卡的一般故障及維護 …………………………………………（211）
　　任務三　硬盤的一般故障及維護 …………………………………………（212）
　　任務四　顯示器一般維護 …………………………………………………（212）
　　任務五　正確安裝打印機驅動程度 ………………………………………（213）
　　任務六　雙面打印及其他打印設置 ………………………………………（213）
　　任務七　打印機卡紙處理及硒鼓更換 ……………………………………（213）
　　任務八　複印機雙面複印及複印身分證 …………………………………（214）
　　任務九　發送和接收傳真 …………………………………………………（214）
　　任務十　複印機和傳真機卡紙處理 ………………………………………（214）

任务十一　安装及使用扫描仪 …………………………………………（215）
任务十二　photoshop 的相关应用 ……………………………………（215）
任务十三　扫描仪的一般维护 …………………………………………（215）
任务十四　数码相机在会议中的使用 …………………………………（216）
任务十五　DV 的使用……………………………………………………（216）

項目一　秘書禮儀與形象設計實訓

一、實訓目標

知識目標：瞭解秘書妝容設計、服飾裝扮設計、舉止儀態設計、交往禮儀、餐飲禮儀、通聯禮儀的基本知識，掌握秘書禮儀與形象設計的基本技巧與方法，能在秘書工作中體現良好的職業形象及素質。

能力目標：能運用所學的知識，結合秘書職業特點，進行妝容、服飾裝扮、舉止儀態等設計，並在實際工作中體現良好的交往、餐飲、通聯等禮儀，樹立秘書良好的職業形象。

二、適用課程

秘書禮儀與形象設計。

三、實訓內容

任務一　面容保養及修飾

【實訓情景】

全班同學進行分組，每組派兩名同學上臺講自己屬於什麼皮膚類型，平時應該怎麼保養自己的皮膚，保養時應該注意什麼問題。

【實訓重點】

瞭解自己的皮膚，學會保養自己的皮膚。

【實訓步驟】

1. 同學上臺演講，臺下同學進行評分，並給出評分理由。
2. 老師進行總結。

任務二　頭髮的保養及髮型設計

全班同學進行分組，每組派兩名同學上臺講自己屬於什麼髮質，平時應該怎麼保養自己的頭髮，保養時應該注意什麼問題。

【實訓重點】

瞭解自己的髮質，學會保養自己的頭髮。

【實訓步驟】

1. 同學上臺演講，臺下同學進行評分，並給出評分理由。
2. 老師進行總結。

任務三　妝容設計

【實訓情景】
假設你在新立公司擔任綜合辦公室秘書，請為自己分別設計日常休閒妝、工作妝以及宴會妝。

【實訓重點】
瞭解自己的皮膚、髮質，學會根據需要為自己設計妝容及化妝。

【實訓步驟】
1. 將全班同學分成 5 組，每組派 3 名同學作為代表。
2. 各組同學分別針對自己日常工作、休閒活動、參加公司晚宴三種情況，為自己設計妝容、髮型，並化妝。
3. 全班同學進行評分，老師最後點評。

任務四　秘書服飾裝扮一

【實訓情景】
今天，我們公司要和上海成聖公司的客戶洽談業務，你的著裝會給客人留下重要的第一印象。
作為男士/女士，你該穿怎樣的服裝和鞋子出現在客戶面前？

【實訓重點】
掌握工作場合著裝要點。

【實訓步驟】
1. 兩組同學分別自行設計穿著合適服裝，扮演「我公司」和成聖公司客戶。
2. 臺下同學進行評分，並給出評分理由。
3. 老師進行總結。

任務五　秘書服飾裝扮二

【實訓情景】
為提升員工素質，加強員工崗前培訓，新力公司每年舉行一次職工形象設計大賽，並進行獎勵。你作為該公司綜合辦公室的秘書，針對不同場合，想想會給自己什麼樣的形象呢？

【實訓重點】
重點使學生掌握工作場合的著裝要求，但同時也要掌握三種服飾的明顯區別。

【實訓步驟】
1. 學生分角色選擇自己認為最適合的工作服裝、社交服裝、休閒服裝進行展示，並根據著裝搭配好相應的配飾、包袋。

2. 每 9 人為一個小組，每個小組設組長一名，每 3 人扮演同一角色，共分 3 種角色（工作、社交、休閒）。

3. 要求學生根據自己的臉型選擇最適合自己的髮型，與著裝相配；女同學根據著裝顏色和具體環境的要求自己化妝。

4. 每小組表演 5 分鐘左右。出場順序由抽籤決定，小組內的出場順序、隊形由小組自己決定。

5. 最後評出「最佳秘書形象設計」「最佳社交形象設計」「最佳休閒形象設計」若干名。

6. 教師現場點評，加深學生印象。

任務六　形象設計

【實訓情景】

新力公司是一家大型的、產品具高科技含量的保健品公司。公司每年舉行一次個人形象設計大賽。請模擬新力公司舉行一次個人形象設計大賽的情景。

【實訓重點】

瞭解自己，能為自己在不同場合設計不同的妝容。掌握不同場合著裝、儀容、舉止的特點與要求。

【實訓步驟】

1. 學生分角色選擇自己認為最適合的工作服裝、社交服裝、休閒服裝進行展示。
2. 根據著裝選擇合適的髮型、妝容，佩帶合適的飾物、包袋。
3. 展示站姿、坐姿、蹲姿、微笑示意等基本體態禮儀。
4. 設計評分表，評分由全體學生共同參與，最后評出「最佳秘書形象設計」「最佳社交形象設計」「最佳休閒形象設計」若干名。

任務七　見面禮儀

【實訓情景】

天地公司總經理要去參加行業的「新產品展銷會」，秘書李燕同去。他們在展銷會上會碰到很多新的客戶，需要相互之間介紹認識。如果你是李燕，如何做到在見面會給上客戶留下良好的第一印象？

案例來源：生素巧，程萍. 秘書禮儀與職業形象設計 [M]. 北京：中國人民大學出版社，2012.

【實訓重點】

能夠熟練運用稱呼、介紹、握手禮儀知識等。

【實訓步驟】

1. 實訓時，要模擬展銷會情景，學生扮演秘書李燕。
2. 可供 3 組學生表演，每組 1 名學生扮演李燕，客戶若干。
3. 要求情景逼真，嚴肅認真對待。

任務八　饋贈禮儀

【實訓情景】

琳達是施鴻投資（中國）公司總經理的秘書。上司昨天剛從蘭州出差回來，今天一上班就對琳達說：「這次我到西北出差，蘭州黃河公司的劉總給我幫了不少的忙，我想給他送一件禮物，以表示我的感激之情。這事你幫我辦一下。」

【實訓重點】

選擇禮品、包裝禮品、贈送禮品的禮儀知識。

【實訓步驟】

1. 實訓時，要模擬琳達的辦公情景，學生扮演秘書琳達的角色。
2. 可供2組學生表演，每組3位學生，分別扮演琳達、總經理、劉總。
3. 有模擬使用的相關禮品。
4. 模擬琳達選擇禮品、包裝禮品、贈送禮品的全過程。

任務九　中餐禮儀

【實訓情景】

2015年10月12日，南寧市經綸公司李經理交代秘書張麗，中午從北京要來重要的客人，需要招待用餐。他讓張麗具體安排一下用餐事宜。張麗該如何做好這次安排？

【實訓重點】

運用有關中餐禮儀知識安排好午餐，包括用餐地點、菜單的選擇、席位安排、陪同人員的安排等。

【實訓步驟】

可同1組學生演練，每組6名學生，分別扮演李經理、張麗、陪同人員2人、北京來的重要客人2人。

任務十　西餐禮儀

【實訓情景】

小明和小紅來到西餐廳用餐。模擬就坐、放餐巾、喝湯、吃麵包、吃主菜、暫時離位、用餐完畢、吃水果、喝咖啡一系列的過程。

【實訓重點】

西餐用餐過程中的一系列禮儀規範。

【實訓步驟】

可供2組學生演練，每組3名同學，分別扮演小明、小紅、餐廳服務員。

任務十一　電話禮儀

【實訓情景】

某自動化設備公司成立於1996年，是浙江省一家專業從事不間斷電源研製、開發和生產銷售的企業。近年來，憑著優良的產品品質、良好的售後服務、長遠的營銷策劃，公司在激烈的市場競爭中逐漸壯大。隨著公司業務的擴大，人員需求也在增加，最近公司又新招聘了一批大學生。秘書小張今天剛上班，被安排在辦公室接電話的崗位。請模擬辦公室上班時的情景，以秘書的身分接聽電話。

第一個電話：對方要找人事部王經理，秘書告知王經理不在。
第二個電話：對方打錯了電話，秘書的應對。
第三個電話：對方詢問公司新產品的情況以及要轉接的電話。
第四個電話：秘書自己撥錯電話時的應對。
第五個電話：顧客購買的產品出現問題，反應情況的電話。
第六個電話：通知部門經理開會的電話。
第七個電話：對方諮詢本公司產品情況時，秘書需要查資料，要對方等候的電話。
第八個電話：公司和一家客戶有一項合作，已經談妥，對方打電話過來要秘書發傳真過去。

【實訓重點】

1. 注意禮貌用語。
2. 訓練講話的技巧，措辭得當。
3. 聲音甜美、口氣溫和、語速、音量適中。

【實訓步驟】

1. 實訓時，要模擬辦公室情景，學生扮演秘書角色。
2. 可供5組學生表演，每組2人，交換角色接聽。
3. 最好有模擬使用的電話，情景要逼真，要嚴肅認真，不能敷衍了事。
4. 接聽電話的內容可讓學生自由發揮，只要符合電話接聽禮儀即可。

任務十二　傳真禮儀

【實訓情景】

周晟是銷售部的秘書。這天，他提交的傳真設備更新的申請批覆下來了。周秘書興致勃勃地到行政科領來了一臺嶄新的三洋SFX-11B傳真機，搬到辦公室安裝。剛剛裝好，電話忽然響了，原來是正在北京參加「服裝流行趨勢」研討會的銷售部王經理，他忘記把研發部最新設計出來的服裝設計樣稿帶在身上，讓周秘書趕緊用傳真機發給他。

周晟立即從總經理辦公室把樣稿取來，卸下裝訂針，放上第一張紙。傳真機進紙，剛走到一半，紙卡住了。情急之下，周秘書拎著紙頭向外拽。這一拽不要緊，扯成了裡一半外一半。剛開始的時候，王經理在電話裡還耐著性子讓周秘書慢慢地弄，可等了半小時還沒弄好，下午的會議馬上就要開始了，王經理情急之下撂下了電話。周秘書急得團團轉。

【實訓重點】

1. 學會正確操作傳真機。
2. 掌握基本傳真禮儀。
3. 遇到傳真機突發情況如何處理。

【實訓步驟】

1. 實訓時，要模擬辦公室情景，學生扮演秘書角色。
2. 可供 2 組學生表演，每組 2 人，交換角色進行。
3. 最好有模擬使用的傳真機，情景要逼真，要嚴肅認真，不能敷衍了事。

四、實訓準備

（一）知識準備

1. 不同膚質護膚

（1）油性皮膚

油性皮膚的特徵：油脂分泌旺盛、T 區部位油光明顯、毛孔粗大、常有黑頭等。保養時注意隨時保持皮膚潔淨清爽，少吃刺激性食物，注意補水及皮膚的深層清潔，控制油分的過度分泌。

（2）干性皮膚

干性皮膚的肌膚水分、油分均不正常，干燥、粗糙，缺乏彈性，保養時注意多做按摩護理，促進血液循環，注意使用滋潤、美白、活性的護膚品，如原液、精華液等。

（3）敏感性皮膚

敏感性皮膚較敏感，皮脂膜薄，皮膚自身保護能力較弱，皮膚易出現紅、腫、刺、癢、痛和脫皮、脫水現象。保養時注意先進行適應性試驗，在無反應的情況下方可使用。切忌使用劣質化妝品或同時使用多種化妝品，並注意不要頻繁更換化妝品。不能用含香料過多及過酸、過鹼的護膚品，而應選擇適用於敏感性皮膚的化妝品。

（4）混合性皮膚

混合性皮膚多為 T 區部位易出油，其餘部分則干燥，並時有粉刺發生。保養時注意按偏油性、偏干性、偏中性皮膚分別側重處理，在使用護膚品時，先滋潤較干的部位，再在其他部位用剩餘量擦拭。注意適時補水，補營養成分，調節皮膚的平衡。

（5）中性皮膚

中性皮膚本身比較理想光潔，保養時注意清潔、爽膚、潤膚以及按摩的周護理，注意日補水，調節水油平衡的護理。

2. 化妝小常識

（1）緊貼肌膚的粉底

緊貼肌膚的粉底可使出色的彩妝更完美。方法很簡單，只要先把微濕的化妝海綿放到冰箱裡，幾分鐘后，把冰涼的海綿拍在抹好粉底的肌膚上，你就會覺得肌膚格外清爽，彩妝也顯得特別清透。

（2）清涼的眼藥水

喝酒或缺乏睡眠會使你的雙眼看來非常疲倦，布滿血絲。你可以滴上一兩滴具有緩和疲勞效果的眼藥水，使眼部毛細血管充血、破裂的病狀得到舒緩，但眼藥水不是越多越好，過多反而可能出現不良的效果。

（3）管用的眉粉

如果你總覺得拿著眉筆的手不聽使喚，畫不出令人滿意的眉毛。不妨做個新嘗試：用眉筆在手臂上塗上顏色，再用眉刷在眉毛上塗上顏色，均勻地掃在眉毛上，你會驚喜地得到更為自然柔和的化妝效果。

（4）冷毛巾

紅腫的雙眼、鼓鼓的眼袋使你顯得無精打採。別慌！把冷毛巾和熱毛巾交替敷在雙眼上10多分鐘，再用冰毛巾敷一會兒，疲倦不堪的雙眼就會恢復神採。

（5）細緻的眼線

描畫細緻眼線對你可能是一大難題。其實也不難，你要做的是，先把手肘放在一個固定的地方，比如你的化妝臺，再在桌上平放一塊小鏡子，讓雙眼朝下，望向鏡子，就可以放心描畫眼線了。

（6）白色眼線筆

眼睛是心靈之窗，大而明亮的雙眸往往給人留下深刻的印象，你可以嘗試用白色眼線筆來描畫下眼線，使一雙眼睛顯得更大、更有神採。

（7）保濕噴霧水

化妝完畢，從離開面部一手臂的距離往臉上噴上保濕水，妝容可以更加持久。

3. 西服著裝禮儀

（1）著裝總原則：TPO原則。即著裝要考慮到時間（Time）、地點（Place）、目的（Object）。

（2）西服著裝禮儀

女性西服著裝禮儀：女性穿西服套褲（裙）時，需要穿肉色的長筒或連褲式絲襪，不能光腿或穿彩色絲襪、短襪。穿襯衫時，內衣與襯衫色彩要相近、相似；穿面料較為單薄的裙子時，應著襯裙。

男性西服著裝禮儀：男性出席正式場合穿西裝、制服，要堅持三色原則，即身上的顏色不能超過三種顏色或三種色系（皮鞋、皮帶、皮包應為一個顏色或色系），不能穿尼龍絲襪或白色的襪子。

穿著西裝應遵循的禮儀原則：

1）西服套裝上下裝顏色應一致。在搭配上，西裝、襯衣、領帶其中應有兩樣為素色。

2）穿西服套裝必須穿皮鞋，便鞋、布鞋和旅遊鞋都不合適。

3）配西裝的襯衣顏色應與西服顏色協調，不能是同一色。白色襯衣配各種顏色的西服效果都不錯。正式場合男士不宜穿色彩鮮豔的格子或花色襯衣。襯衣袖口應長出西服袖口1~2厘米。穿西服在正式莊重場合必須打領帶，其他場合不一定都要打領帶。打領帶時襯衣領口扣子必須系好，不打領帶時襯衣領口扣子應解開。

4）西服紐扣有單排、雙排之分。紐扣系法也有講究。雙排扣西裝應把扣子都扣好。單排扣西裝：一粒扣的，系上端莊，敞開瀟灑；兩粒扣的，只系上面一粒扣是洋氣、正統，只系下面一粒是牛氣、流氣，全扣上是土氣，都不系，敞開是瀟灑、帥氣，全扣和只扣第二粒不合規範；三粒扣的，系上面兩粒或只系中間一粒都合規範要求。

5）西裝的上衣口袋和褲子口袋裡不宜放太多的東西。穿西裝，內衣不要穿太多，春秋季節只配一件襯衣最好，冬季襯衣裡面也不要穿棉毛衫，可在襯衣外面穿一件羊毛衫。穿得過分臃腫會破壞西裝的整體線條美。

6）領帶的顏色、圖案應與西服相協調，系領帶時，領帶的長度以觸及皮帶扣為宜，領帶夾戴在襯衣第四、五粒紐扣之間。

7）西服袖口的商標牌應摘掉，否則不符合西服穿著規範，高雅場合會貽笑大方。

（3）西裝襯衫的搭配

襯衫是西裝的一個點綴，具有美化西裝的功能。一般而言，襯衫以淡顏色居多，最常用的是白襯衫，可以配所有的西服。襯衫最講究、最重要的是領口，配西裝的襯衫領子以小方領為多，領頭要硬挺，切忌不挺括。隨著時代的變化，領子大小有所改變。襯衫領穿著時往往高出西裝領，襯衫袖口以長出西裝袖口 1.5~2.5 厘米為宜。穿西裝時，襯衫應塞進褲腰內，襯衫內切忌再穿高領棉毛衫。如系領帶，襯衫最上面一粒扣子應扣緊；如不系領帶，襯衫的扣子可以松開一個。襯衫袖子的扣子必須扣上，切忌卷起。當然，如襯衫單穿時，袖子可以卷起，領子可以松開。如穿深色西裝，配白襯衫是合適的。正式場合忌穿花襯衫，宜簡單清爽。這樣領帶可以起到更好的調節點綴作用。

4. 常見的領帶打法（如圖 1 所示）

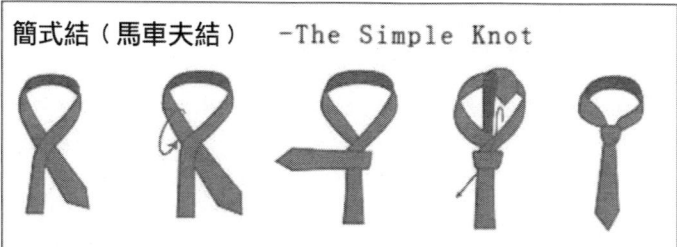

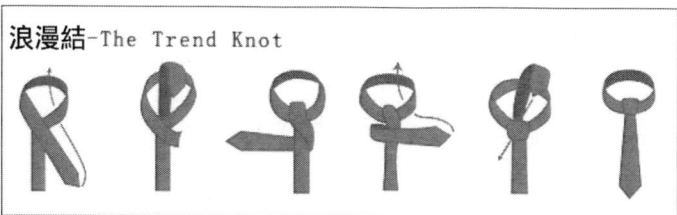

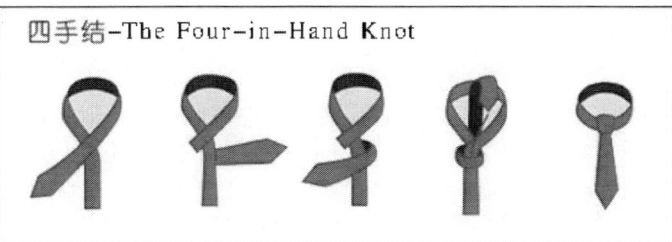

圖1　常見的領帶打法

5. 女性秘書著裝要求

（1）襯衫

從面料上講，襯衫主要要求輕薄而柔軟，從色彩上講，除了白色之外，其他各式各樣的色彩，包括流行色在內，只要不是過於鮮豔，均可。襯衫下擺必須掖入裙腰之內。與套裙配套穿著的襯衫上，最好不要有圖案。

（2）襯裙

襯裙的色彩宜為單色，如白色、肉色等，但必須使之與外面套裙的色彩相互協調。二者要麼彼此一致，要麼外深內淺。

（3）鞋襪

與套裙配套的皮鞋，以黑色最為正統。此外，與套裙色彩一致的皮鞋亦可選擇。穿套裙時所穿的襪子，可有肉色、黑色、淺灰、淺棕等幾種常規選擇，宜為單色。

要穿得端端正正。上衣的領子要完全理好，衣袋的蓋子要拉出來蓋住衣袋；衣扣一律全部系上。不允許部分或全部解開，更不允許當著別人的面隨便脫下上衣。套裙應當協調妝飾。通常穿著打扮，講究的是著裝、化妝和配飾風格統一，相輔相成。穿套裙時，必須維護好個人的形象，所以不能不化妝，但也不能化濃妝。配飾要少，合乎身分。在工作崗位上，不佩戴任何首飾也是可以的。

當穿上套裙后，要站得又穩又正，不可以雙腿叉開，站得東倒西歪。就座以後，務必注意姿態，不要雙腿分開過大，或是翹起一條腿來，抖動腳尖；更不可以腳尖挑鞋直晃，甚至當眾脫下鞋來。走路時不能大步地奔跑，而只能小碎步走，步子要輕而穩。拿自己夠不著的東西，可以請他人幫忙，千萬不要逞強，尤其是不要踮起腳尖、伸直胳膊費力地去夠，或是俯身、探頭去拿。

6. 儀態禮儀

（1）站姿禮儀

俗話說「站有站相」，站立時身體應挺直而自然。

從正面看：身體重心放在兩個前腳掌，站立的要領為提臀、收腹、挺胸、松臂、抬頭。站立端正，眼睛平視，可以環顧四周，嘴角微閉，面帶微笑。雙臂自然下垂或體前交叉，右手放在左手上，雙腿基本並攏，不宜叉開。

（切記：站立時雙腳隨意亂動，雙腿叉開過大，站立時頭歪、肩斜、臂曲、胸凹、背躬、臀撅等均為不良姿態。）

（2）蹲姿禮儀

下蹲的姿勢，簡稱為蹲姿，多用於拾撿物品。

蹲的基本方法有以下幾種：①單膝點地式，即下蹲后一腿彎曲，另一腿跪著；②雙腿交叉式，即下蹲時雙腿交叉在一起；③雙腿高低式，即下蹲后雙腿一高一低，互為依靠。

在公共場合下蹲要注意三條原則：①不要面對他人，這樣會使他人不便；②不要背對他人，這樣對別人不夠尊重；③雙腿不要平衡交叉，看起來像在上洗手間一樣，極不雅觀。

(3) 坐姿禮儀

坐姿是一種靜態美，端莊優美的坐姿會給人以文雅、穩重、自然大方的美感。

正確的坐姿應該是：腰背挺直，肩放松，兩膝並攏，手自然放在膝蓋或椅子扶手上。

坐下后，不要仰頭靠在座位背上或低頭註視地面，或左顧右盼，閉目養神，搖頭晃腦。

坐下后，不要前傾、后仰、歪向一側或趴向前方、兩側。

坐下后，不要雙手端臂，抱於腦后或抱住膝蓋，以手扶腿。

坐下后，雙腿不要分開過大，不要再尊長面前蹺二郎腿。

坐下后，不要將腿抬得過高，不要以腳尖對著他人，不要雙腿晃動。

在正式場合，入座時要輕柔和緩，起座要端莊穩重，不可猛起猛坐，弄得座椅亂響，造成尷尬氣氛。不論哪種坐姿，上身都要保持端正。如古人所言：「坐如鐘。」坐時不要把椅子坐滿，一般是坐凳子的2/3左右。著裙裝的女士入座，應先用雙手攏並裙擺再入座。當你與他人一起入座時，要講究先后順序，禮讓尊長，即請位尊的人首先入座。地位平等的人與親朋好友同時就座時也要禮讓。總之，不能搶先入座。

正式場合一定要遵守的是：不論從正面、側面還是背面走向座位，通常應從左側一方走向自己的座位，從右側一方離開自己的座位，可歸納為「左進右出」。

(4) 行姿禮儀

走姿是一種動態的美。「行如風」就是風行水上，這是用來形容輕快自然的步態。

規範的行姿：輕而穩，胸要起，頭要抬，肩放松，兩眼平視，面帶微笑，自然擺臂，腿要直。女子走路，要走直線，不邁大步，兩腳間的標準距離為左腿一步邁出，腳跟離右腳恰好是腳的長度。行走時要注意：不可搖頭晃腦、吃零食，不要左顧右盼、手插口袋，不要與他人拉手、勾肩搭背，不要以任何借口奔跑、跳躍。因工作需要必須超越他人時，要禮貌致敬，說聲「對不起」。盡量靠右走，不走中間，與上司賓客相遇時，要點頭敬禮示意。

7. 稱呼禮儀

稱呼是指人們在正常交往應酬中，彼此之間所採用的稱謂語，日常生活中，稱呼應當親切、準確、合乎常規。一般職場稱呼可分為五種稱呼方式：

(1) 職務性稱呼

工作中，最常見的稱呼方式是以對方的職務相稱，以示身分有別、敬意有加。以職務相稱，具體來分有三種情況：①僅稱職務；②在職務之前加上姓氏；③在職務之前加上姓名。

(2) 職稱性稱呼

對於具有職稱者，尤其是具有高級、中級職稱者，可以在工作中直接以其職稱相稱。以職稱相稱，也有下列三種情況較為常見：①僅稱職稱；②在職稱前加上姓氏；③在職稱前加上姓名。

(3) 學銜性稱呼

在工作中，以學銜作為稱呼，可增加被稱呼者的權威性，有助於增強現場的學術氣氛。

（4）行業性稱呼

行業性稱呼是直接以被稱呼者的職業作為稱呼。

（5）姓名稱呼

在工作崗位上稱呼姓名，一般限於同事、熟人之間。其具體方法有三種：①直呼姓名；②只呼其姓，不稱其名，但要在它前面加上「老」「大」「小」；③只稱其名，不呼其姓，通常限於同性之間，尤其是上司稱呼下級、長輩稱呼晚輩之時。

8. 介紹禮儀

（1）自我介紹

1）應酬式：適用於一般性社交場合。這種介紹方式最簡單，往往只包括姓名一項內容即可。

2）工作式：適用於工作場合。這種方式包括介紹人本人姓名、任職公司或部門。

3）交流式：適用於社交活動中。這種方式包括介紹姓名、工作、籍貫、學歷、興趣以及與交往對象的某些熟人的關係。

4）禮儀式：適用於講座、報告、慶典儀式等正規而隆重的場合。介紹應包括姓名、單位、職務等，同時還應加入適當的謙辭。

5）問答式：適用於應聘、公務交往。它是一種有問有答的介紹方式。

（2）介紹他人

1）在向他人介紹時，首先瞭解對方是否有結識的願望。

2）注意介紹次序。為他人介紹遵守「先向尊者介紹」的原則。

3）介紹人作介紹時，應該多使用敬辭。

4）為人介紹時注意手勢和表情。

9. 握手禮儀

（1）握手的方法：距受禮者約一步，不要太近或太遠；上身稍前傾，兩足立正，微笑面對，四指並攏，拇指張開，手伸向受禮者；手保持在齊腰的高度，時間為三四秒，力度適中。

（2）握手的禮儀要求：握手的主要原則是尊重別人。握手的先後順序應根據握手人雙方的社會地位、年齡、性別和賓主身分來確定。一般遵循「尊者決定」的原則。

（3）握手禁忌：不宜用左手與人握手；不宜交叉握手；不宜戴手套與別人握手；不宜用雙手與異性握手；不宜戴著墨鏡、太陽鏡、帽子與別人握手；握手時不要面無表情；握手時不能目光遊移，漫不經心；不能坐著與別人握手。

10. 交談禮儀

即「5W1H 原則」：

（1）明確交談對象——同誰（Who）交談。

（2）明確交談目的——為什麼（Why）要交談。

（3）明確交談方式——採取哪一種方式（Which）進行交談。

（4）明確交談主題——談什麼（What）內容。

（5）明確交談場合——在哪裡（Where）進行交談。

（6）明確交談技巧——怎樣交談（How）效果更好。

11. 饋贈禮儀

（1）根據饋贈目的、對象選擇禮品。

（2）正式的禮品都應精心包裝。
（3）贈送禮品必須選擇恰當的時機。
（4）送禮時應注意區分公務場合與私務場合。
（5）贈送的方法：一是說明意圖，二是介紹禮品，三是儀態大方。

12. 乘車禮儀（小轎車）

（1）小轎車的座位，如有司機駕駛時，以后排右側為首位，左側次之，中間座位再次之，前坐右側為末席。

（2）如果由主人親自駕駛，以駕駛座右側為首位，后排右側次之，左側再次之，而后排中間座為末席，前排中間座則不宜再安排客人。

（3）主人夫婦駕車時，則主人夫婦坐前座，客人夫婦坐后座，男士要服務於自己的夫人，宜開車門讓夫人先上車，然后自己再上車。

（4）如果主人夫婦搭載友人夫婦的車，則應邀友人坐前座，友人之婦坐后座，或讓友人夫婦都坐前座。

（5）主人親自駕車，坐客只有一人，應坐在主人旁邊。若同坐多人，中途坐前座的客人下車后，在后面坐的客人應改坐前座，此項禮節最易疏忽。

（6）女士登車不要一只腳先踏入車內，也不要爬進車裡，而須先站在座位邊上，把身體降低，讓臀部坐到位子上，再將雙腿一起收進車裡，雙膝一定要保持合併的姿勢。

13. 中餐禮儀

（1）點菜禮儀

在點菜時，被請者可告訴做東者，自己沒有特殊要求，請隨便點；或是認真點上一個不太貴，又不是大家忌口的菜，再請別人點。別人點的菜，無論如何都不要挑三揀四。

一頓標準的中餐大菜，不管什麼風味，上菜的次序都相同。通常，首先是冷盤，接下來是熱炒，隨后是主菜，然后上點心和湯，最后上果盤。如果上咸點心的話，講究上咸湯；如果上甜點心的話，就要上甜湯。

優先考慮的菜肴有四類：

第一類，有中餐特色的菜肴。
第二類，有本地特色的菜肴。
第三類，本餐館的特色菜。
第四類，主人的拿手菜。

在安排菜單時，還必須考慮來賓的飲食禁忌，特別要對主賓的飲食禁忌高度重視。

（2）中餐座次安排

中餐的席位排列，關係到來賓的身分和主人給予對方的禮遇，所以是一項重要的內容。中餐席位的排列，在不同情況下，有一定的差異，可以分為桌次排列和位次排列兩方面。

1）桌次排列

在中餐宴請活動中，往往採用圓桌布置菜肴、酒水。排列圓桌的尊卑次序，有兩種情況。

第一種情況，是由兩桌組成的小型宴請。這種情況，又可以分為兩桌橫排和兩桌豎排兩種形式。

當兩桌橫排時，桌次以右為尊，以左為卑。這裡所說的右和左，是由面對正門的位置來確定的。

當兩桌豎排時，桌次講究以遠為上，以近為下。這裡所講的遠近，是以距離正門的遠近而言。

第二種情況，是由三桌或三桌以上的桌數所組成的宴請。在安排多桌宴請的桌次時，除了要注意「面門定位」「以右為尊」「以遠為上」等規則外，還應兼顧其他各桌距離主桌的距離。通常，距離主桌越近，桌次越高；距離主桌越遠，桌次越低。

在安排桌次時，所用餐桌的大小、形狀要基本一致。除主桌可以略大外，其他餐桌都不要過大或過小。

為了確保在宴請時赴宴者及時、準確地找到自己所在的桌次，可以在請柬上註明對方所在的桌次，在宴會廳入口懸掛宴會桌次排列示意圖，安排引位員引導來賓按桌就座，或者在每張餐桌上擺放桌次牌（用阿拉伯數字書寫）。

2）位次排列

宴請時，每張餐桌上的具體位次也有主次尊卑的分別。排列位次的基本方法有四條，它們往往會同時發揮作用。

方法一，主人大都應面對正門而坐，並在主桌就座。

方法二，舉行多桌宴請時，每桌都要有一位主桌主人的代表在座。位置一般和主桌主人同向，有時也可以面向主桌主人。

方法三，各桌位次的尊卑次序，應根據距離該桌主人的遠近而定，以近為上，以遠為下。

方法四，各桌距離該桌主人相同的位次，講究以右為尊，即以該桌主人面向為準，右為尊，左為卑。

另外，每張餐桌上所安排的用餐人數應限定在 10 人以內，最好是雙數。比如，六人、八人、十人。如果人數過多，不僅不容易照顧，而且也可能坐不下。

14. 西餐禮儀

（1）刀叉：手握叉子時不要像握大提琴那樣，或像握匕首那樣。另外，不要手握刀叉在空中飛來舞去，用以強調說話的某一點，也不要將刀叉的一頭搭在盤子上，一頭放在餐桌上。刀叉一旦拿起使用，就不能再放回原處。刀子放在盤子上時，刀刃朝裡，頭在盤子裡，刀把放在盤子邊緣上。

（2）餐巾：不要拿餐巾去用力擦臉的下部，要輕輕地沾擦。不要抖開餐巾再去折疊，不要在空中像揮動旗子那樣揮動餐巾。餐巾應放在大腿上，如果離開餐桌，要將餐巾放在椅子上，並把椅子推近餐桌。注意動作要輕。用餐結束時不要折疊餐巾。用餐結束時要將餐巾從中間拿起，輕輕地放在餐桌上盤子的左側。

（3）咀嚼：嚼東西時嘴要閉緊，只要嘴裡有食物，絕不能開口說話。不能為了著急說話而馬上將食物吞下，要保持細嚼慢咽的姿勢，將食物咽下後露出笑容，以轉達你內心的活動。

（4）坐姿：不要將胳膊肘支在餐桌上。如果手放在什麼位置都不自在，可放在大腿上。

（5）麵包：在麵包上抹黃油尤其要注意，將麵包辦成可以一口吃下的小塊，臨吃前在小塊上抹黃油，不要圖方便將整個麵包上都抹上黃油。

（6）速度：切忌速度過快，大口吞咽食物不僅有害健康，而且也不雅觀，尤其是和他人共同進餐時，這麼做會顯得失禮。

（7）剔牙：如果塞了牙，切忌在餐桌上剔牙，如果的確忍受不住，可找個借口去洗

手間。

（8）口紅：將口紅留在餐具上是不可取的，工作用餐尤其如此。如果沒有隨身攜帶紙巾，進酒店時可以順便到洗手間去一趟，或到吧臺去取紙巾。

（9）吸菸：即使在吸菸區用餐，用餐期間吸菸也不可取，吸菸會影響他人的食欲，而且會破壞氣氛，應該等到用餐結束后再吸菸。還應記住：不要用盤子當菸灰缸。

（10）物品：女用手提包及男用手提箱這類東西不要放在餐桌上，鑰匙、帽子、手套、眼鏡、眼鏡盒、香菸等物品都不要放在餐桌上。凡是和用餐無關的東西都不能放在餐桌上。

15. 接電話的禮儀

（1）電話鈴一響，應盡快去接，最好不要讓鈴聲響過五遍。拿起電話應先自報家門，「您好，這裡是××公司××部」；詢問時應注意在適當的時候，根據對方的反應再委婉詢問。電話用語應文明、禮貌，態度應熱情、謙和、誠懇，語調應平和，音量要適中。

（2）接電話時，對對方的談話可作必要的重複，對重要的內容應簡明扼要地記錄下來，如時間、地點、聯繫事宜、需解決的問題等。

（3）電話交談完畢時，應盡量讓對方結束對話，若確須自己來結束，應解釋、致歉。通話完畢后，應等對方放下話筒后，再輕輕地放下電話，以示尊重。

16. 打電話的禮儀

（1）選擇適當的時間。一般的公務電話最好避開臨近下班的時間。公務電話應盡量打到對方單位，若確有必要往對方家裡打時，應注意避開吃飯或睡覺時間。

（2）首先通報自己的姓名、身分。必要時，應詢問對方是否方便，在對方方便的情況下再開始交談。

（3）電話用語應文明、禮貌，電話內容要簡明、扼要。

（4）通話完畢時應道「再見」，然后輕輕放下電話。

17. 手機禮儀

（1）手機未使用時，放在合乎禮儀的位置。不要擺放在桌子顯眼處，特別是在和客戶交談時。

（2）會議或者與別人洽談時，手機應關機或調為震動狀態。

（3）不要在別人能注視到你的時候查看短信。

（4）不要在洽談中、開車時、飛機上、劇場裡或圖書館接打手機。

（5）在與別人談話時，如有必接的重要來電，應告知對方，並表示歉意。

（6）撥打時間的考慮。撥打電話前，首先應該考慮的是對方現在是否方便接聽。

（7）發（轉）朋友圈應注意的事項。不要發負能量的文字或圖片；不要過多地發心靈雞湯；盡量少發自拍；情侶不要秀恩愛，父母不要曬小孩；不要強迫或脅迫別人轉發；從來不和微信上的好友互動，不評論人家的微信，也從不和任何朋友溝通，完全在自己的世界裡也不合適；無論發什麼，都要控制頻率，發太多，都會讓人煩的。

18. 傳真禮儀

（1）必須合法使用。國家規定：任何單位或個人在使用自備的傳真設備時，均須嚴格按照電信部門的有關要求，認真履行必要的使用手續，否則即為非法之舉。

（2）必須合理使用。在具體的操作上力求標準而規範。單位所使用的傳真機號碼，應被正確無誤地告之自己重要的交往對象。發送傳真時，必須按規定操作，傳真內容簡明扼要，提高清晰度。單位所使用的傳真設備，應當安排專人負責。無人在場而又有必要時，

應使之自動處於接收狀態。為了不影響工作，單位的傳真機盡量不要同辦公電話採用同一條線路。

（3）必須依禮使用。在發送傳真時，一般不可缺少必要的問候語或致謝語。

19. 電子郵件禮儀

（1）電子郵件應當認真撰寫，內容簡明扼要。

（2）電子郵件的文體格式應該類似於書面交談式的風格，開頭要有問候語，結尾要有祝福語。

（3）電子郵件應當避免濫用。若沒有必要，不要輕易向他人亂發電子信件。

（4）電子郵件應當注意編碼。當向國外發出電子郵件時，由於雙方所採用的中文編碼系統有所不同，所以，在發出電子郵件時，必須同時用英文註明自己所使用的中文編碼系統，以保證對方可以收到自己的電子郵件。

（二）材料準備

化妝品：BB霜、腮紅、提亮粉餅、眼影、眼線筆、睫毛夾、睫毛膏、唇彩等。

服裝：

（1）男士西裝一套，領帶一條，皮鞋一雙。

（2）女士職業裝一套，皮鞋一雙。

（3）必備的女士配飾：耳環、絲巾、絲襪、領帶等。

實訓設備：會議室，接待室，相關禮品，餐廳，餐桌，餐椅，中西餐具若干，電話機，手機，傳真機，電腦。

五、建議學時

16學時。（其中：教師指導學時為7學時；學生操作學時為9學時）

六、實訓成果展示及匯編要求

全程錄像、攝影，每位同學形成最終的實訓報告。

七、實訓工具箱

（一）案例分析

【案例1】弄巧成拙的打扮

東華公司辦公室人員小沈能講一口漂亮的法語，小陳則很喜歡打扮。公司明天要與法國某公司談判，古總經理叮囑擔任翻譯的小沈和作會議記錄兼會議服務的小陳要好好準備。小沈和小陳除了在文本、資料等方面作了準備，還花了一番功夫打扮。正式會談這天，只見坐在古總經理一旁的小沈衣著鮮豔，金耳環、大顆寶石戒指閃閃發光，這使得古總身上的那套價值千元的名牌西服黯然失色。古總經理與法國客商在接待室內寒暄時，小陳拿來了托盤準備茶水，只見她花枝招展，一對大耳環晃來晃去，五顏六色的手鐲碰桌有聲，高跟鞋叮叮作響。她從茶葉筒中拈了一撮茶葉放入杯中……這一切引起了古總經理和客商的不同反應。客商面帶不悅之色，把自己的茶杯推得遠遠的，古總經理也覺得尷尬。談判中雙方爭執起來，小沈站在古總一邊，指責客商。客商拂袖而去。古總望著遠去的客商的背

影，衝著小沈嚷道：「托你的福，好端端一筆生意，讓你給毀掉了，無能！」小沈並不知道自己有什麼過錯，為自己辯解：「我，我怎麼啦！客商是你自己得罪的，與我有什麼關係？」小沈和小陳的穿著打扮、言談舉止是否正確？正確的做法應該是怎樣的？

【分析】

1. 小沈和小陳的穿著打扮不符合工作環境，不符合特定的會談工作要求。

2. 小沈的穿著突出自己，影響了古總經理的形象。

3. 小陳的穿著打扮干擾談判，影響工作。

4. 小陳用手拿茶葉，不衛生，引起客商的不滿，使得談判一開始就不順利。

5. 小沈應該對領導的作風、性格有所瞭解，有針對性地彌補領導的不足。古總經理與客商爭執，她應採取補救措施，可以將上司借故引開，並示意上司忍耐些，使談判繼續，而不是指責客商。

6. 小沈受到上司批評，即使是過頭話，也應保持冷靜，不反駁，應理解上司的難處。找適當的機會，用適當的方式說明情況，交流思想和感情。

【案例2】 應聘者的著裝

一次某公司招聘文秘人員，由於待遇優厚，應者如雲。中文系畢業的小李同學前往面試，她的背景材料可能是最棒的：大學四年中在各類刊物上發表了3萬字的作品，內容有小說、詩歌、散文、評論、政論等，還為六家公司策劃過周年慶典，英語口語表達也極為流利，書法技藝也堪稱精湛。小李五官端正，身材高挑、勻稱。面試時，招聘者拿著她的材料等她進來。小李穿著迷你裙，露出藕節似的大腿，上身是露臍裝，塗著鮮紅的口紅，輕盈地走到一位考官面前，不請自坐，隨後蹺起了二郎腿，笑眯眯地等著問話。孰料，三位招聘者互相交換了一下眼色。主考官說：「李小姐，請出去等通知吧。」她喜形於色：「好！」她拎起小包便飛跑出門。

【分析】

1. 著裝不當——迷你裙、露臍裝。

2. 面部妝容不合適——塗著鮮紅的口紅。

3. 沒有注意見面禮儀和交談禮儀——不請自坐，蹺二郎腿，拎著小包飛跑出門，見面與離開時沒有使用任何謙辭。

【案例3】 減肥的悲劇

王麗是公司秘書，剛剛參加工作，做事乾脆利落，領導很喜歡，可是王麗是個吃貨，對什麼吃的都有興趣，身材也較胖。后來她自己也意識到這個問題，所以開始勤奮減肥，對自己的飲食非常苛刻，還配合大量的運動，終於在一次會議中昏倒。

【分析】

這樣的例子在現在以「瘦」為美的社會中並不少見。王麗是剛工作的女秘書，年輕人胃口好，對吃沒有節制，容易長胖，影響到個人形象。但是，過度節食，又走向了另一個極端，不僅影響形象，還影響正常工作。適度原則：現實生活中，不能一味強調以「瘦」為美，合適、舒適是最好的。如果胖到影響審美了，那是需要進行科學合理的減肥，而不是極端減肥。

【案例4】打招呼的尷尬

張強和李月兩白領在門口迎候來賓。一輛小轎車駛到，王總下車。王麗走上前，道：「王總您好！」她呈上自己的名片，又道：「王總，我叫李月，是某某集團公關部經理，專程前來迎接您。」王總道謝。張強上前：「王總好！您認識我吧？」王總點頭。張強又道：「那我是誰？」王總尷尬不堪。

【分析】

1. 公關經理王麗的自我介紹符合見面禮儀。
2. 張強自認為與王總很好，認為王總一定認識他，讓王總很尷尬。這不符合見面禮儀中「尊者有優先知曉權」的要求。

【案例5】誰來結帳

王強的好朋友自遠方來，王強很隆重地將朋友領到一家高級餐廳用餐，又招呼幾個哥們作陪。為了顯示尊重，他執意讓朋友坐在面對大門的最裡面的位置。朋友盛情難卻，只好坐下。

飯快吃完時，朋友去了趟洗手間，王強也沒多想。吃完飯，王強準備結帳時，服務員說帳已經結了。王強不高興了，責備他的朋友怎麼跟他搶著付錢。可是朋友說：「你讓我坐在這個位置上，我怎麼能不結帳呢？」小王不知道說什麼好。

【分析】

王強在安排座位的時候沒有遵循用餐禮儀規範，將朋友安排在「面對大門的最裡面的位置」。那正是主人的位置，所以給人造成錯覺，以為王強希望朋友請客結帳。

【案例6】秘書的隱私

張麗是某師範學院教務處秘書，她和學院12個系的教學秘書不僅工作配合到位，而且建立了良好的私人友情。這天，她拿起辦公室電話打給工商管理系秘書吳勇，說「趕快，過來取大學英語四、六級考試報名的通知等文件和材料」。之後她又詢問小吳的小孩感冒是否好了？還打點滴嗎？晚上咳嗽厲害嗎？接著她一直握著電話，查詢其他各系電話號碼通知相關事項。其中當通知到中文系時，是系副主任接的電話。副主任向張秘書詢問教務處處長在否，她想就普通話測試站中的一些問題與教務處長商討解決辦法。張秘書說：「處長在，但是他現在正在開會，等會議結束后我請他給您打電話，好嗎？」其後，張麗在辦公室等候各系秘書來辦公室領取文件和相關教學資料。

【分析】

張麗在辦公室談公事不應該過多地涉及私事；通話前應該將各系電話查清楚，不應該一直握著電話查號碼。張麗回答中文系副主任的用語符合電話禮儀規範。

(二) 拓展訓練

【情景1】

王麗、張芳、李泉分別要去參加舞會、企業洽談會、大型慶典酒會。

【任務】

請你為她們設計一套服飾，對他們的穿著服飾提點建議，並說明原因。

【指導】

1. 舞會的著裝必須乾淨、整齊、美觀、大方。建議穿格調高雅的禮服、時裝，特殊情況下可以穿著民族服裝。切忌穿得過露、過透、過短、過小、過緊。
2. 參加企業洽談會應該穿著合適的職業套裝，顯得端莊大方。
3. 大型慶典酒會著裝也必須乾淨、整齊、美觀、大方，女士著端莊的禮服、男士正裝出席都是不錯的選擇。

【情景 2】

朱羽是遠大公司的秘書，身材高挑、苗條，是不折不扣的大美女。可是，她平時不愛看書、聽音樂，沒事就喜歡逛街，買各種稀奇古怪的時裝。單位的同事都覺得她很漂亮，但是氣質一般，甚至審美品位有些庸俗。請問，朱羽應該如何塑造自己的形象，使之更加完美？

【任務】

運用有關秘書個人形象的知識給朱羽出出主意，她應該怎樣提升自己的氣質？

【指導】

形體美不僅來自外表，而且源於良好的內在修養。只有內外兼修才能使自己的氣質、形象得到提高。

【情景 3】

浙江天美藥業集團邀請了國內著名戰略管理專家、博士生導師唐教授來給公司主講培訓課程。

【任務】

1. 模擬秘書小張陪同公司總經理、總經理辦公室主任夏小姐赴機場迎接唐教授、安排轎車座次、秘書上下車姿勢的情景。
2. 模擬秘書小張和總經理辦公室主任夏小姐在辦公室大樓門口迎接唐教授、陪同唐教授乘坐電梯、進入接待室的情景。
3. 模擬在接待室內，秘書李甜泡茶、端茶、敬茶、交談、介紹引見公司董事長、遞接名片等情景。
4. 模擬辦公室夏主任向唐教授及其助手贈送禮品、送別唐教授和助手的情景。

【指導】

1. 實訓時，請模擬從機場迎接，到辦公樓前迎接，辦公室內交談，最后饋贈禮品的整個流程。
2. 學生分別扮演秘書小張、小李、辦公室主任夏小姐、唐教授及助手。可供 2 組學生表演，每組 5 人。
3. 有模擬使用的轎車、接待室、相關禮品。
4. 要求情景要逼真，嚴肅認真對待，不能敷衍了事。

(三) 拓展閱讀

【閱讀 1】 女秘書的裝扮禁區

身為秘書的你，在講究「包裝」的今天如果一味地追趕潮流，將所有的流行元素都帶

入辦公空間，可能會給你的工作帶來一些不必要的困擾。你不妨反思一下自己有沒有犯以下著裝禁忌，如果有，就要及時改正，以重建自己的形象。

禁忌一：髮型太新潮

儘管你很陶醉於髮型師的建議，梳個最新潮的「龍珠頭」，再配一身「彩色狂野裝」，但若是將它帶到辦公室裡，一定會使同事向你投來詫異的目光，甚至讓人一見到你就眉頭緊鎖。

禁忌二：頭髮如亂草

凌亂的長捲髮垂在鬢邊，或是劉海遮了眼睛，別人會以為你起床后沒有梳頭就匆匆上班。想想你一邊忙著撥弄頭髮，一邊忙著整理桌上文件的狼狽相，會讓人覺得你是一個不修邊幅的人，並且對你的工作能力也會大打折扣。

禁忌三：誇張化妝

女孩子喜歡塗脂抹粉、畫眉、染唇，但如果把兩頰塗得像中國大戲妝，就絕對不符合白領一族的化妝禮儀。其實，女士若愛上濃妝厚粉、誇張眼線，除了表示她的年紀越來越大之外，更代表她對自己越來越沒有信心。如果在大熱天仍然頂著大濃妝，不僅妨礙皮膚呼吸，而且濃妝特別容易融化，稍有不慎就讓你變成大花臉。

禁忌四：服裝太前衛

未必人人都瞭解眼下的潮流是什麼，也並非人人都懂得欣賞前衛打扮，在辦公室搞個人時裝展覽會，把最潮的民族服裝、東方服裝和歐美服飾全部輪流披上身，會和嚴謹的辦公環境格格不入。

禁忌五：天天扮「女黑俠」

黑色雖然是永恆的色彩，卻不是萬能的，一個星期有五天全黑打扮，未免缺乏生氣。別以為黑色一定能顯得你苗條，如果款式及裁剪不好，即使黑如墨的顏色，也對你的身材美化無濟於事。假如碰上睡眠不足，黑色會讓你顯得更加憔悴。

禁忌六：腳踏「鬆糕鞋」

近年來許多女性因趕時髦又貪方便，都穿露趾涼鞋上班，但那種超厚底的「鬆糕鞋」或「大頭仔鞋」實在難登大雅之堂，也不宜上班穿著。要知道，穿這類鞋走路時比穿高跟鞋更容易失掉重心，在狹小的辦公室「踏來踏去」，既危險又失態。

禁忌七：衣不稱身

不妨檢查一下自己穿的外套或西裝是否衫袖太長、領位太大。即使你身材高挑喜歡穿較長的衣服，也不要一味地穿又長又闊的服裝，因為那樣會令你顯得既老套又累贅！

【閱讀2】秘書的四大著裝規律

如何有條不紊地度過每一天，穿著打扮具時代感的同時又能保持自己的商務形象，許多細節不得不瞭解得一清二楚。以下是鞏固自己、尊重客戶、體諒上司的新時代女性的商務須知。

1. 基本守則

越保守的企業，越以套裝裙為主。非正裝場合，可以接受套褲裝。外國公司，以保守程度排列：英國最保守，其次日本、北美國家、歐洲。銀行界與律師界是最保守的行業；娛樂媒體算是最輕鬆的。

「周五休閒日」，並不等同「海灘度假日」、「週末運動日」、「回家種田日」。熱褲、圓領

T恤、無袖、人字拖等都不應出現。有領的恤衫、針織、剛露出膝蓋的裙子、細麻/卡其布/燈芯絨長褲是適當的選擇，牛仔褲還得看情況。

2. 裙裝

修身的直筒裙比長裙顯得利落；斜裁窄身及膝裙更有女人味。裙擺（及開叉）都不應高過膝蓋2厘米——沒有一個上司會真正重用一個成天賣弄風騷的職場女性。

3. 套裝

穿合身——不是緊身——的深色套裝去面談，以套裙為佳。不管今年格子圖案多麼流行，面談時不應穿格子外套。

單一的黑色並非如你想像般萬無一失，尤其是當你連續3天穿黑色時，就不要怪罪別人安慰你「節哀順變」。

深色套裝中，深灰、海軍藍、黑、咖啡、酒紅依次體現專業程度。有細若遊絲暗紋的套裝很有氣質。

淺色套裝中，專業程度依次為白、米黃、湛藍（比天藍略深一點點的藍色）、暗粉紅。

需要一套稱之為「Power Suit」的大紅色套裝。但是永遠不要在過完新年后第一天上班穿，那會像一個「大紅包」，人見人怕——除非你是發紅包之人。

4. 如何修飾體型

臀部太大的，不宜穿太短的外套。搭超短外套時，要特別小心，以免自曝其短。不妨把短外套不系扣敞開穿，裡面搭配的衣服也要短，剛好過肚臍，與褲腰銜接，最能營造出腿長的錯覺；另外，底擺選略寬鬆的，不會和下裝緊貼起來的外套最漂亮。

短上衣、短裙加靴子是今年時髦的穿法，可胖人穿上會圓圓的。胖人穿短上裝時盡量避免短裙，上裝和下裝比例不要太接近，比例越大越顯修長。外套依然是敞開穿效果最佳。

5. 怎麼穿出本季時髦

若沒有身材上的困擾，就請把握住上短下長的對比穿法。最典型的時髦搭配是窄版短上衣或超短外套，搭配鉛筆褲或裙等，干練、現代；可愛小外套，搭大篷裙，也是烘托出20世紀五十年代好萊塢風情的穿法。

下盤豐腴的女性，穿流行的短外套時，可將內搭的毛衣或針織衫放出來，或在低腰處系條寬版腰帶，能平衡上下身的比例線條，還具遮掩修飾之效。

【閱讀3】 怎樣才能做到氣質美

（1）氣質美首先表現在豐富的內心世界。理想則是內心豐富的一個重要方面，因為理想是人生的動力和目標，沒有理想，內心空虛貧乏，是談不上氣質美的。品德是氣質美的另一重要方面。為人誠懇、心地善良是不可缺少的。文化水平也在一定的程度上影響著人的氣質。此外，還要胸襟開闊，內心安然。

（2）氣質美看似無形，實為有形。它是通過一個人對待生活的態度、個性特徵、言行舉止等表現出來的。

（3）氣質美還表現在舉止上。在一個人的舉手投足之間，走路的步態，待人接物的風度，皆屬此列。朋友初交，互相打量，立即產生好的印象。這種好感除了來自言談之外，就是作風舉止了。要熱情而不輕浮，大方而不傲慢、不造作，就表露出一種高雅的氣質。狂熱浮躁或自命不凡，就是氣質低劣的表現。

（4）氣質美還表現在性格上。這就涉及平素的修養。注意自己的涵養，要忌怒、忌狂，

能忍辱謙讓，關懷體貼別人。忍讓並非沉默，更不是逆來順受，毫無主見。相反，開朗的性格往往透露出天真爛漫、大氣凜然的風度，更易表現出內心的情感。而富有感情的人，在氣質上當然更添風采，更能引起別人的共鳴。

（5）高雅的興趣是氣質美的又一種表現。愛好文學並有一定的表達能力，欣賞音樂且有較好的樂感，喜歡美術而有基本的色調感，等等。許多人並不是靚女俊男，但在他們的身上卻洋溢著奪目的氣質美：聰明、灑脫、敏銳。這是真正的氣質美，和諧統一的內在美。

【閱讀4】鮮花饋贈禮儀

按照中國民間傳統，凡花色為紅、橙、黃、紫的暖色花和花名中含有喜慶吉祥意義的花，可用於喜慶事宜；而白、黑、藍等寒色偏冷氣氛的花，大多用於傷感事宜。

通常情況下，喜慶節日送花要注意選擇豔麗多彩、熱情奔放的；致哀時應選淡雅肅穆的；探視病人要注意挑選悅目恬靜的。

春節期間，給親友送花要選帶有喜慶與歡樂氣氛的劍蘭、玫瑰、香石竹、蘭花、熱帶蘭、小蒼蘭、仙客來、水仙、蟹爪蘭、紅掌、金橘、鶴望蘭等，具體送哪種還要根據對方愛好和正在開放的應時花而定。

祝福長輩生辰壽日時，可依老人的愛好選送不同類型的祝壽花，一般人可送長壽花、百合、萬年青、龜背竹、報春花、吉祥草等；若舉辦壽辰慶典可選送生機勃勃，寓意深情、瑰麗色豔的花，如玫瑰花籃，以示隆重、喜慶；祝賀中年親友生日，可送石榴花、水仙花、百合花等。

祝賀生產，適合送色澤淡雅而清香的花，象徵溫暖、清新、偉大。

新婚祝賀，一般要選送紅色或朱紅色、粉紅色的玫瑰花、鬱金香、火鶴花、熱帶蘭配以文竹、天門冬、滿天星等；或選用月季、牡丹、紫羅蘭、香石竹、小蒼蘭、馬蹄蓮、扶郎花等配以滿天星、南天竹、常春藤等組成的花束或花籃，既寓意火熱吉慶，又顯高雅傳情，象徵新婚夫婦情意綿綿，白頭偕老，幸福美好。

慰問探視病人，要依病人脾氣稟性而異。可選用唐菖蒲、玫瑰、恬靜又幽香的蘭花、茉莉等。

慶賀開業慶典或喬遷之喜應選擇瑰麗奪目、花期較長的花籃、花束或盆花，如大麗花、月季、唐菖蒲、紅掌、君子蘭、山茶花、四季橘等，以象徵事業飛黃騰達、萬事如意。

【閱讀5】女士用餐禮儀八個「不」

用餐時經常會遇到食物塞進牙縫、不小心掉下刀叉，甚至在菜肴中見到「異物」等既普遍又尷尬的情況。倘若處理不當便會予人沒有禮貌的感覺，更糟糕的會影響別人的食欲。要處理得體，便應留意用餐禮儀的八個「不」。

（1）不宜塗過濃的香水，以免香水味蓋過菜肴味道。

（2）女士出席隆重晚宴時避免戴帽子及穿高筒靴。

（3）刀叉、餐巾掉在地上時別隨便趴到桌下撿回，應請服務員另外補給。

（4）食物屑塞進牙縫時，別一股腦兒用牙簽把它弄出，應喝點水，試試情況能否改善。若不行，便該到洗手間處理。

（5）菜肴中有異物時，切勿花容失色地告知鄰座的人，以免影響別人的食欲。應保持鎮定，趕緊用餐巾把它挑出來並棄之。

（6）切忌在妙語連珠的時候不自覺地揮舞刀叉。

（7）不應在用餐時吐東西，如遇太辣或太燙之食物，可趕快喝下冰水作調適，實在吃不下時可到洗手間處理。

（8）女士用餐前應先將口紅擦掉，以免在茶杯或餐具上留下唇印，予人不潔之感。

【閱讀6】職場新人飲酒禮儀

（1）酒不能多喝，但是也不能不喝，應該首先明白自己的度是在哪裡。

（2）領導相互喝完才輪到自己。

（3）敬酒時話不能多，可以簡要表明態度。

（4）若職位卑微，記得多給領導添酒，不要瞎給領導代酒，就是要代，也要在領導確實想找人代，還要裝作自己是因為想喝酒而不是為了給領導代酒而喝酒。比如領導甲不勝酒力，可以通過旁敲側擊把準備敬領導甲的人攔下。

（5）新人碰杯時，記著自己的杯子永遠低於別人。

【閱讀7】喝茶流程禮儀

1. 喝茶前

如今很少有人知道客位的尊卑問題，雖然茶道裡面講究的是主隨客便一說，不過喝茶的人多了，自然應該遵循這樣的原則：面對主人，主人左手邊的是尊。順時針旋轉，由尊到卑，直到主人的右手邊，不論茶桌的形式如何，這個是不變的鐵律。

尊位的第一順序為：老年人、中年人、比自己年紀大的人。其中師者、長者為尊，如果年齡相差不大，女士優先做尊位。

座位方面還有一個特別的規定：忌諱對頭坐，就是頭對頭和主人面對面地坐。哪怕就是只有你和主人兩個人，也不要坐對頭的。知禮的客人應該做主人右邊的卑位，人多，實在避免不了做對頭的情況，應由小孩子來坐這個位置。

第一道禮節：客人的禮儀最重要的是答禮，也稱回禮。所謂第一道禮節，是指主人衝泡了第一泡茶品，並且請你品嘗的時候，作為客人的第一次回禮。

正式的、正規的第一次客人回禮是這樣的：起身，男性抱拳，女性合十，一躬，坐下，雙手接過（雙手捧起茶杯）先聞香，后慢慢啜茶一口，放下茶杯，稱讚主人。

2. 喝茶中

喝茶過程中，客人最重要的回禮禮節是扣指禮，又叫屈指跪。這個禮節的來由是：微服私訪的乾隆某天在某處，因為某種原因拎起茶壺就給紀曉嵐、傅恒等人倒茶，眾人大驚，情急之下，紀曉嵐屈指扣桌而禮也。

還有就是茶桌上面忌談性事，不然喝著喝著，茶水會發酸。喝茶忌「一口悶」或者「亮杯底」。

喝茶嚴禁抽菸。實在忍不住了，也應該是喝了五泡之後，徵詢一下主人的意見，得到同意以后方可吞雲吐霧。才坐下就發菸的，視為失禮！第一泡的第一口茶湯，千萬不可當著主人的面吐了出來！這個，被視為極大的失禮，甚至是一種挑釁。

【閱讀 8】電話禮儀

1. 重要的第一聲

當打電話給某單位，若一接通，就能聽到對方親切、優美的招呼聲，心裡一定會很愉快，對該單位有了較好的印象。在電話中只要稍微注意一下自己的語言，就會給對方留下完全不同的印象。同樣說：「你好，這裡是××公司。」但聲音清晰、悅耳、吐字清脆，可給對方留下好的印象，對方對其所在單位也會有好印象。因此要記住，接電話時，應有「代表單位形象」的意識。

2. 要有喜悅的心情

打電話時要保持良好的心情，這樣即使對方看不見你，但是從歡快的語調中也會被你感染，給對方留下極佳的印象。由於面部表情會影響聲音的變化，所以即使在電話中，也要抱著「對方看著」的心態。

3. 清晰明朗的聲音

打電話過程中絕對不能吸菸、喝茶、吃零食，即使是懶散的姿勢對方也能夠「聽」出來。如果打電話的時候，彎著腰躺在椅子上，對方聽你的聲音就是懶散的、無精打採的；若坐姿端正，所發出的聲音也會親切悅耳，充滿活力。因此打電話時，即使看不見對方，也要當作對方就在眼前，盡可能注意自己的姿勢。

4. 迅速準確地接聽

現代工作人員業務繁忙，桌上往往會有兩三部電話，聽到電話鈴聲，應準確迅速地拿起聽筒，最好在三聲之內接聽。電話鈴聲響一聲大約 3 秒鐘，若長時間無人接電話，或讓對方久等是很不禮貌的，對方在等待時心裡會十分急躁，你的單位會給他留下不好的印象。即便電話離自己很遠，聽到電話鈴聲後，若附近沒有其他人，應該用最快的速度拿起聽筒。這樣的態度是每個人都應該擁有的，這樣的習慣是每個辦公室工作人員都應該養成的。如果電話鈴響了五聲才拿起話筒，應該先向對方道歉，若電話響了許久，接起電話只是「喂」了一聲，對方會十分不滿，會給對方留下惡劣的印象。

5. 認真清楚地記錄

隨時牢記「5W1H」技巧。所謂「5W1H」是指：①When，何時；②Who，何人；③Where，何地；④What，何事；⑤Why，為什麼；⑥HOW，如何進行。在工作中這些資料都是十分重要的。對打電話、接電話具有相同的重要性。電話記錄既要簡潔又要完備，有賴於「5W1H」技巧。

6. 瞭解來電的目的

上班時間打來的電話幾乎都與工作有關，公司的每個電話都十分重要，不可敷衍，即使對方要找的人不在，切忌只說「不在」，就把電話掛了。接電話時也要盡可能問清事由，避免誤事。首先應瞭解對方來電的目的，如自己無法處理，也應認真記錄下來，委婉地探求對方來電的目的，既不誤事，也贏得對方的好感。

7. 掛電話前的禮儀

要結束電話交談時，一般應當由打電話的一方提出，然后彼此客氣地道別，說一聲「再見」再掛電話，不可只管自己講完就掛斷電話。

【閱讀 9】電腦禮儀

（1）雖然是公司的電腦，但也要倍加愛護，平時要擦拭乾淨，不用時正常關機，不要

丟下就走；外接插件時，要正常退出，避免數據丟失、電腦崩潰等故障。

（2）還有的人公私不分，拿著個U盤，一會兒將個人電腦資料粘貼到公司電腦上，一會兒又將公司電腦資料粘貼到個人電腦上。這種現象一旦被公司發現，肯定會被堅決制止。

（3）在公司裡上網，要查找與工作相關的內容和資料，而不是憑興趣查看其他的東西。

（4）很多公司不允許員工在公司電腦上打游戲、網上聊天，但仍有人利用領導不在時私自偷玩，或用公司的內部網路玩電腦游戲，從網站上下載圖片。這些都是違反勞動紀律的。

八、實訓評估

1. 考核方式

教師與學生共同考核。

2. 評分標準

具體評分標準見表1~表6。

表1　　　　　　　　　　　妝容設計評分參考表

姓名	髮型知識及自我設計 20分	面容知識及自我設計 20分	表情 10分	整體效果 20分	協作精神 15分	參與態度 15分

表2　　　　　　　　　　　服飾裝扮設計評分參考表

姓名	知識掌握 10分	款式搭配 20分	顏色搭配 20分	配飾搭配 10分	整體效果 20分	協作精神 10分	參與態度 10分

表3　　　　　　　　　　　舉止儀態設計評分參考表

姓名	髮型 10分	面容 5分	著裝 10分	飾物 5分	鞋 10分	表情 10分	整體效果 20分	協作精神 15分	參與態度 15分

表4　　　　　　　　　　　交往禮儀實訓評分參考表

姓名	稱呼禮儀 15分	介紹禮儀 15分	握手禮儀 10分	交談禮儀 10分	饋贈禮儀 20分	協作精神 15分	參與態度 15分

表 5　　　　　　　　　　餐飲禮儀實訓評分參考表

姓名	酒店選擇 10 分	菜單選擇 15 分	座次安排 15 分	用餐過程 20 分	陪同安排 10 分	協作精神 15 分	參與態度 15 分

表 6　　　　　　　　　　通聯禮儀實訓評分參考表

姓名	禮貌用語 15 分	說話技巧 15 分	音量 10 分	語速 10 分	整體效果 20 分	協作精神 15 分	參與態度 15 分

項目二　秘書口才與溝通技巧實訓

一、實訓目標

知識目標：學生須瞭解三個口頭表達層次的不同要求及溝通的基本原理、方法並掌握實用的溝通技巧，掌握口頭表達與面對面溝通技巧，非語言溝通技巧，辦公室口才與電話溝通技巧，會議、團隊溝通技巧等內容，以培養學生的溝通實踐能力，提高學生的綜合素質和社會適應性。

能力目標：學生須掌握語言溝通技巧、非語言溝通技巧等並通過進行基本溝通技巧的練習，能夠在各種情景下鍛煉口頭表達能力，利用溝通技巧並取得良好效果。

二、適用課程

秘書口才實訓、演講與口才。

三、實訓內容

任務一　語音語調訓練（語音矯正）

【實訓情景】

秘書楊蘭正在接待客人，向他們介紹公司的基本情況。幾位客人都是北方人，對於楊蘭略帶方言的普通話有些不適應。

【實訓重點】

廣西人在說普通話時有什麼明顯的方言口音和語調？

【實訓步驟】

1. 分組討論。小組輪流就秘書的業務工作發言，其他人傾聽發言者的語音語調，分辨其中的方言音。

2. 討論、總結這些方言口音的共同點，寫下來。

3. 情景演示。請四位同學分別扮演秘書楊蘭和三位來自山東、河南、陝西的客人，試著演示他們因為方言口音造成的誤會。

任務二　語音語調訓練（口語表達技巧訓練）

【實訓情景】

秘書楊蘭正在主持公司的訂貨會，在脫稿的情況下，楊蘭向幾十位客人致歡迎辭。

【實訓重點】

通過口語表達技巧的訓練，學會運用停連、輕重、快慢、節奏、語氣、語調的多種技

能進行致辭，提高感染力和表現力。

【實訓步驟】

1. 分組討論。圍繞實訓重點進行小組討論，如何使會議致辭充滿感染力。
2. 寫出演講稿，用相關符號畫出句子的抑揚頓挫和節奏。
3. 情景演示。請各小組推選代表扮演秘書楊蘭，上講臺致辭。要求學會運用停連、輕重、快慢、節奏、語氣、語調的多種技能進行致辭，提高感染力和表現力。

任務三　語音語調訓練（繞口令）

【實訓情景】

酒桌上，秘書楊蘭被要求念出一段繞口令。

【實訓重點】

用繞口令檢查自己口才能力。

【實訓步驟】

1. 分組。
2. 請各組用以下的繞口令進行綜合性訓練，來檢查自己口才基本功的狀況，要求做到普通話語音準確，字正腔圓。

1) 山前有四十四只石獅子，山后有四十四棵野柿子，結了四百四十四個澀柿子。澀柿子澀不到山前的四十四只石獅子，石獅子也吃不到山后的四百四十四個澀柿子。

2) 清早起來雨淅淅，王七上街去買席。騎著毛驢跑得急，捎帶賣蛋又販梨。一跑跑到小橋西，毛驢一下跌了蹄，打了蛋，撒了梨，跑了驢，急得王七眼淚滴，又哭雞蛋又罵驢。

3) 柳林鎮有個六號樓，劉老六住在六號樓。有一天，來了牛老六，牽了六只猴；來了侯老六，拉了六頭牛；來了仇老六，提了六簍油；來了尤老六，背了六匹綢。牛老六、侯老六、仇老六、尤老六，住上劉老六的六號樓，半夜裡，牛抵猴，猴鬥牛，撞倒了仇老六的油，油壞了尤老六的綢。牛老六幫仇老六收起油，侯老六幫尤老六洗掉綢上油，拴好牛，看好猴，一同上樓去喝酒。

4) 譚家譚老漢，挑擔到蛋攤。買了半擔蛋，挑蛋到炭攤。買了半擔炭，滿擔是蛋炭。老漢忙回趕，回家炒蛋飯。進門跨門檻，腳下絆一絆。跌了譚老漢，破了半擔蛋。翻了半擔炭，臟了木門檻。

5) 床身長，船身長，床身船身一樣長。

6) 小光和小剛，抬著水桶上崗。上山岡，歇歇涼，拿起竹竿玩打仗。乒乒乓，乓乓乒，打來打去砸了缸。小光怪小剛，小剛怪小光，小光小剛都怪竹竿和水缸。

7) 天津和北京，津京兩個音，一個是前鼻音，一個是后鼻音，你要分不清，請你注意聽。

8) 天上一個盆，地下一個棚，盆碰棚，棚碰盆，棚倒了，盆碎了，是棚賠盆還是盆賠棚。

任務四　語音語調訓練（練習說話）

【實訓情景】
楊蘭在一公司面試秘書崗位，招聘方要求她說一段自己最感動，或最傷心，或最尷尬，或最有某種氣氛的事。

【實訓重點】
流暢、有詳有略地表達自己。

【實訓步驟】
1. 分組。一人扮演楊蘭，另幾人扮演招聘方。
2. 招聘方定好主題和評分標準，三分鐘準備時間之后，楊蘭按要求表述。
3. 具體要求：普通話語音準確，字正腔圓；停連、輕重、快慢、語調得當；時間不少於 3 分鐘，不超過 5 分鐘。

任務五　非語言溝通技巧實訓（表情訓練）

【實訓情景】
1. 在紙條上寫出五種情緒或感情。
2. 抽到的同學，把自己的感受明確地表現在臉上，盡力讓其他同學準確地理解自己的表情。

【實訓重點】
學會用表情表現自己的情緒，同時，也要讀懂交際對象的表情語，借助對方的表情瞭解其真實心理。

【實訓步驟】
每位學生步上講臺，按照抽到小紙條上的提示，將紙條相對應的表情展現給其他同學看，其他同學猜出他所表演的表情。

任務六　非語言溝通技巧實訓（笑語訓練）

【實訓情景】
紙條上寫五種場合，抽到的同學，按場合要求恰當地笑給其他人看。

【實訓重點】
笑時要注意場合，注意適度。

【實訓步驟】
每位學生步上講臺，按照抽到小紙條上的場合提示，笑給其他同學看，其他同學猜出笑容所代表的場合。

任務七　非語言溝通技巧實訓（目光語的訓練）

【實訓情景】
1. 在紙條上寫出五件事（比較重大的）。
2. 抽到的同學，先寫下對這件事的態度，然後把自己對這件事的態度和情感表現在眼神中，盡力讓其他同學準確地理解自己對這件事的態度。

【實訓重點】
1. 恰當運用各種眼神更好地表情達意。
2. 借助眼神讀懂對方。

【實訓步驟】
每位學生步上講臺，按照抽到小紙條上的提示，把自己對這件事的態度和情感表現在眼神中，盡力讓其他同學準確地理解自己對這件事的態度。

任務八　非語言溝通技巧實訓（面試體態訓練）

【實訓情景】
請兩位同學扮演不同角色進行會話訓練，一位扮演招聘人員，一位扮演求職人員。

【實訓重點】
求職人員進門的走姿、坐下的動作、坐的姿態；招聘人員的坐姿和神態。

【實訓步驟】
1. 招聘人員坐在講臺上，注意坐姿。
2. 求職人員推門進入，打招呼，坐下。注意語音、語調、身體語言。

任務九　非語言溝通技巧實訓（體態訓練）

【實訓情景】
試以導遊的身分向遊客介紹某一景點。

【實訓重點】
注意身姿端正，動作恰當、自然、協調。

【實訓步驟】
1. 導遊陪同遊客走進景點。
2. 導遊向遊客介紹景點。

任務十　電話溝通實訓（接電話）

【實訓情景】
1. 有人致電公司，要求你提供你們公司產品的最低價格。

2. 一人扮演來電者，一人接聽電話。

【實訓重點】

接電話者要保持熱情與禮貌，並且記錄下來電者的具體信息。致電者要流暢、清晰、有邏輯地提出要求。

【實訓步驟】

1. 客戶來電；

2. 秘書接電話；

3. 客戶提出要求；

4. 秘書回應並做記錄。

任務十一　電話溝通實訓（應對電話投訴）

【實訓情景】

1. 一人代表客戶致電，一人為職員，代表公司接聽電話。

2. 電話內容：歇斯底裡的客戶致電，要投訴公司售後服務部門的一名同事，認為他服務態度極差，且數次不接聽自己的電話。

【實訓重點】

接電話者要妥善處理各方關係，並且記錄下來電者的具體信息和要求。

【實訓步驟】

1. 客戶來電；

2. 秘書接電話；

3. 客戶提出要求；

4. 秘書回應並做記錄。

任務十二　電話溝通實訓（電話溝通的邏輯問題）

【實訓情景】

致電給你部門經理，和他溝通以下事項：

1. 他的航班改簽到明天中午十二點整（南寧—廣州）；

2. 他要的那家酒店已經訂滿，所以改成了另一家；

3. 他和對方會面的時間是明天下午四點半，提醒他注意不要遲到；

4. 公司各部門的年度總結已經打包發送到他郵箱，提醒他注意接收；

5. 按照公司新規定，出差的每日餐費總額不得超過一千元，且必須配有相應時間的就餐發票，提醒他注意在合適的時間開發票；

6. 今天接到公司總經理的郵件通知，需要本部門提供全公司人事考核總表，請教他這項工作該如何分配、著手。

【實訓重點】

注意順序，把事項分輕重緩急逐一匯報；開場要清楚概述有幾件事，電話結束前要有所強調。

【實訓步驟】
1. 秘書致電；
2. 經理接電話；
3. 秘書陳述事項；
4. 經理回應。

任務十三　人際溝通技能實訓（接待）

【實訓情景】
前臺今天休假，你替代她接待一位前來要求賠償的顧客。
【實訓重點】
首先安撫客戶情緒，其次想方設法解決問題。①抓住對方的心理。②利用對方的自尊心。③利用同類意識。④迂迴說服。⑤從對方的利益著眼或交換條件。⑥借題發揮。⑦用事例說明。⑧訴諸情感，將心比心。⑨非語言技巧：面部表情、音調和姿態的運用技巧。
【實訓步驟】
1. 接待顧客；
2. 聆聽並安撫顧客情緒；
3. 解釋並說服顧客接受解決方案。

任務十四　人際溝通技能實訓（緩和氣氛）

【實訓情景】
與同事聊天，為緩和氣氛，開自己一個玩笑。
【實訓重點】
掌握分寸。
【實訓步驟】
兩位同事找話題聊天→氣氛略緊張→開自己一個玩笑。

任務十五　人際溝通技能實訓（適度「示弱」）

【實訓情景】
上級說：你怎麼那麼差勁，這點小事都做不好！你如何用適度「示弱」技巧緩解緊張氣氛？
【實訓重點】
以退求和，掌握分寸。
【實訓步驟】
上司斥責→下級回應。

任務十六　人際溝通技能實訓（適當地批評他人）

【實訓情景】
社團的社員把今晚必須張貼的海報畫得亂七八糟，完全不符合要求，作為宣傳部長的你，該如何批評他？

【實訓重點】
柔中有剛，掌握分寸。

【實訓步驟】
部長斥責→社員回應。

任務十七　小組溝通

【實訓情景】
1. 選出會議主持人與會議記錄人。
2. 按照正式會議流程開會。
3. 推選本組參加演講比賽的三名選手，討論他們的優勢與劣勢，並制定演講主題。
4. 與其他各小組主持人溝通，協商比賽安排。
5. 會議記錄人陳述你們的方案。

【實訓重點】
會議主持人的協調能力。

【實訓步驟】
全班分成 7 個小組，分組討論，教師隨時觀察討論進度。

任務十八　會議溝通

【實訓情景】
2014 年 1 月 14 日，你被調到某旅遊飯店當總經理。上任後你發現 2013 年第四季度沒有完成上級下達的利潤指標，原因是該飯店存在著許多影響利潤指標完成的問題。它們是：

1. 食堂伙食差、職工意見大，餐飲部飲食缺乏特色，服務又不好，對外賓缺乏吸引力，造成外賓到其他飯店就餐；
2. 分管組織人事工作的黨委副書記調離一月餘，人事安排無專人負責，不能調動職工積極性；
3. 客房、餐廳服務人員不懂外語，接待國外旅遊者靠翻譯；
4. 服務效率低，客房掛出「盡快打掃」門牌後，仍不能及時把房間整理乾淨，旅遊外賓意見很大，紛紛投宿其他飯店；
5. 商品進貨不當，造成有的商品脫銷，有的商品積壓；
6. 總服務臺不能把市場信息、客房銷售信息、財務收支信息、客人需求和意見等及時地傳達給總經理及客房部等有關領導和部門；

7. 旅遊旺季不敢超額訂房，生怕發生糾紛而影響飯店聲譽；

8. 飯店對上級的報告中有弄虛作假、誇大成績、掩蓋缺點的現象，而實際上確定的利潤指標根本不符合本飯店的實際情況；

9. 倉庫管理混亂，吃大鍋飯，物資堆放不規則，失竊嚴重；

10. 任人唯親，有些局、公司幹部的無能子女被安排到重要的工作崗位上。

請召開小組會議討論以上問題並綜合大家意見提出解決方案。

【實訓重點】

會議主持人的協調能力。

【實訓步驟】

全班分成7個小組，分組討論，教師隨時觀察討論進度。

任務十九　小組面試試題

【實訓情景】

做一個成功的領導者，可能取決於很多的因素，比如：

善於鼓舞人，能充分發揮下屬優勢；

處事公正，能堅持原則又不失靈活性；

辦事能力強，幽默；

獨立有主見，言談舉止有風度；

有親和力，有威嚴感；

善於溝通，熟悉業務知識；

善於化解人際衝突，有明確的目標；

能通觀全局，有決斷力。

請分別從上面所列的因素中選出一個你認為最重要和最不重要的因素。

首先，給你5分鐘時間考慮，然后將答案寫在紙上，亮出來。

接下來，你們用30分鐘時間就這一問題進行討論，並在結束時拿出一個一致性的意見，即得出一個你們共同認為最重要和最不重要的因素。

然后，派出一個代表來匯報你們的意見，並闡述你們作出這種選擇的原因。

如果到了規定的時間，你們沒有得出一個統一的意見，那麼你們每一個人的分數都要相應地減去一部分。

【實訓重點】

全方位測試每個人的反應能力、思維能力和協調能力。

【實訓步驟】

全班分成7個小組，分組討論，教師隨時觀察討論進度。

四、實訓準備

1. 電話溝通

（1）接聽電話的流程管理

接聽電話→介紹自己單位的名稱、自己的姓名和職務→詢問對方單位的名稱、自己的姓名和職務→詳細記錄通話內容→復述通話內容，以便得到確認→整理記錄提出擬辦意見

→呈送上司或相關人員批閱。

（2）以下信息尤其要注意重複

對方的電話號碼、雙方約定的時間、地點、雙方談妥的產品數量、種類、雙方確定的解決方案。雙方認同的地方，以及仍然存在分歧的地方。其他重要的事項。

（3）復述要點的好處

不至於因為信息傳遞的不一致，導致雙方誤解；

避免因為口誤或者聽錯而造成不必要的損失；

便於接聽電話者整理電話記錄。

（4）用5W1H檢查記錄內容的完整性

Who（是誰）；

What（什麼事）；

When（什麼時候）；

Where（什麼地方）；

Why（為什麼）；

How（怎麼樣）。

（5）撥打電話前的思考提綱

我的電話要打給誰？

我打電話的目的是什麼？

我要說明幾件事情？它們之間的聯繫是怎樣的？

我應該選擇怎樣的表達方式？

在電話溝通中可能會出現哪些障礙？面對這些障礙可能的解決方案是什麼？

（6）為什麼要詳細記錄通話內容呢？

很多問題並非在電話中就可以解決的，可能要稍后才可能解決，如果你並非過目不忘的人，就要將通話內容記錄下來；

有時候我們可能要幫助同事接聽電話，這時候尤其要記錄通話內容；

有些電話雖然是打給你的，但需要解決的問題是其他同事負責的，因此也需要詳細記錄通話內容；

在有些特殊崗位上，員工的通話記錄是必不可少的，例如熱線接聽員等。

（7）怎樣詳細記錄通話內容呢？

時間、對方單位、對方姓名、對方職務。

2. 非語言溝通

非語言溝通指除語言溝通以外的各種人際溝通方式，具體包括形體語言、副語言、空間利用、時間安排及溝通的物理環境等。

面部表情是心靈的「屏幕」，是人們思想感情的外在表現。通過表情，人們能最直接地把心裡的感受傳遞給交際對象；通過對交際對象表情的觀察，人們可以瞭解對方心理的變化。

身體動作：手勢、臉部表情、眼神及身體其他部位的動作等。

個人身體特徵：體格、體形、體味、身高、體重、膚色、髮色等。

副語言：音質、音量、語速、語調等。

空間利用：房間的布置、座位的安排、談話的距離等。

時間的安排：遲到、按時、對時間的不同理解等。
物理環境：大樓和房間的構造、家具的擺設、房間的裝飾、室內的整潔度、光線和噪音等。
手勢語是指用手指、手掌和手臂的動作和造型來表情達意，傳遞信息。
（1）情意手勢，主要通過手勢的方向、節奏、速度和力度的變化，來表達說話者的情感。
（2）指示手勢，用於指明談到的人、事、物及運動方向等。
（3）象形手勢，主要是用來模擬人或事物的形狀、外貌，可使說明具體、直觀。
（4）象徵手勢，這種手勢可以用來表達比較抽象的概念。
頭部語通過頭部活動來傳遞信息，包括點頭、搖頭、昂頭、側頭、低頭等動作，點頭和搖頭是頭部語的兩種基本形式，也是含義最明確的頭部語。

3. 人際溝通
（1）人際需求理論
關係之開始、建立或維持，全賴雙方所符合的需求程度。
William Schutz 指出一般人需要的人際需求為：
愛：可分缺乏、適度、過度人際關係三種。
歸屬：可分缺乏、適度、過度社交三種。
控制：可分放棄、民主、獨裁三種。
（2）交換理論
交換理論認為人際關係可借由互動所獲得的報酬，和以其為代價的交換來加以瞭解。代價是接收信息者不想蒙受的損失，包括時間、精力、焦慮等。
人期待高報酬、低代價的互動。（如兩人相見溝通互動的方式：視而不見，微笑點頭，說「嗨」，聊聊，長談）
維持關係與否，取決於是否有其他的選擇。
（3）心理功能
為了滿足社會需求；為了加強和肯定自我。
（4）社會功能
發展和維持與他人的關係。
（5）決策功能
促進資訊交換，影響他人。
（6）幾種溝通技巧
語言技巧：使用文字以增加信息的清晰性。
自我表達技巧：幫助你讓別人更瞭解你。
傾聽和反應技巧：幫助你解釋他人表達的含義並且分享所接受的含義。
影響技巧：幫助你說服別人，改變他們的態度或行為。
營造氣氛的技巧：創造一種正向的氣氛，助於溝通達成。

4. 小組面試
小組面試俗稱「群面」，比較科學的說法是「無領導小組討論」。小組面試是近年來被越來越多外企、名企採用的面試方式，而且公務員招考中也正漸漸引用這種面試方式。小組面試的好處，一是節約時間，二是可以讓應聘者在相對放鬆的環境中較為自如地發揮，從而全

面考察應聘者的語言能力、思維能力和在團隊中適合扮演的角色。

小組面試的方式，一般是若干應聘者組成一個小組，共同面對一個需要解決的問題，小組成員以討論的方式，經過匯集各種觀點，共同找出一個最合適的答案。小組面試的步驟一般是：①接受問題，成員各自分別準備發言提綱；②小組成員輪流發言，闡述自己的觀點；③成員交叉討論，漸漸得出最佳方案；④總結解決方案並匯報討論結果。

在小組面試中，每個人最直接的印象就是別人的風度、教養和見識。這三者都要靠個人的長期修養才能得來。在面試中這三者是通過發言的時機、發言的內容、何時停止、遭到反駁時的態度、傾聽他人談話時的態度等表現出來的。

首先，小組成員應該有自己的觀點和主見，即使與別人意見一致時，也可以闡述自己的論據，補充別人發言的不足，而不要簡單地附和說：「某某已經說過了，我與他的看法基本一致。」這樣會使人感到你沒主見、沒個性、缺乏獨立精神，甚至還會懷疑你其實根本就沒有自己的觀點，有欺騙的可能。當別人發言時，應該用目光註視對方，認真傾聽，不要有下意識的小動作，更不要因對其觀點不以為然而顯出輕視、不屑一顧的表情。這樣不尊重對方，會被面試官認為是涵養不夠。對於別人的不同意見，應在其陳述之後，沉著應付，不要感情用事，怒形於色，言語措辭也不要帶刺，而要保持冷靜，闡明自己的見解。要以理服人，尊重對方的意見，不能壓制對方的發言，不要全面否定別人的觀點，應該以探討、交流的方式在較緩和的氣氛中，充分表達自己的觀點和見解。

在交談中，談話者要注意自己的態度和語氣。有的人自命清高，很有思想，因而說起話來裝腔作勢，口若懸河，使別人沒有時間反駁或發表自己的見解，而且輕視別人的思考能力。有的人認為自己能言善辯，為了引起眾人的注意，「語不驚人死不休」，用誇張的語氣談話，甚至不惜危言聳聽，嘩眾取寵。有的人喋喋不休，為了壓別人而有意無意地傷害別人的感情。這些人因為不懂得交談中的基本禮儀，不但不能達到談話的目的，反而只能給人留下傲慢、自私、放肆的印象，破壞了交談的氣氛，很難達到彼此溝通的目的。

五、建議學時

48學時。（其中：教師指導學時為12學時；學生操作學時為36學時）

六、實訓成果展示及匯編要求

實訓完成后，每組提交實訓腳本或文本含實訓重點討論分析一份，實訓演示情景錄像資料一份。

七、實訓工具箱

（一）案例分析

【案例】服裝公司的新策略

某服裝公司決定加快工藝流程改造，並進行工藝重組。但以前在進行工藝重組時，工人的反應非常強烈，對工藝的改動持敵對態度。為了實施改革計劃，公司管理層採用了三種不同的策略：

策略一，與第一組工人採取溝通的方式，向他們解釋將要實行的新標準、工藝改革的目的及這麼做的必要性和必然性，然后，給他們一個反饋的期限；

策略二，告訴第二組工人有關現在工藝流程中存在的問題，然后進行討論，得出解決的辦法，最后派出代表來制定新的標準和流程；

策略三，對第三組工人，要求每個人都討論並參與建立、實施新標準和新流程，成員全部參與，如同一個團隊一樣。

結果令人驚奇。雖然第一組工人的任務最為簡單，但結果他們的生產率沒有任何提高，而且對管理層的敵意越來越大，在 40 天內有 17% 的工人離職；第二組工人在 14 天裡恢復到原來的生產水平，並在之后有一定程度的提高，對公司的忠誠度也很高，沒有人離職；第三組工人在第二天就達到原來的生產水平，並在一個月裡提高了 17%，對公司的忠誠度也很高，沒有工人離職。

【分析】

優點：產生更多的承諾，產生更好的決策。

缺點：時間和效率、群體壓力、從眾心理、專家和領導的壓力、推卸責任、說而不做。

(二) 拓展訓練

【情景】

在公海上航行的一艘中國輪船，由於觸礁，將在 30 分鐘內沉沒。輪船上只有一艘救生船可用，這艘救生船只可以乘坐 6 人。而這艘輪船上有 16 個人，他們分別是：

船長，男，36 歲；

船員，38 歲；

盲童，音樂天才；

某公司經理，男，34 歲；

副省長，博士，男；

省委副書記，女，42 歲；

省委副書記的兒子，研究生，數學天才，24 歲；

某保險公司推銷員，白族，女，20 歲；

生物學家，女，52 歲；

生物學家的女兒，弱智；

公安，女，25 歲；

某外企外方總經理；白種人，女，20；

罪犯，孕婦；

醫生；

護士，同性戀；

英雄，重傷，女。

1. 請你在 5 分鐘內按照應該離開的次序對 16 人進行排序。
2. 通過小組討論在 20 分鐘內決定 16 人應該離開的次序。
3. 小組的意見必須統一。

【任務】

全方位測試每個人的反應能力、思維能力和協調能力。

【指導】

全班分成 7 個小組，分組討論，教師隨時觀察討論進度。

（三）拓展閱讀

【閱讀1】聲母辨正

1. 分辨 zh ch sh 和 z c s

區別在於發音部位的不同。舌尖前音（平舌音）z、c、s 發音時舌尖平伸，頂住或接近上齒背；舌尖后音（翹舌音）zh、ch、sh 發音時舌尖翹起，接觸或接近硬腭前端。

方法：

找準平、翹舌音的發音部位。

利用漢字的聲旁類推的方法記住一些代表字。

進行字詞的對比訓練、繞口令的訓練。

（1）組詞對比：辨音記詞，再用每個詞說句話。

z—zh
在職　雜質　載重　增長
總帳　奏章　阻止　詛咒

zh—z
渣滓　張嘴　種族　長子　沼澤
振作　張嘴　正字

c—ch
財產　操場　裁處　採茶　彩綢
餐車　殘春　殘喘

ch—c
車次　唱詞　蠢材　純粹　差錯
場次　陳詞　成材

s—sh
散失　桑葚　喪失　掃射　私塾
死水　四聲　四時

sh—s
上訴　哨所　山色　深思　深邃
申訴　神思　神速

n—l
納涼　那裡　奴隸　奶酪　耐勞
腦力　內力　內陸　奴隸

l—n
冷暖　留念　流年　老年　老娘
老牛　老農　來年　爛泥

f—h
返航　肥厚　防護　符合　發揮
緋紅　附和　飛花　分化　奉還

h—f
盒飯　恢復　何方　伙房　耗費

揮發　海風　合肥　煥發　富豪

（2）把跟齊齒呼韻母、撮口呼韻母相拼的 z、c、s、g、k、h 改成 j、q、x。

普通話聲母 z、c、s 和 g、k、h 都不能和 i、ü 或以 i、ü 起頭的韻母相拼。普通話 i、ü 或以 i、ü 起頭的韻母，在塞擦音、擦音中只跟 j、q、x 相拼。

方法：

找準 j、q、x 的發音部位，矯正 j、q、x 發音部位不準的偏誤。

進行字詞的對比訓練和繞口令的訓練。

2. 詞語對比辨音訓練

j—z—zh

計劃—字畫　船槳—船長　及格—資格
基本—資本　拒絕—自覺
建築—站住　繼母—字母　雜技—雜誌
交手—招手　舉國—祖國
結合—折合　今昔—珍惜　實際—實質
直叫—執照　極刑—執行

q—c—ch

大橋—大潮　啟示—此事　有權—有船
趣味—醋味　敲過—超過
簽證—參政　長裙—長存　契機—刺激
驅使—出使　強度—長度
秋風—抽風　全球—傳球　拳頭—船頭
騎馬—尺碼　氣味—刺蝟

x—s—sh

喜訊—死訊　寒暄—寒酸　西文—斯文
修鎖—搜索　稀有—私有
犧牲—師生　銷毀—燒毀　學習—學識
襲擊—時機　手續—手術
瞎眼—沙眼　人心—人參　通訊—通順
昔人—詩人　消化—燒化

j、q、x—g、k、h

教室—告示　一斤—一根　艱苦—甘苦
窺門—靠門　大江—大綱
雄心—紅心　群起—捆起　虛心—灰心
理屈—理虧　熏倒—昏倒
巧合—考核　欣賞—音響　悶心—寒心
夏季—下跪　發酵—發號

n—l

大路—大怒　澇災—鬧災
小牛—小劉　內胎—搖臺
無奈—無賴　腦子—老子

寧靜—鄰近　思念—思戀
女客—旅客　南天—藍天
呢子—梨子　大娘—大梁
f—h
公費—工會　翻騰—歡騰
輔助—互助　非凡—輝煌
發紅—花紅　放蕩—晃蕩
防風—黃蜂　防蟲—蝗蟲
飛魚—黑魚　浮面—湖面
老房—老黃　舅父—救護
芬芳—昏黃　流放—流汗
西服—西湖　防止—黃紙

【閱讀2】韻母訓練

1. 對比辨音練習（訓練方法：讀準韻母，再用每個詞說句話）

an—ang
反問—訪問　開飯—開放
心煩—心房　鏟子—廠子
en—eng
清真—清蒸　伸張—聲張
瓜分—刮風　終身—鐘聲
in—ing
禁地—境地　臨時—零食
因循—英雄　暈車—用車
ian—iang
險象—想像　簡歷—獎勵
堅硬—僵硬　鮮花—香花
uan—uang
機關—激光　專車—裝車
大碗—大網　歡迎—荒淫
i—ü
名義—名譽　意義—寓意
絕跡—絕句　忌諱—聚會
ian—üan
鹽分—緣分　沿用—援用
顏料—原料　燕子—院子
ie—üe
切實—確實　竊取—攫取
節烈—決裂　結束—約束

ai—ei

分配—分派　耐心—內心　賣力—魅力
百強—北牆　白鴿—悲歌　外部—胃部
牌價—陪嫁　陪伴—排版

ao—ou

刀子—豆子　考試—口試
搖船—遊船　消息—休息

e—o

課—破　車—潑　合—佛
得—磨　特—墨　閣—婆

ua—uo

掛著—過著　滑動—活動
抓住—捉住　國畫—國貨

2. 分辨鼻音 n 和邊音 l

要讀準 n 和 l，關鍵是把握其發音異同。鼻音 n 和邊音 l 都是舌尖中音（舌尖和上齒齦構成阻礙），發音時聲帶振動，但氣流通路不同，n 是鼻音，氣流從鼻腔出來；而 l 是邊音，氣流從舌頭的兩邊出來，不通過鼻腔，發音時要體會軟腭的下垂和上升。

方法：

根據漢字聲旁類推的方法去記一些代表字。

進行辨音練習。

3. 分辨 f 和 h

f 和 h 都是清擦音，區別在於發音部位不同，f 的發音部位是上齒和下唇，h 的發音部位是舌根和軟腭。f 和 h 不分的地區可根據形聲字聲旁類推的方法，分清哪些字的聲母是 f，哪些字的聲母是 h，同時進行辨音訓練。

4. 韻母辨正

前鼻音（-n）韻母和后鼻音（-ng）韻母的辨正。

方法：

找準前后鼻韻尾不同的成阻部位，如發前鼻韻尾-n 時，舌尖上抵成阻，鏡中可以看見舌頭底部（舌身隨舌尖前伸）；發后鼻韻尾-ng 時，舌根上抵成阻，鏡中可見舌面（舌身隨舌根后縮）。

進行辨音對比練習。

5. 齊齒呼韻母和撮口呼韻母的辨正

i 和 ü 在普通話中分屬齊齒呼韻母和撮口呼韻母，但有些方言中沒有撮口呼韻母，把 ü 讀成了 i，把「名譽」說成了「名義」，把「結局」說成「結集」。這些方言區的學生發音時應注意口形的圓展。

韻母 i 和 ü 的主要區別在於：i 是不圓唇元音，ü 是圓唇元音，練習時先發不圓唇元音 i，舌位不動，然后，慢慢地把嘴唇攏圓，就可以發出 ü 了。

6. 韻母 ai 和 ei，ao 和 ou 的辨正

在普通話中，這兩個韻母分得很清楚，然而在有些方言中，存在 ai 和 ei，ao 和 ou 不分的現象，比如說把「考試」讀成「口試」。要避免這種情況，主要是注意 ai 和 ei，ao 和 ou

發音時口腔開口度的大小。

7. 韻母 e 和 o，ua 和 uo 的發音辨正

韻母 e 和 o 發音時要注意唇形圓展，ua 和 uo 發音時要注意收尾時口腔開口度的大小和唇形的圓展。

【閱讀 3】 聲調辨正

普通話有四種基本調值：55 高平，35 高升調，214 降升調，51 全降調。

四種調類，分別是陰平、陽平、上聲、去聲，統稱四聲。

普通話四聲發音特點是：

陰平調，起音高高一路平；

陽平調，由中到高往上聲；

上聲調，先降后升曲折起；

去聲調，高起猛降到底層。

方言聲調和普通話聲調的差異很大。普通話共有四種調類，但各方言聲調的數目不等，多的有十個，少的只有三個，而且調值和普通話也不是對應的，如粵方言上聲調分別是 35 和 13。普通話沒有入聲。

學習普通話聲調的方法：

（1）讀準普通話四聲的調值；

（2）弄清自己方言中的聲調，再找出自己方言的聲調和普通話聲調的對應關係，逐一加以對照調整，同時進行辨音練習。

【閱讀 4】 語調變化有致

口語表達技巧需要在掌握了普通話的基礎理論知識后，進一步進行口語表達訓練，它直接關係到語言的表意準確度和表意色彩，有時能起到決定勝負的作用。古人講「三寸之舌強於百萬之師」即是很好的印證。

1. 語調變化的種類

高升調（↗）

如：「它沒有婆娑的姿態，沒有屈曲盤旋的虯枝。」語調如同上波，漸漸升高。

降抑調（↘）

如：「天漸漸暗下來，北風刮得更緊了，我們默默地離開了天安門廣場。」語調如下波，漸漸降低。

平直調（—）

如魯迅小說《祝福》中的祥林嫂重複多次的那幾句：「我真傻，真的……唉唉，我的阿毛如果還在，也就有這麼大了……」歷盡了艱辛，最后連唯一的精神支柱——兒子也被狼叼走了的祥林嫂，此時的她精神上已不再會有什麼起伏了。

曲折調（~）

如：「她太可愛了，連哭鼻子的樣子也招人喜歡。」

2. 語調變化的方法

正常的語調應該是：升高時——要輕而柔，不宜重而剛；降低時——要靜而清，不能衰而濁；揚起時——激動中有控制，不過分喊叫；抑伏時——平緩中含深情，不過於消沉。

（1）從真情實感出發，又要適應一定的語氣環境。
（2）和聲音的運用要處理恰當。

【閱讀 5】語速、節奏快慢適度

1. 語速

形成語速快慢不同的因素主要有：

（1）情感因素。
（2）內容和情節因素。
（3）表達者的年齡因素。
（4）聽眾的年齡和接受能力因素。

2. 節奏

速度與節奏的變化是一致的。但是，節奏和速度並不是一回事。速度單指語流的快慢，而節奏是由口語表達的諸多要素的前後對比變化所形成的，而且主要表現人心理的運動變化。

節奏和速度的變化對於人的知覺和感情會產生強烈的吸引和感染的作用。它不僅有助於表情達意，還會使口語富於韻律的美感，加強刺激的強度，尤其是篇幅較長的宣傳教育性的講話，更要注意發揮節奏和語速的作用。

項目三　秘書日常事務管理實訓

一、實訓目標

知識目標：掌握辦公室管理、通信工作、約會工作、差旅工作、值班工作等基本要求及方法，提高秘書日常事務處理技巧和能力，為走上秘書崗位、盡快適應秘書工作打好基礎。

能力目標：通過實訓，學生在情景模擬中熟練掌握秘書辦公室日常事務的實務技能，掌握辦公室設計、購置辦公設備、為老板打出電話、為老板接答電話、約會安排、擬訂旅行方案、值班工作的程序與注意事項，最終有效地完成領導交代的工作。

二、適用課程

秘書實務。

三、實訓內容

任務一　辦公室空間設計

【實訓情景】

某公司準備在南寧開辦一所銷售分公司，租用了某寫字樓的一層大廳。要求設計辦公室，包括總經理辦公室、副經理辦公室、接待區、銷售部、財務部、會議室（六個空間）。

該銷售分公司的負責人要求將整個一層大廳全部設計為當今很流行的全開放式辦公室和半開放式辦公室，用站立並能夠移動的間隔物來分隔，沒有門，所有人的工作區域都能清楚可見。負責人說，這種設計能夠降低成本，提高工作效率，也易於職工之間的溝通。

【實訓重點】

請對照辦公室環境設計的要求進行設計（統一給出大廳基本尺寸及正門的位置）。

【實訓步驟】

1. 分組討論，圍繞實訓重點進行小組討論，對照辦公室環境設計的要求進行考慮。
2. 劃出草圖，包含辦公室六個空間的基本位置。
3. 設計成型。按照一定的尺寸比例劃出辦公室中這六個空間的位置，並標註出來。課堂上對自己的設計進行簡要解說。

任務二　購置辦公設備

【實訓情景】

秘書決定為自己的辦公室購買一臺新的計算機，經過有關領導的同意，他看了一位操

作員的演示以後，選好了滿意的機型，開始訂購。

【實訓重點】

請演示從發出訂購單開始，公司與電腦公司之間形成的商業文件流的程序。

【實訓步驟】

1. 分組討論，圍繞實訓重點進行小組討論，按照正常的購物程序及組織機構要求考慮，盡量貨比三家，規範操作。

2. 劃出圖表，包含申請、購物程序步驟，標註涉及的商業文件。

3. 情景演示。請8位同學分別扮演公司秘書、部門經理、公司的採購員、公司的財務部職員、公司的倉庫保管員、三家電腦公司的銷售部門職員。

任務三　為老板打出電話

【實訓情景】

華南百貨公司張明總經理讓其秘書李文代撥通打給騰飛地毯公司陳經理的電話：明確要找陳經理談談有關地毯質量的有關事情（不是很急）。此刻陳經理已到柳州出差去了，估計一週後回來。

【實訓重點】

請演示為老板打出電話的程序步驟，注意表達方式。

【實訓步驟】

1. 整理思路。考慮為老板打出電話的基本程序步驟、注意事項。

2. 情景演示。請三位同學分別扮演秘書李文、陳經理的秘書王飛、陳經理（學生客串）。老師客串張明總經理，學生演示開始前會先交代秘書李文要做的事。注意電話交談的基本要求，禮貌得體，嚴謹保密，規範操作。

任務四　為老板接答電話

【實訓情景】

華南百貨公司張明總經理的秘書李雯正在辦公室接待一位客戶。此時，有一臺電話鈴響了，是一位客商打來的。他開始沒有說明他的身分及打電話的意圖，只說要找張總經理談些事。這個電話還沒講完，另一臺電話又響起來了，是公司人力資源部秘書趙清打來的，要求李雯幫確認幾個業務人員的名字。李雯將趙清的電話簡單處理後，再與客商繼續交談。客商這會兒願意說明打電話的意圖：想來訂購地毯。此時張明總經理就在他的辦公室看報。

【實訓重點】

請演示為老板接答電話的程序步驟，注意表達方式。

【實訓步驟】

1. 整理思路。考慮為老板接答電話的基本程序步驟、注意事項。

2. 情景演示。請四位同學分別扮演秘書李文、接待的客戶、客商、人力資源部秘書趙清。老師客串張明總經理，掌握插入電話的時間。注意電話交談的基本要求，禮貌得體，把握分寸，規範操作。

任務五　約會安排

【實訓情景】
這天，光華公司的張經理想和美達公司的王經理及萬興公司的李經理見面，希望一起談談有關聯合銷售的事情，請秘書張英來安排。和對方見面的時間，老板未定。秘書只知道這兩天張經理沒有其他約會安排。假設兩種情景：①美達公司接受，但當天沒空；②萬興公司完全拒絕。接到此任務后，秘書會怎麼操作？

【實訓重點】
秘書為領導安排約會的基本程序和步驟，注意表達方式。

【實訓步驟】
1. 整理思路。考慮為老板安排約會的基本程序步驟、注意事項。
2. 情景演示。請三個學生扮演三個公司經理的秘書，必要時，可安排身邊的同學客串各公司的經理。分別完成假設的兩種情景的演示。

任務六　擬訂旅行方案

【實訓情景】
南寧某公司陳總經理因公務需要，獨自到廣州及深圳的分公司出差，重點是洽談一外企項目合作前期有關事宜。時間：2016年6月13日～17日（周一至周五），共五天。

【實訓重點】
以總經理秘書的身分，擬訂一份旅行方案。

【實訓步驟】
1. 以小組為單位開展實務訓練。收集廣州、深圳公司的有關材料。
2. 選擇去廣州、深圳的旅行方式，查詢南寧到廣州、深圳的火車、航班等信息資料。書面整理（車次、航班、價位、起訖時間）等。
3. 熟悉預訂車、機票的程序。收集當地預訂票受理點電話、地點、聯繫人；瞭解預訂火車、飛機票的基本程序，業餘時間學生到有關受理點詢問（或電話詢問），書面整理。
4. 預訂深圳客房及注意事項。以我校為對象，收集我校外出人員差旅費報銷標準；瞭解廣州、深圳賓館客房的預定程序。
5. 擬訂一份旅行方案。（之前的信息收集工作不用體現，只寫出最后選定的方案）

任務七　值班工作

【實訓情景】
長春金成集團有限責任公司是生產「金成」牌防盜門的專業集團公司。金成防盜門是中國名牌產品，並已向廣闊的國際市場進軍。集團不斷發展創新，先后推出了複合門、歐化門、工程門、子母門、自動鎖歐化門、中高檔彩板門、樓宇門、防火門、浮雕門等產品。
2016年5月14日星期六，主管秘書陳小姐在星海專賣店值班。值班當天工作分4個

場景。

（1）陳秘書翻開記事本，發現今天記有技術部工作任務，分別是：今天 9：00，到上海家美花園 E 幢 501 舍安裝××型藍色防盜門；14：00，滬新村 35 幢 203 舍進行防盜門維修。因為今天是休息日，技術部門只有安裝工人小李一人值班，維修工人小宋今天正好輪休。陳秘書該如何電話督促技術部門完成任務呢？

（2）值班當天 10：00，接到南京路專賣店營業員小張的電話，說一位家住在靜安區的顧客所需 N12 型號防盜門缺貨，陳秘書翻看倉庫記錄，發現倉庫也沒有存貨，此時只有從淮海分店調貨。因此陳小姐先打電話與淮海店長呂×聯繫，得知有此型號的防盜門，要求調貨給南京店；再讓營業員小張請顧客留下地址、電話與押金，並開出收貨憑證，回家等候，一小時後為其上門服務。陳秘書該如何應對這個值班電話呢？

（3）當天 17：30，還有半個小時就可以下班了。所有事情已經做完，陳秘書覺得有必要將今天的值班情況整理一下，填寫在值班日誌上。

（4）18：00 已到，陳秘書準備下班。辦公室環境如下：桌椅、電腦、傳真機、複印機、電話、花卉、紙簍、空調、報紙雜誌、文件資料、水瓶、茶杯以及日曆等。

【實訓重點】
熟悉瞭解秘書在值班工作中事務的處理方式、值班電話的應對、值班日誌的填寫、值班結束要做的事情。

【實訓步驟】
1. 整理思路。考慮值班工作的基本程序步驟、注意事項。
2. 情景演示。學生每 3 人為一組。每組演示時間不超過 5 分鐘。

（1）第一個場景，請演示秘書的處理方式。學生 3 人一組，分別扮演陳秘書、小李和小宋。

（2）第二個場景，請秘書演示怎樣應對值班電話。學生 3 人一組，分別扮演陳秘書、小張和呂×。

（3）第三個場景，請完成一份當天的值班日誌。每位學生需在電腦上製作出值班日誌，並打印成文稿。

（4）第四個場景，請演示陳秘書的下班過程。每個小組由教師任選一名學生完成演示。

四、實訓準備

(一) 知識準備

1. 辦公環境管理

（1）辦公環境的管理原則

方便 →舒適整潔 →和諧統一 →安全。

1）創造舒適而工作效率高的環境。
2）塑造組織形象。
3）建立擋駕制度。
4）有利於保密工作。

（2）辦公環境布置

1）布置的要點

營造一個安靜的工作環境，保證良好的採光、照明條件，合理安排座位，力求整齊、

清潔。

2）布置的原則

辦公室，採用一個大間；桌子，使用統一規格；檔案櫃，應與其他櫃子的高度一致；布置，採用直線對稱；有許多客戶來訪的部門，通常置於入口處；主管的辦公區域，需保留適當的訪客空間；主管的工作區域，位於部屬座位之后方；全體職員的座位，應面對同一方向布置；常用的文件與檔案，應置於使用者附近；公共空間和私人空間，應保持一定的獨立性；桌與桌之間，應留有一米左右的距離；桌位的排列，宜使光線由工作人員的左側射入；最常用的辦公物品，應放在伸手可及的地方；辦公自動化設備，應有其獨立的空間，既要方便使用又不影響別人工作。

(3) 辦公室安全管理

1）辦公建築隱患：主要指地、牆、天花板、門、窗等，如地板缺乏必要的防滑措施，離開辦公室前忘記關窗、鎖門等。

2）辦公室物理環境方面的隱患：如光線不足或刺眼，溫度、濕度調節欠佳，噪音控制不當等。

3）辦公家具方面的隱患：如辦公家具和設備等擺放不當，阻擋通道；家具和設備有突出的棱角；櫥櫃等堆放太多東西有傾斜傾向等。

4）辦公設備及操作中的隱患：如電線磨損裸露、拖曳電話線或電線、電腦顯示器擺放不當的反光、複印機的輻射、違規操作等。

(4) 辦公用品的發放和管理

1）專人管理發放；

2）規定發放時間；

3）急需物品處理；

4）印製物品申請表；

5）填寫申請表，主管批准；

6）清點核實物品；

7）提醒節約使用。

2. 電話通信工作

(1) 電話通信的基本要求

1）尊重對方。

2）態度友好。

3）熱情禮貌。

4）辨認是誰。

5）注意細節。

6）及時請示。

7）遵守禮節。

(2) 接答電話

1）打電話前要考慮好並做好準備

確定撥打電話的必要性。需要根據事情的重要程度、事情的緊急程度、事情的複雜程度、事情的情感需要，以及時間的適宜性來考慮選擇合適的時間、方式。

準備打的電話所要傳遞的內容。

2）為老板打出電話

確保老板已經做好接電話的準備。

準確撥打電話號碼。

接通后，正確處理話筒交與不交的問題。

電話接通后要自我介紹。

說明打電話的意圖：請出老板，簡明扼要地說出打電話的意圖。

簡單地寒暄。

陳述聯絡事項。

請人轉告事項。

向對方表示感謝。

跟對方說聲再見。

3）為老板接答電話

①瞭解經理對接答來電的要求

②做好電話鈴聲響后的三件事：立即接聽、停止與他人說話、說迎接辭。

③確認由誰來處理電話。

④轉交或回絕。

⑤仔細傾聽。

⑥結束通話。

（3）若同時有兩個電話時，要從容應付

這時可先拿起第一個電話，事情若不能很快解決的話，則請對方稍候或表示會盡快回電給他；然后再接第二個電話。

判斷先接聽哪個電話的原則：一是看人誰更重要。二是看事情的輕重緩急。三是看是否有外地電話。外地電話中又分國際長途（IDD）、國內長途（DDD）。除了這三種，按先來后到的原則。無論先接聽哪個，都提供方案給另一條線選擇。

3. 安排約會

（1）主動安排

1）應先把約會的有關細節、時間、地點考慮清楚。有必要的話，準備好第二甚至第三方案。

2）拿起電話后，以適當的方式說明老板的意思。

3）關於約會的理由，可簡明扼要地說一下，不需要說得太細。

4）關於約會的時間和地點，主動安排一方應明確說出，然后請對方考慮。

5）如果對方接受約會的建議，但感到時間、地點不方便，可以推出事先準備好的第二方案。如果對方還不滿意，有第三個方案最好。也可請對方提出，以示互相尊重。大前提是雙方見面，時間、地點小問題可以妥協。最后表示感謝。

6）對方如果拒絕你方的建議，秘書不能埋怨對方、責怪對方，更不能威脅對方。出於禮貌應向對方表示歉意。

（2）被動安排

1）如果接受對方約會的提議，應該表示感謝。

2）如果拒絕對方的提議，首先應該表示感謝。

4. 差旅工作

(1) 差旅工作安排的基本常識

1) 熟悉預訂車、機票程序

收集當地預訂票受理點的電話、地點、聯繫人；瞭解預訂火車、飛機票的基本程序，業餘時間可到有關受理點詢問（或電話詢問），書面整理（車次、航班、價位、起訖時間）。

2) 熟悉預訂客房及注意事項

以某單位為對象，收集外出人員差旅費報銷標準；瞭解旅行地的賓館客房的預定程序。

(2) 制訂旅行計劃的步驟

1) 明確上司旅行的意圖、目的地、旅行時間、到達目的地後商務活動計劃；
2) 瞭解上司對交通工具及食宿的要求，熟悉公司對出差的有關規定；
3) 收集有關資料，瞭解當地交通情況、旅行路線、旅館環境情況等；
4) 制訂行程計劃時，若能直接利用定期航班的航線來設計旅行路線則盡量做；
5) 編排計劃時，要清楚離開和到達的時間，應安排一定的機動時間；
6) 擬訂幾個旅行方案，與上司共同討論，最后選定最佳方案。

(3) 制訂旅行計劃

旅行計劃是領導出差是否能順利完成工作任務的重要前提，一份合理、周全、程序規範的旅行計劃，能保證領導在最短的時間內完成工作任務。一份周密詳細的旅行計劃主要從以下幾方面進行考慮：

1) 時間

時間一是指旅行出發、返回的時間（往返途的具體時間），包括因商務活動需要到兩個或兩個以上地點的抵離時間和中轉時間；二是指旅行過程中各項活動的時間（第一次商務約會時間、最為合適的旅行時間安排）；三是指旅行期間就餐、休息時間。

2) 地點

地點一是指旅行抵達的目的地（包括中轉地）。目的地名稱既可詳寫（哪個地區、哪個公司），也可略寫（直接寫到達的公司名稱）。二是指旅行過程中開展各項活動的地點（往返途中停留地）。三是指食宿地點（喜愛的旅館及市內旅館分佈）。給領導出差安排旅店，一定要根據領導的個人喜好和習慣來，安排要謹慎合理。

3) 交通工具

交通工具一是指出發、返回的交通工具；二是指商務活動中使用的交通工具。這要求秘書瞭解這方面的有關知識。

地理知識：除了當地交通，還要瞭解全國甚至全世界的地理知識、交通路線等，如全國甚至世界各大有名城市的大概位置，例如北京在紐約的哪個方向，中間經過哪些城市等，以方便安排領導出行路線及出行方式等。

交通知識：還要掌握水、陸、空交通狀況。例如從上海到香港乘坐哪種交通工具比較方便，大概用多長時間，也是一個高管秘書應該熟練掌握的。

票務知識：① 鐵路訂票方面，要查用最新列車時刻表，以防車次變化；② 航空方面，要根據領導等級、待遇要求訂相應艙位；③ 其他方面，要注意車次更換、交通工具更換等事項。

4) 具體事項

具體事項一是指商務活動內容，如訪問、洽談、會議、宴請、娛樂活動等；二是指私人事務活動。秘書一方面要為領導出差做準備，但在另一方面也要讓領導對公司的事情作

個安排。但秘書要注意安排好領導的休息時間，不要讓領導帶著疲憊和牽掛出差。

5）攜帶用品

要提前規劃領導出差的攜帶物品，例如身分證、名片、信用卡、資料、筆記本、活動日程表、地圖、照相機以及一些生活用品，一定要安排得當，但不宜太多。

6）備註

記載提醒上司注意的事項，諸如抵達目的地需要中轉、中轉站名稱、休息時間、飛機起飛時間，或需要中轉時轉機機場名稱、時間，為旅客提供的特殊服務，或開展活動及就餐時要注意攜帶哪些有關文件材料，應該遵守對方哪些民族習慣等。

（4）旅行日程表的內容

內容包括：時間、目的地（要具體到機場、火車站、碼頭和住宿）、交通工具、抵離時間（航班、車次）、旅館食宿、活動安排。

5. 值班工作

值班人員在值班工作中必須準確傳遞信息，對本公司的有關業務進行提醒、通知，及時地將信息傳達到有關部門和單位，並督促有關人員落實工作任務。

值班工作擔負著處理突發事件的任務。值班人員接到突發事件的緊急報告後，對於屬於自己職責範圍內的可按照有關規定處理；對自己把握不準的問題，要及時向經理或有關部門報告、請示，並按照指示迅速展開工作；對來不及請示經理答覆的問題，可視情況先做應急處理工作，然后再向經理匯報。

值班人員在接聽值班電話時，態度要和藹、謙虛、有禮貌。遇到詢問應耐心熱情地回答，要熟記常用的電話號碼，對重要電話要詳細記錄內容。記錄電話及辦理情況，要用統一格式的專用記錄本。

值班日誌以一天為單位，記錄值班中遇到的情況和工作經歷。

下班時值班人員應推遲 10 分鐘離開辦公室，將手頭資料整理一下，按順序放好，關閉所有辦公設備（傳真機除外），切斷電源，關門窗，保持辦公環境整潔、美觀。仔細檢查一遍，再鎖門離開辦公室。

（二）材料準備

1. 實訓設備：電話、電腦、辦公桌椅、辦公室、接待室。
2. 實訓軟件。

五、建議學時

10 學時。（其中：教師指導學時為 5 學時；學生操作學時為 5 學時）

六、實訓成果展示及匯編要求

根據任務要求提交文本或幻燈片製作，部分是當場演示並完成攝影製作。

七、實訓工具箱

（一）案例分析

【案例1】危險回憶

一個女秘書的危險回憶：「剛剛的那一幕想起來，依然讓我后怕！看似很安全的辦公室

工作,其實存在著用電這個大大的安全隱患:就在剛才我要打印彩色文件,我準備插上彩色打印機插頭的時候,我的插座突然冒出了火花,之後突然『吧嗒』一聲,整個辦公室斷電了,我也被電的餘光嚇到了,呆立幾秒才回過神來,手有點麻痺!隨著電工的趕來,當一切恢復正常的時候,我這邊依然處於斷電狀態。看著辦公桌下一堆的線,我知道是該重新整理的時候了,而且要立即換掉那個漏電的插座,以絕后患。其實這個插座早該換了,只是我一直存有僥幸心理,終於在今天它真的發威了。謝天謝地,我還活著……頭還是有點暈,下次真的要更加小心了。」

【分析】

秘書作為辦公室的「大管家」,一定要瞭解辦公室常見的隱患有哪些,而且一經發現,一定要及時處理,否則后果不堪設想。像上述案例一樣,對已經發現的隱患,秘書沒有及時處理,結果差點釀成大禍,所以秘書人員在此方面一定高度重視起來。

【案例2】約會安排

星期四這天,華達服裝公司秘書 A 接到省外貿進出口公司業務處處長 B 的電話,欲約華達服裝公司王總周五晚聚餐。而王總周五晚要參加一個同學會,下周四、五都有空。處長 B 撥通了秘書 A 的電話,A 接電話:

A:你好,這裡是華達服裝公司,我是秘書 A,請問什麼事?

B:你好,我是省外貿進出口公司業務處 B,我想約你公司王總談談明年春季服裝出口東南亞的有關事宜,能安排王總周五晚在本市國際大酒店吃個飯嗎?

A:(停頓)想約王總吃飯,周五晚上?

B:是的。請你安排一下。

A:(停頓)那我先查一下王總的工作安排表。(翻開記事本)對不起,這周五晚上恐怕不行,王總已有安排。下周四有空,要不安排在下周四?具體時間我們再聯繫,好嗎?

B:(停頓)嗯——好的,我安排好后會通知你的。

A:(停頓,待答覆)好的,那我等你電話,再見。

【分析】

1. 秘書 A 的電話回覆中,遵循了約會工作的基本原則:配合上司的時間表,酌后彈性處理等。

2. 從上面電話片段中,可以看出秘書的一些優點:規範、從容、淡定、周到。

3. 當對方要變更約會時間時,應該妥當處理:尊重、合作、不計較、不說死。

(二) 拓展訓練

【情景1】辦公室佈局設計

辦公室面積:14 平方米。

辦公人員:主管1人、秘書1人、下屬3人。

辦公設備:文件櫃1個、公用電腦1臺、辦公桌椅5套、茶幾1個、沙發1~2張。

辦公需求:主管為多項(個人、安排秘書、接待),秘書為2項(個人、主管安排),下屬為單項(個人)。

【任務】

根據辦公室環境管理的基本要求,完成辦公的佈局設計。

【指導】

辦公室佈局設計時可重點考慮以下幾點：

1. 如何充分利用有陽光的窗口位置；
2. 如何盡量使私人空間和公共空間交叉減少；
3. 如何保證主管和秘書溝通方便；
4. 如何減少訪客對其他人的干擾。

【情景2】陪同上司出差

公司陳總經理月底要到北京出差，此次出差事務較多，陳總經理要求專職秘書小燕陪同他一起出差。

【任務】

按照實際情況擬寫秘書在旅途中及抵達目的地后應做的工作。

【指導】

1. 旅途中秘書的工作，如照看攜帶的相關物品，及時與公司保持聯繫，照顧上司飲食起居等。

2. 抵達目的地后秘書的工作：

如果無人接站，秘書一方面要招呼出租車或者引導上司去預訂的酒店；另一方面，要檢查和帶好行李，以防丟失。

在一切安排妥當之後，要和對方公司聯繫人取得聯繫。

如果抵達目的地之後，對方公司派人接站，此時秘書應自覺地讓上司走在前面，並主動為雙方作介紹，對於表示感謝等話語，應由上司來說。

如果事前預訂的酒店對於工作不便，此時秘書要請示上司，得到上司允許后，對酒店進行調整。

確保酒店的路程距離、條件等各方面都有利於工作。

一旦在酒店住下后，秘書要迅速瞭解酒店周圍的交通、郵電、醫院等情況，以備不時之需。

一切安排妥當之后，秘書要將上司所住的酒店、聯繫方式等告知公司和上司的家屬，以便取得聯繫。

(三) 拓展閱讀

【閱讀1】辦理出國旅行手續的內容、程序

出國申請手續主要有五項：辦理出國申請、辦理護照、申請簽證、辦理健康證書、辦理出境登記卡。

1. 辦理出國申請

出國申請的內容，一般包括：出國事由、出國團的人數、出國路線（外國公司所在國名稱）、出國日程安排（出國時間、在國外活動時間、地點、回國時間）等。申請文書后面要附出國人員名單（寫清出國人員姓名、年齡、性別、職務、職稱）以及外國公司所發的邀請函（副單）。

2. 辦理護照

（1）護照的作用

護照是主權國家發給本國公民出入境及至國外辦事旅行居留的合法身分證件和國籍證

明。凡出國人員均應持有護照。

（2）護照的種類

目前，多數國家頒發外交、公務和普通三種護照，也有一些國家頒發三種以上或根本不分類的護照，或頒發代替護照的證件。

中國政府現在頒發的有外交護照、公務護照和普通護照（包括因公普通護照和因私普通護照）三種。

（3）護照的辦理

在國內，外交、公務和因公普通護照，由外交部及其授權單位（各省、市、自治區的外事辦公室）辦理。在國外則由中國駐外使、領館等外交機構負責辦理。

秘書在辦理護照時要注意以下幾個事項：

第一，攜帶有關證件：主管部門的出國任務批件、出國人員政審批件、所去國有關公司的邀請書等文件。

第二，認真填寫有關卡片和申請表。

第三，拿到護照后，再認真檢查核對每位出國人員的姓名、籍貫、出生年月和地點。若是組團出國，則要檢查護照上的照片是否與姓名一致，有無授權發護照人的簽字和發證單位的蓋章；發照日期和有效期有無問題，使用舊護照再次出國者更應注意其有效期，若已過期，必須申請延長。

3. 申請簽證

（1）簽證的作用和種類

護照辦理好後，再申請所去國家（地區）和中途經停國家的簽證。簽證是一國官方機構對本國和外國公民出入國境或在本國停留、居住的許可證明。簽證一般可做在護照上，也有的做在身分證上。如果前往未曾建交的國家，則須單獨的簽證與護照同時使用。中國的簽證一般做在護照上。

簽證也分為外交、公務和普通三種。根據不同使用情況可分為入境、入出境、出入境、過境簽證，另外還有居留簽證。中國政府規定，因公出國的公民出入國境憑有效護照，可不辦理簽證，而持因私普通護照出入國境的中國公民必須辦理中國的簽證。

（2）簽證的辦理

因公出國的人員前往國家的簽證通常由外交部或中國旅行社代辦處向有關國家駐華使館（駐華總領館）申辦。如果時間緊迫，在國內來不及辦理簽證，可向我有關駐外使、領館發報，請其向駐在國申請。辦妥的簽證，可在抵達時，由機場移民局發給。前往國的簽證應持國外邀請書，或有關國家移民局的允許證等，一般可通過中國旅行社簽證代辦處辦理。

4. 辦理健康證書

健康證書即預防接種證書，因為它的封面通常是黃色的，所以慣稱「黃皮書」。為防止國際某些傳染病的流行，世界衛生組織正式通過的《國際衛生準則》規定，入境者在進入一個接納國的國境前，要接種牛痘、霍亂、黃熱病的疫苗。

5. 辦理出境登記卡

在辦妥了上述各項手續後，再攜帶出國人員的護照、戶口簿、居民身分證辦理臨時出境登記手續。凡出國超過六個月的（含六個月）人員，秘書則要攜帶上述證件到其常住戶口所在地的公安派出所辦理註銷戶口手續，然後憑護照、前往國的簽證或入境許可證、臨

時出境登記單、註銷戶口的證明到護照頒發單位，把辦理護照時領到的第一張「出境登記卡」換為第二張「出境登記卡」之后，可以購買機、車、船票離境出國。

【閱讀2】乘船、乘機旅行和預訂票注意事項

（一）乘船

外出坐船時，應有秩序地排隊上船。對號入艙位后，可在甲板上與送我們的親友同事告別。告別時，我們舉止得體，不要大聲叫喊，也不要做出大幅度的動作。

由於輪船是公共場所，男女混居，我們進入船艙后，既要落落大方，也要注意謹慎自重。穿著上應該寬松保守些，如果太居家化，難免會遭人白眼。至於穿著睡衣在餐廳用餐或甲板上散步則更是粗俗，因為這是公共場所。

在船上就餐時應不失禮貌和風度，一要排隊，二是找空位時要向旁邊在座者問好，經過允許后才可就座。下船時不要搶先或擁擠，對曾經幫助過我們或有緣相遇的乘客和船員，應友好地告別。

（二）乘機

乘坐飛機旅行時，由於飛機內空間面積較小，人際關係特別緊密，而且各類人等聚在一起，對禮儀要求更高。

進入機艙找到自己的座位后，我們應側身盡快將自己隨身攜帶的行李放入座位上方的物品箱並關上門后立即坐下來，以免站在通道上堵塞和影響其他乘客入艙。

坐下后對我們的鄰座，我們應微笑致意問好，以禮相待。如果不小心碰到了其他乘客，應立即主動道歉。如果別的乘客主動向我們打招呼想找我們攀談，除非我們十分疲倦，否則應友好地應對。若我們想休息一下或要做什麼事情，譬如看商務文件，查閱商務合同等則應向對方說明並表示歉意。

飛機抵達目的地還未停穩時，我們不能解開安全帶站起身急於拿行李，只有等空中小姐通知后才能這樣做。下飛機前別忘了和艙門口的空中小姐道別。

（三）預訂票注意事項

在準備預訂車票（機票）的時候，一定要查看最新的時刻表，因為現在有許多季節性的或臨時性的車次，稍不留心，就會訂不上。

預訂車票時，最好選擇直達車。因為出差途中，最麻煩的就是換車，倒來倒去，稍不注意，就會誤車誤點。所以能直達的就最好不要換車。如果是在大站換車，在時間上一定要安排得寬裕些。

從平時起，秘書就要注意學習預訂和購買車票、機票、船票的辦法，及如何使用支票，如何兌換外幣，等等。這樣，才能保證領導工作的順利進行。

【閱讀3】時區計算公式

1. 要計算的區時＝已知區時±時區差（註：時區東為正，西為負）。

2. 要計算的區時＝已知區時－（已知區時的時區－要計算區時的時區）（註：東時區為正，西時區為負）。

3. 要計算的地方時＝已知地方時－4分鐘×經度差（已知時間的經度－要計算時間的經度）

經度中，東經為正，西經為負，或東＋西－；所求地在已知地東邊為＋，反之則為－。同＋異－：同是東經或西經的用＋，一個是東經一個是西經的用減。

項目四　秘書接待來訪工作實訓

一、實訓目標

知識目標：掌握商務活動中接待來訪工作的基本原則、程序和一般要求，熟練運用接待來訪工作中的方法、技巧及各種禮儀規範，正確處理商務活動中各種狀況下的接待方法和技巧。

能力目標：培養學生主動熱情的工作意識、良好的職業形象，增強周到細緻的服務意識、靈活的應變能力，提高公關與交際基本素質，做好接待來訪工作，為企業樹立良好的社會形象。

二、適用課程

秘書實務。

三、實訓內容

任務一　辦公室內的迎接

【實訓情景】

秘書李雯正在公司前臺接電話，電話是一個客戶打來的，事情較為複雜，一時半會兒還談不完。這時先後走進兩位客人，一位是以前來過的王先生，一位是未曾來訪過的葉先生（客人剛從外地慕名而來，顯得有些不好意思）。

【實訓重點】

秘書在辦公室內的迎接一般有哪些動作、表情？對以前來訪過的客人和未曾來過的客人在迎接時應注意什麼？

【實訓步驟】

1. 分組討論。圍繞實訓重點進行小組討論，情節內容設計不可太過簡單，人物盡可能都有事可做、有話可說；禮儀規範要求全面、具體、細緻。

2. 寫出腳本，包含具體的工作步驟、注意事項及相關禮儀要求。

3. 情景演示。請四位同學分別扮演秘書李雯、打電話的客戶、王先生、葉先生，演示如何處理以上場景。演示要求嚴肅、認真、著裝、禮儀盡量規範。

任務二　走出辦公室的迎接

【實訓情景】

今天有三位重要客人（黃經理、陳主任、劉助理）來訪。秘書張青要在辦公室外迎接

客人並進行自我介紹，然后引導他們上樓，進入接待室，安排入座。

【實訓重點】

秘書走出辦公室迎接客人應注意哪些細節？做自我介紹、引路、引導上下樓、進接待室門、引導入座時有哪些禮儀要求？

【實訓步驟】

1. 分組討論。圍繞實訓重點進行小組討論，情節內容設計不可太過簡單，人物盡可能都有事可做、有話可說；禮儀規範要求全面、具體、細緻。

2. 寫出腳本，包含具體的工作步驟、注意事項及相關禮儀要求。

3. 情景演示。請四位同學分別扮演秘書張青、三位客戶（黃經理、陳主任、劉助理），演示如何處理以上場景。演示要求嚴肅、認真、著裝、禮儀盡量規範。

任務三　對有約來訪者和無約來訪者的接待及轉達

【實訓情景】

吳經理與宏達公司陸經理是大學時的同窗好友，有著十幾年的友情，關係密切，經常在一起打球，在生意上也有合作的時候。陸經理經常到望江公司來找吳經理聊天，吳經理也經常到宏達公司看望陸經理。這天週末的下午，陸經理又來找吳經理，正好吳經理不在公司，他陪同有約來訪的港商林先生打保齡球去了。

【實訓重點】

秘書對有約來訪者和無約來訪者在接待及轉達上有何不同？接待領導的熟人時要注意什麼？稱呼上的禮儀有哪些？

【實訓步驟】

1. 分組討論。圍繞實訓重點進行小組討論，情節內容設計不可太過簡單，人物盡可能都有事可做、有話可說；禮儀規範要求全面、具體、細緻。

2. 寫出腳本，包含具體的工作步驟、注意事項及相關禮儀要求。

3. 情景演示。請四位同學分別扮演秘書劉麗、港商林先生、吳經理、陸經理，演示如何處理以上場景。演示要求嚴肅、認真、著裝、禮儀盡量規範。

任務四　對同時到達的客人的接待及轉達

【實訓情景】

一天早晨，江總經理正在辦公室接待一位客戶，一位預約的客人李經理剛到，另一位客人陳經理卻因急事來到公司，要求馬上見到江總經理。

【實訓重點】

秘書在接待同時到達的客人時要注意什麼？上司正在辦公室會客或開會時秘書應如何轉達？名片如何使用？（需要自制名片）

【實訓步驟】

1. 分組討論。圍繞實訓重點進行小組討論，情節內容設計不可太過簡單，人物盡可能都有事可做、有話可說；禮儀規範要求全面、具體、細緻。

2. 寫出腳本，包含具體的工作步驟、注意事項及相關禮儀要求。

3. 情景演示。請四位同學分別扮演秘書王燕、李經理、陳經理、江總經理、客戶（同學客串），演示如何處理以上場景。演示要求嚴肅、認真、著裝、禮儀盡量規範。

任務五　必須等候的接待及轉達

【實訓情景】

一位和公司有多年交情的王經理，約好了今天十點鐘來公司。現在他提前五分鐘來到了公司，秘書謝飛卻告知他，要推遲十五分鐘見面。這時有一姓鄭的記者來訪，要見公司的吳總經理，說要採訪有關公司發生失竊案的問題。秘書告知他十五分鐘后總經理才回來。王經理因還有事，不願等候，希望改天再見。鄭記者願意等候，並問了秘書一些有關公司的問題。

【實訓重點】

秘書對於必須等候的客人的接待應注意什麼？在接待記者這類客人時要注意什麼？

【實訓步驟】

1. 分組討論。圍繞實訓重點進行小組討論，情節內容設計不可太過簡單，人物盡可能都有事可做、有話可說；禮儀規範要求全面、具體、細緻。

2. 寫出腳本，包含具體的工作步驟、注意事項及相關禮儀要求。

3. 情景演示。請四位同學分別扮演秘書謝飛、王經理、鄭記者、吳總經理，演示如何處理以上場景。演示要求嚴肅、認真、著裝、禮儀盡量規範。

任務六　對情況特殊的客人的接待及轉達

【實訓情景】

下午，秘書黃霞正做著書寫工作，忽然看見一位客人直接往辦公室走。黃霞趕緊叫住他們。客人有些不耐煩地說：「我上午剛來過，是找你們總經理的。上午的事沒有辦完。」黃霞馬上跟總經理聯繫。總經理在電話裡說：「我不想見他，請你幫我擋一下。」

這時公司辦公室又來了一位推銷員，事先沒有約定，一來就聲稱是經理的朋友，堅持要見總經理。秘書請教他的大名，他卻又不願通報姓名，不願說出求見理由，賴著不肯離去。

【實訓重點】

秘書接待情況特殊的客人時要注意什麼？為領導擋駕有哪些要領？

【實訓步驟】

1. 分組討論。圍繞實訓重點進行小組討論，情節內容設計不可太過簡單，人物盡可能都有事可做、有話可說；禮儀規範要求全面、具體、細緻。

2. 寫出腳本，包含具體的工作步驟、注意事項及相關禮儀要求。

3. 情景演示。請四位同學分別扮演秘書黃霞、客人、推銷員、總經理，演示如何處理以上場景。演示要求嚴肅、認真、著裝、禮儀盡量規範。

任務七　為客人引見

【實訓情景】

今天公司辦公室來了兩位重要客人要拜見張總經理，一位是電子公司的李老板，一位是他的副總，女性，姓王。秘書何冰要帶他們去見張總經理，並為他們作介紹。

【實訓重點】

秘書引導客人去見經理時要注意哪些禮儀？為雙方作介紹有什麼禮儀要求？握手有哪些禮儀和禁忌？

【實訓步驟】

1. 分組討論。圍繞實訓重點進行小組討論，情節內容設計不可太過簡單，人物盡可能都有事可做、有話可說；禮儀規範要求全面、具體、細緻。

2. 寫出腳本，包含具體的工作步驟、注意事項及相關禮儀要求。

3. 情景演示。請四位同學分別扮演秘書何冰、李老板、王副總、張總經理，演示如何處理以上場景。演示要求嚴肅、認真、著裝、禮儀盡量規範。

任務八　招待及中止會晤

【實訓情景】

這天有兩位預約的客人唐經理和覃經理來拜見蘭經理，要和蘭經理談商品銷售的事情。秘書韋敏安排他們在接待室入座后，蘭經理進來和他們打招呼，秘書為他們端上茶水。秘書告退。后生意談不攏，蘭經理不希望再談下去了。

【實訓重點】

秘書招待來訪者時要注意什麼？端茶進門及送茶時有何禮儀要求？需要暫停和中止會晤時，秘書應如何做？

【實訓步驟】

1. 分組討論。圍繞實訓重點進行小組討論，情節內容設計不可太過簡單，人物盡可能都有事可做、有話可說；禮儀規範要求全面、具體、細緻。

2. 寫出腳本，包含具體的工作步驟、注意事項及相關禮儀要求。

3. 情景演示。請四位同學分別扮演秘書韋敏、唐經理、覃經理、蘭經理，演示如何處理以上場景。演示要求嚴肅、認真、著裝、禮儀盡量規範。

任務九　與客人送別

【實訓情景】

今天公司一個重要客戶陳經理要離開，帶著許多行李，公司王經理準備親自到機場為他送行。你是隨行秘書，需要安排汽車，並送客人到機場。

【實訓重點】

秘書在辦公室內如何送客？如送客人下電梯時要注意什麼禮儀？送客人上車及途中交

談要注意什麼？

【實訓步驟】

1. 分組討論。圍繞實訓重點進行小組討論，情節內容設計不可太過簡單，人物盡可能都有事可做、有話可說；禮儀規範要求全面、具體、細緻。

2. 寫出腳本，包含具體的工作步驟、注意事項及相關禮儀要求。

3. 情景演示。請四位同學分別扮演秘書許潔、陳經理、王經理、司機，演示如何處理以上場景。演示要求嚴肅、認真、著裝、禮儀盡量規範。

任務十　對來上訪投訴的客人的接待

【實訓情景】

秘書陳平正在商場服務總臺跟一男客戶交談，瞭解其對商場服務的意見。這時一位女客戶拿著幾張上個月的購物小票來抱怨說為什麼不給開發票。開票的工作人員堅持說商場有規定開發票是截至當月底的。她大聲地吵鬧，說她不知道，而且月底時她還在外地出差，吵著要見經理。經理此時正在開會。

【實訓重點】

秘書接待上訪投訴的客人有哪些步驟？要注意哪些接待禮儀、工作規範？

【實訓步驟】

1. 分組討論。圍繞實訓重點進行小組討論，情節內容設計不可太過簡單，人物盡可能都有事可做、有話可說；禮儀規範要求全面、具體、細緻。

2. 寫出腳本，包含具體的工作步驟、注意事項及相關禮儀要求。

3. 情景演示。請四位同學分別扮演秘書陳平、男客戶、女客戶、開票員，演示如何處理以上場景。演示要求嚴肅、認真、著裝、禮儀盡量規範。

任務十一　接待方案設計

【實訓情景】

市教委領導派檢查組來學校檢查實訓基地建設情況。背景是近期教委非常注重高校職業教育的實訓工作，2016年準備專門資助一些重要的實訓基地建設，率先在一些高等院校建立樣板基地，及時推廣實訓的先進經驗。本次考察是一次重要的考察（檢查組成員中，一位是教委財務處副處長，一位是高教處的副處長，一位是重點大學的專家）。

【實訓重點】

接待團隊來訪者要注意些什麼？接待規格如何確定？接待方案如何設計？

【實訓步驟】

1. 分組討論。圍繞實訓重點進行小組討論，情節內容設計不可太過簡單，人物盡可能都有事可做、有話可說；禮儀規範要求全面、具體、細緻。

2. 寫出腳本，包含具體的工作步驟、注意事項及相關禮儀要求。

3. 情景演示。請五位同學分別扮演高校辦公室秘書、大學校長、教委財務處副處長、高教處的副處長、重點大學的專家，演示秘書將接待方案交給主管審批的過程、電話預定

酒店、預定餐飲過程、布置宴會座次過程、迎送客人過程。演示要求嚴肅、認真，著裝、禮儀盡量規範。

四、實訓準備

(一) 知識準備

1. 日常接待禮儀

(1) 如果同時接待來電者和來訪者，秘書要兼顧各方，必須使兩邊的客人都滿意。對電話中的客戶要禮貌地說明、道歉。

(2) 對於以前來過的客人和未曾來訪過的客人，都一視同仁，熱情招待，尤其注意生客，避免使他感到尷尬、受到冷落。

當客人到來時，秘書應馬上停下手頭的工作，抬起頭，禮貌而熱情地招呼來客。打招呼的用語要正式規範。

初次拜訪你企業的客人，人生地不熟，最怕會受冷遇，應立即停下手頭工作，站起身熱情招呼。來客落座后，秘書要端上茶水，上茶要注意禮儀。

(3) 名片禮儀。隨著社會的發展，名片已經成為社會交際中不可缺少的工具之一。名片主要用於自我介紹和建立聯繫之用，也可作為簡單的禮節性通信往來，表示祝賀、感謝、辭行、慰問、悼念等。

1) 名片的格式。

常見的名片規格是 9 厘米×5.5 厘米和 10 厘米×7 厘米兩種。名片文字的排印有豎排和橫排兩種：橫排時，一般左上角是任職單位和部門，姓名、職務在中間，通信地址、電話號碼、郵政編碼在右下角；豎排時，任職公司、部門寫在右上角，姓名、職務在中間，通信地址、電話號碼、郵遞區號在左下角。

2) 名片的放置。

隨身攜帶的名片應放在易掏出的地方，如衣服的上衣口袋。一般來說，名片最好放在專用的名片盒或名片夾中。存放他人的名片也應放入專用的名片簿中，既示尊重，又便於查找。

3) 名片的交換。

用雙手握住名片，站起來，註視對方，畢恭畢敬地遞過去，注意使名片正面朝著對方。接受名片時，也要畢恭畢敬，雙手捧接，接過后，一定要仔細看一遍，不懂之處當下請教。有時可以有意識地重複一下對方的姓名和職務，以示仰慕。絕對不可以用一只手去接名片，看也不看一眼就裝進口袋或放到桌子上。若要把名片放桌子上，千萬不能在名片上壓東西。如果一次同很多人交換名片，且都是初交，那最好依照座次來交換，並默記對方的職務和姓名，以防弄錯。

4) 名片的索要。

向他人索要名片時，不要直接向對方要，而是要含蓄又仔細地向對方詢問姓名、單位、地址、電話等。如「××先生（小姐），今后想向你請教，怎樣能找到你？」「××先生（小姐），今后怎樣和你取得聯繫？」若對方願意，一定會送給你一張名片。

(4) 如果來訪者事先既無約定，現在又賴著不肯離去，這時秘書應沉著冷靜，保持禮貌。來訪者真是無理取鬧，秘書應隨機應變處理。

如果來訪者是記者，秘書在確認其身分后，應採取合作主動的態度接待他，並表示出

樂意幫忙的意願，但要斟酌回答的內容，不輕易表示自己對某件事的態度。

（5）如果在辦公樓或公司的大門口迎接來訪者，秘書應比約定的時間提前5～10分鐘到達。在陪同來訪者到經理辦公室的路上，秘書不能走在來訪者的后面，這樣會失去陪同領路的意義；也不能突出地走在來訪者的前面，這樣會給來訪者留下不禮貌的印象。正確的位置是走在來訪者的斜前方，並與來訪者保持30厘米左右的水平距離。路上如果有電梯或門，秘書應主動開啟，並請來訪者先行。

（6）對初次來訪的人，引見時，秘書要走在來客左前方，並隨時轉頭注意客人，引導方向。

如果來訪者事先有約，秘書應立即和被訪者通電話請其做準備，通知完畢，得到認可，再引領來訪者至被訪者處，或請來訪者稍坐片刻，待被訪者親自來接。對無約來訪的客人，秘書應熱情友好地詢問，客氣禮貌地判明對方來意。

（7）對公司的合作夥伴，常來的客人，應馬上熱情地打招呼，給對方一份熟悉的親切感；同時秘書應禮貌地問明其來意，然后電話詢問一下被訪者是否有空見他，如果回答說可以，秘書再將其引領至被訪者處或讓被訪者來領。如果被訪者不在或沒空，秘書應徵求熟人意見另約時間或留言。

（8）如果上司正在會客或開會，秘書有事須打斷他，譬如要通知他一個重要客人來了，秘書可將來訪者的名片先送進去，或寫張便條或通過內線電話及時提醒上司。

（9）接待來上訪投訴的客人：應熱情招呼，耐心聽記，誠懇解答，最后禮貌相送。客人都有被讚賞、同情、尊重等各方面的情感需要。秘書應盡量去理解客戶的這些情感，並表達誠意或謝意，說明會在什麼時間、以什麼方式答覆，不瞭解實際情況的不要自作主張，如來訪者是下屬部門的人，可以指示或陪同前往有關部門。

（10）接待方案的擬訂。

一般情況下，來賓來前會事先通知，接到通知后，秘書接待準備工作的一般程序如下：

1）瞭解來賓的基本情況。

2）確定接待規格。分為高格接待、低格接待和對等接待三種。

①高格接待：主要陪同人員比來賓的職位要高的接待。它適用於上級領導派工作人員來瞭解情況、傳達意見，兄弟單位派人來商量要事，下級同志上訪、有重要的事情向上級領導匯報等。

②低格接待：主要陪同人員比來賓的職位要低的接待。如上級領導或主管部門領導到基層視察、調查研究，外地參觀學習團或旅遊團來單位參觀遊覽。

③對等接待：主要陪同人員與來賓的職位同等的接待。這是最常用的接待規格。

3）制訂接待工作計劃。涉及的具體內容有：

①來賓的單位、來訪的目的、要求、人數、性別、身分、生活習慣、抵離的日期；

②工作日程的安排；

③由哪一位高級管理人員負責這次接待？由誰擔任專職陪同人員及接待人員？

④來客的住宿地點、標準、房間數量等；

⑤會見、會談的時間、地點和參加的人員、人數，擔任主談判的人員，其他談判人員、翻譯、后勤服務人員名單，大的項目還要有律師和會計的名單；

⑥宴請的時間、地點、規格、人數、次數；

⑦參觀遊覽或娛樂等活動的時間、地點、人數、次數及陪同人員；

⑧接待期間的交通工具的安排；

⑨接待期間的安全保衛工作，包括飲食衛生、人身、財產安全等；

⑩接待經費主要包括住宿費、餐飲費、勞務費（講課、做報告等費用）、交通費、工作經費（如租借會議室、打印資料、通信等費用）、考察參觀娛樂費、紀念品等其他費用。

(二) 材料準備

1. 實訓設備。仿真辦公室：前臺、辦公桌椅、沙發、茶杯及茶盤、電話、書報等。
2. 實訓軟件。秘書接待工作的錄像資料。

五、建議學時

16 學時。（其中：教師指導學時為 4 學時；學生操作學時為 12 學時）

六、實訓成果展示及匯編要求

實訓完成後每組提交實訓脚本或文本含實訓重點討論分析一份，實訓演示情景錄像資料一份。

七、實訓工具箱

(一) 案例分析

【案例 1】迎評綜合組接待工作方案

為了做好專家組進校期間的接待工作，接待組多次召開專題會議，認真討論研究了如何做好專家組到雲南期間的各項接待工作，並形成以下工作方案。

一、組織機構

負責人：李××

成員：馮×（負責接機及送機工作）

黃××（負責專家組房間布置、會場茶點服務及禮品採購工作）

李××（負責專家組車輛服務工作）

劉××（負責玉菸賓館飲食接待工作）

吳××（負責學院食堂飲食接待工作）

趙××（負責專家組醫療服務工作）

輝××（瑞文酒店、大營街等地的食宿接待）

二、具體工作安排

(一) 接機及送機

負責人：馮×

負責聯繫專家的接機、送機和在昆臨時用餐及其他事務。

工作人員：記者 1 人（宣傳部指派），負責攝像、照相事宜；黃××，負責生活等相關事務工作。

1. 主要工作內容

(1) 具體負責與接機、送機相關的業務工作。

(2) 機場照相場景的布置。

(3) 落實機場貴賓通道、機場紅塔貴賓廳接待室橫標、貴賓廳門口水牌等相關事務。

(4) 基本保障條件：照相機一部、車輛一臺、各專家的接機牌、雨傘若幹。

2. 工作細節策劃

(1) 準備：2016 年 4 月 30 日到昆明實地考察。

①貴賓通道相關事宜；

②工作站的地點與辦公條件；

③辦理領導進停機坪的相關手續；

④專家臨時用餐接待地點、接待方式；

⑤工作站人員提前就位住宿安排等；

⑥根據專家具體到昆明的時間安排好接機工作。

(2) 接機：

①就位。5 月 6 日下午工作組成員到達機場。

②設點。

A. 設宣傳牌一塊，要求醒目、足夠大。上書「熱烈歡迎教育部赴××××學院本科教學工作評估的專家」；

B. 設休息室一間，備好椅子、茶飲用具等；

(3) 接人。專家由接領人員確認后，聯絡員自我介紹，接過行李交專職駕駛員；

(4) 照相。由學院領導、專家、聯絡員三人在宣傳牌前合影（全身、特寫）。

(5) 用餐。若專家在中午 11：20 至 1：30，或下午 5：30 至 7：00 到達昆明機場，臨時用餐安排在機場用自助餐；

(6) 轉車。送專家乘坐專車前往預定地點。

(7) 照片傳回。照相結束后，在不影響接待下一位專家程序的前提下，第一時間內把照片傳回指揮部張春霞處。

(8) 報告。在每位專家出發前往玉溪后把相關信息電話報告指揮部。

3. 送機

在機場設接待站，按照相關程序負責安全的送機服務。

(二) 專家車輛服務

負責人：李××

(1) 車輛的調配：用學院教職工的部分私家車及學院小車隊的 2 個車組成 11 個車的車隊。

(2) 人員：學院黨委辦公室 6 個駕駛員，后勤服務中心 3 個駕駛員，全院範圍內調配 2 個駕駛員組成 11 個駕駛員的服務班子。

(3) 要求：每個駕駛員都要嚴格遵守各項交通法規，態度認真，努力工作，為學院增光，不能因為自己的原因而造成評估專家對我院的不良印象。

(4) 細節：駕駛員要著裝整齊，統一著淺色襯衣、深色西褲、白手套，要整潔大方，態度要不卑不亢，所有人員要一切行動聽指揮，不得私自動車，等待期間不得議論專家，不得打牌或進行其他娛樂活動，要搞好車內外衛生。

（5）遵守交通法規。行車期間，不准超車，不准占道行駛，不准轉急彎，不准超速，不能吸香煙，不能接聽電話。要按指定的線路行車，停車前要給專家提示，絕對保證安全行車。停車時要等專家下車后，再將車輛按秩序整齊停放到停車點。

（6）5月5日集中駕駛員進行培訓，6日集中車輛，熟悉車況、線路，特別需要熟悉賓館、院內的停車地點，如何停放等。

（7）5月7日接機后到瑞文酒店的線路：由機場出來后經澄江至江川陽光海岸，由陽光海岸至瑞文酒店。

（8）5月9日專家進校的線路：由東大門進校至新圖書館。

（9）車內要備的物品：雲南民族音樂碟子、常用藥品（由校衛生所配給）、遮陽帽、雨傘、小毛毯、礦泉水、保溫壺、清潔工具等。

（10）每天全部活動結束后，車輛留在賓館，除留下值班人員外，其餘駕駛員由值班人員開車送回，第二天提前接來做準備工作。

（三）飲食服務工作

1. 負責人：劉××、吳××

（1）專家組飲食服務接待劃分為三個區域：玉菇賓館為一個區域，以飲食服務部經理劉××為主要負責人，負責指揮、協調、安排專家組評估期間各個時間段就餐、接待的一切事宜；學生食堂為一個區域，以飲食服務部副經理吳××為主要負責人，負責指揮、協調、安排有關專家組5月9日在學生食堂的自助餐及5月11日學生餐接待的一切事宜。瑞文酒店及大營街的食宿接待由輝××負責。

（2）下設三個組：

第一組為食品衛生監督組：成員為劉××、陳××、普××、劉××；
①負責每餐對食堂食品採購進行登記。
②負責對食堂加工、制售進行全過程監察。
③負責就餐環境的衛生保潔。

第二組為保障組：成員為胡××、甘××、張××、丁××；
①負責食堂米飯生產及用水、用電的正常供給。
②負責開水、沐浴的正常工作。
③負責搬運就餐桌椅的運輸工作。

第三組為餐飲服務組：由殷××負責，成員為特色餐廳廚師、服務員及外聘的特色廚師，負責專家組就餐的烹飪工作。

2. 添置必要設備

（1）添置自助餐專用設備、餐具、餐桌桌裙、桌布、地毯、轉盤。

（2）在學生食堂主樓各樓層設「小心地滑」的標誌牌。

（3）購置衛生清理用車，以確保食堂主樓就餐區域的環境衛生。

（4）在食堂走道適當擺放鮮花盆景。

3. 就餐安排

（1）玉菇賓館

專家、領導、聯絡員就餐（約40人）。玉菇賓館職工食堂：工作人員就餐。

①佈局

將玉菇賓館接待餐廳重新布置，在賓館一樓大廳正中位置擺自助餐臺，自助餐臺桌中

問用鮮花裝點，四周依次擺放餐具、米飯、菜品，並在每個菜品前擺上菜名牌；自助餐臺桌前至吧臺之間位置將餐臺擺成「丁」字形，擺上酒水飲料及現點現煮的米線、麵條等煮品；在自助餐臺的左邊，擺放三張圓桌，在包間裡擺放兩張圓桌供專家就餐。

②膳食安排

A. 早點安排粥類、面點、咖啡、糕點、米飯、菜肴、豆漿等多種食品，力爭使早點供應品種齊全、營養豐富。

B. 正餐，每天提供不同的菜品（菜譜名單提前一天上報），在準備的菜品當中，安排地方特色風味，在保證菜品豐富的同時，展現地方飲食特色。5月9日中餐為桌餐，以雲南過橋米線為主，搭配雲南小份汽鍋雞、鹵菜等地方小吃，每桌擺放盒花、調味品。5月10日整天就餐採用自助餐形式。5月11日晚餐為桌餐，以江川銅鍋魚為主。5月12日中餐採用自助餐形式，適當更換烹調方法和更新品種。5月13日中餐為桌餐，以海鮮、潮州菜為主。

③食品安全

A. 安排專人每餐對採購原材料進行檢查登記。

B. 安排專人每餐做好食品留樣登記。

（2）5月9日學生食堂自助餐

①佈局

在食堂三樓特色餐廳就餐區擺放自助餐臺，自助餐臺桌中間用鮮花裝點，四周依次擺放餐具、米飯、菜品，並在每個菜品前擺上菜名牌；自助餐臺地面周邊用紅地毯鋪地，用自助餐臺把工作人員與專家就餐區域分開。

②膳食安排

以傣味為主，考慮部分專家的飲食習慣（聯絡員提供）。

③食品安全

A. 安排專人每餐對採購原材料進行檢查登記。

B. 安排專人每餐做好食品留樣登記。

（3）5月11日學生餐

①5月9日專家組在校吃學生餐時，在每個食堂售飯處配有一個塑料保潔盒，內裝餐具一套（1個不銹鋼快餐盤、1個不銹鋼小碗、1個不銹鋼小勺、1雙筷子、潔膚濕巾紙一包）供專家就餐使用。

②安排各食堂做菜原料上備兩份：一份作為專家沒到食堂時，學生就餐時用；一份作為專家到食堂就餐時的原料（最好由聯絡員提前10分鐘通知）。

③每層樓安排學生食管委、大學生家政志願者2名學生，協助維持就餐秩序。

④在食堂各樓層洗碗處提供洗滌劑方便學生清洗餐具。

⑤在各食堂免費湯供應處，擺放保溫瓶，內裝白開水。

⑥安排專人對食堂確保貧困生基本生活的經濟窗口的經濟菜及免費湯的數量、質量進行嚴格監察，保證所售食品明碼標價。

⑦以公衛人員為主，大學生家政服務志願者協助（現有10名），對食堂學生就餐區域做全面清理；就餐時每層安排7個人，及時清理桌面及地面衛生，保持就餐大廳衛生狀況良好。

⑧安排專人對每個食堂從原料採購、清洗、加工、制售的全過程進行跟蹤檢查登記，

清除安全隱患。
　　⑨專家在校期間，餐飲服務人員統一穿著整潔乾淨的工作服。
　　⑩在食堂單獨開設一個窗口，專門為師生準備清淡、營養、適於病人食用的各種粥類食品。

（四）醫療服務工作
　　負責人：趙××
　　醫生：趙××、李×、李××
　　二十四小時輪流值班，專家外出時隨行服務，著裝整潔，佩戴工作證，態度主動、熱情、和藹。於5月7日派一名醫生到瑞文酒店。5月8日在玉菸賓館醫務點開展工作。
　　1. 藥品準備
　　（1）專家房間配備的藥箱：三七0.5千克，天麻0.5千克，雲南白藥噴劑1套，雲南白藥粉1套，感康1盒，諾氟沙星1盒，喉疾靈1盒，藿香正氣膠囊1盒，斯達舒1盒，風油精1瓶，潤潔眼藥水1瓶，草珊瑚含片1盒。
　　（2）車輛上的備藥：速效救心丸1盒，暈車片1盒，金嗓子含片1盒，藿香正氣水1盒，創可貼5個，胃康寧1盒。
　　（3）醫療點的器械及藥品準備：氧氣袋5只，體溫計5支，輸液架1個，血壓計2臺，聽診器1副，速效救心丸、降壓靈、丹參片、消渴丸、茴三硫、氨基酸膠囊、西洋參片、安神補腦液、安定片、感冒藥、腸胃炎藥、咽喉炎藥、清熱解毒藥、止咳藥、抗生素、維生素、抗過敏藥、牙周炎、解熱鎮痛藥、眼藥水、外用皮膚藥膏、外傷外用藥、針劑等。
　　2. 治療原則
　　診治過程中規範操作，以安全為重，行充分把握之事，治療方案經領導審閱。
　　3. 與市醫院建立救治通道及救治預案（略）

（五）房間及工作間布置、會場茶點及禮品採購工作
　　負責人：黃××，陳××
　　相關人員由負責人抽調組成。
　　（1）走道布置：1~2樓走道全部鋪地毯，並適當點綴盆花。
　　（2）房間布置：
　　1）房間內擺放一盆蝴蝶蘭、一束香水百合；
　　2）床頭櫃擺一塊一面為天氣預報，另一面為溫馨提示的牌子；
　　3）床頭櫃上每天擺放一份《玉溪日報》；
　　4）辦公桌上擺一本《生態玉溪》畫冊；
　　5）牆壁上懸掛學院規劃圖、校園風景圖等。
　　6）用具、用品配置：藏書票、體重秤、套裝指甲刀、耳勺、精致保溫水杯、剃須刀、水果刀、牙簽盒、睡衣、內褲、襪子、毛巾、浴巾、梳子、拖鞋、香皂、牙膏、洗髮液、沐浴液、沐浴帽、大寶日霜、晚霜、心相印抽紙、針線盒、打火機、高腳酒杯、小勺子等。
　　7）水果配置：草莓、枇杷、香蕉、西瓜、櫻桃、杧果、菠蘿、蘋果、橙子。每天四種水果，講究酸甜、色彩搭配。
　　8）糕點配置：嘉華火腿麵包、蛋撻、芝麻片。
　　9）飲品配置：紅酒、盒裝牛奶、咖啡、方糖、普洱陳年古樹茶、紫芽茶、春尖綠茶。

10）香菸配置：雲南本地品牌香菸。

（3）工作間布置：

1）茶床、茶具一套；

2）工作間四周擺放盆花；

3）沙發一組；

4）水果配置：草莓、枇杷、香蕉、西瓜、櫻桃、杧果、菠蘿、蘋果、橙子。專家房間與工作間當天配置的水果不相同。

5）飲品配置：咖啡、方糖、普洱陳年古樹茶、紫芽茶、春尖綠茶。茶幾上擺放一本雲南名茶指南手冊。

6）用具、用品配置：水果刀、牙簽盒、心相印抽紙、打火機、高腳酒杯、小勺子等。

7）香菸配置：雲南產香菸。

（4）禮品配置：雲南名菸、名茶。

（5）套裝指甲刀、耳勺、精致保溫水杯、剃須刀、睡衣、毛巾、浴巾、梳子、打火機上印製校名、校徽。

（6）圖書館三樓過道的茶點、小會議室接待點的布置及茶點等相關服務。

三、工作要求

（1）中心全體員工必須高度樹立評估意識，以主人翁的姿態投身到評估活動中，以自己的言行維護學院的聲譽和利益。

（2）接待期間，各部門負責人每天值班。正常情況下，每天至少到23：30后方能離校，所有員工應保證通信24小時暢通。

（3）中心各部門及各員工要堅決服從中心接待工作領導小組的安排，一切從大局出發，克服困難，無條件服從人員及設備的調撥。

（4）接待期間全體員工應統一穿工作服，佩戴胸牌，堅持說普通話，模範遵守中心員工行為規範。

（5）除上述接待專項工作外，中心的各項常規服務工作要一如既往，按質按量保證做好。

迎評綜合組
2016年4月29日

【思考】

1. 接待工作方案一般由哪幾部分組成？
2. 該方案有哪些值得我們學習借鑑的地方？
3. 該方案有哪些需要我們注意改進的地方？

【分析】

1. 一份較完善的接待工作方案一般包括組織機構、人員的具體分工安排、工作要求等部分內容。

2. 接待工作方案應盡可能考慮周全、內容翔實；切實可行，便於操作；知曉禮儀，注意細節；層次分明，條理清楚；文字通順，排版美觀。

3. 方案製作時可以設計必要的表格，並做具體的文字說明，含禮儀要求、注意事項等，可以更直觀、醒目，方便布置落實工作及檢查工作完成情況；同時可以根據社會現實的需

要，對有關工作的安排及經費的使用做到刪繁就簡。

(二) 拓展訓練

制訂商務宴請計劃。

【情景】

某天上午，某外貿公司辦公室主任交給辦公室的一名秘書一份接待外國商務代表團來訪的時間安排表。要求秘書按照國際禮儀慣例和接待表裡的具體時間安排，制訂出相關的宴請計劃書。

【背景】　接待外國商務代表團來訪的工作計劃安排表

2016年4月16日上午，北京長城糧油食品進出口公司總經理辦公室主任趙杰告訴辦公室秘書劉姍姍，加拿大溫哥華市Masmapat進出口公司總經理Manaspina先生帶領一行五人（其中一名女性），應本公司邀請將於2016年4月20日至25日來華洽談業務，準備簽訂進口中方白桃水果罐頭的包銷協議，由本公司安排食宿和具體行程。趙主任交給劉秘書一份「關於接待加拿大Masmapat公司商務代表團來訪的工作時間安排表」，要求按照表中的時間、規格及事項安排，制訂出這次商務活動中的宴請計劃書。趙主任要求劉秘書在當日上午做出，交白總經理審批後，正式打印10份下發給各有關執行部門實施。

表1是與制訂宴請計劃書有關的原始材料。

表1　　　　　　　　　　北京市長城糧油食品進出口公司

接待加拿大Masmapat公司商務代表團來訪工作計劃安排表

製表日期：2016.4.14

時間	工作事項	責任人	參與人員	注意事項
20日 8：30	落實迎接代表團的準備工作	總辦主任趙杰	總辦秘書劉姍姍、王靜靜	提醒有關人員和司機，準備鮮花、接機牌
11：30	出發去機場迎接代表團	總辦主任趙杰	李洪副總經理，薛任意譯員，總辦主任趙杰，秘書劉姍姍、王靜靜	行前確認飛機到達時間，公司門口上車出發
12：50	在機場接機大廳迎接代表團	李洪副總經理	李洪副總經理，薛任意譯員，總辦主任趙杰，秘書劉姍姍、王靜靜	接機前安排領導在候機廳休息，飛機到達後到接機大廳等候
13：50	安排代表團下榻北京飯店	總辦主任趙杰	李洪副總經理，薛任意譯員，總辦主任趙杰，秘書劉姍姍、王靜靜	為代表團辦理入住手續，向代表團告知中方安排
19：30~21：00	中方在北京全聚德烤鴨店舉行迎賓便宴	白總經理	白總經理，李洪副總經理，王新麗經理，李濤經理，薛任意譯員	總辦主任趙杰負責宴請事務，事前訂餐安排好菜譜和座次，注意宴請禮儀
21日 9：00	在公司第2會議室舉行商務洽談	白總經理	主談白總經理，陪談李濤經理，翻譯薛任意	布置會場，注意談判禮節

表1（續）

時間	工作事項	責任人	參與人員	注意事項
12：00~13：00	在公司第2會議室進工作餐	白總經理	白總經理，李濤經理，翻譯薛任意	辦公室負責落實工作餐事宜
13：30~17：00	在公司第2會議室繼續進行商務洽談	白總經理	主談白總經理，陪談李濤經理，翻譯薛任意	總辦秘書劉姍姍負責會談會務
17：30	送加方人員回飯店休息	李濤經理	李濤經理，翻譯薛任意，總辦劉姍姍	司機提前等候
22日	加方人員參加小交會開幕式	總辦主任趙杰	總辦主任趙杰，秘書劉姍姍、王靜靜，翻譯薛任意	加方自行安排，翻譯薛任意全程陪同
23日 9：00	在公司第2會議室繼續進行商務洽談	白總經理	主談白總經理，陪談王新麗經理，翻譯薛任意	總辦秘書劉姍姍負責會談會務
12：00	在公司第2會議室進工作餐	白總經理	白總經理，王新麗經理，翻譯薛任意	辦公室負責落實工作餐事宜
13：00~17：00	參觀故宮	總辦主任趙杰	總辦主任趙杰，秘書劉姍姍、王靜靜，翻譯薛任意	全程陪同，然后送客人回飯店
24日 7：30	遊覽十三陵和八達嶺長城	李洪副總經理	李洪副總經理，薛任意譯員，總辦主任趙杰，秘書劉姍姍	中午安排餐飲
19：00	在北京飯店舉行餞行宴會	白總經理	白總經理，李洪副總經理，王新麗經理，李濤經理，薛任意譯員	總辦主任趙杰負責宴會事宜
25日 上午	加方人員自行安排	總辦主任趙杰	翻譯薛任意，總辦主任趙杰，秘書劉姍姍	主動為來賓服務
14：00	送加方人員去機場	李洪副總經理	李洪副總經理，薛任意譯員，總辦主任趙杰，秘書劉姍姍	熱情送客，注意禮儀

【任務】

瞭解商務活動中的國際禮儀的內容和社交方法，掌握籌備宴請的基本知識，能夠正確運用商務宴請禮儀，獨立制訂商務宴請計劃書。小組同學自制幻燈片及電子文檔，課堂講解工作完成的整個過程，並自行選取其中某個情景進行演示，演示時間大約5分鐘左右。

【指導】

1. 可先走訪一個外貿公司或是一個外事機構，收集該單位外事活動中有關國際商務宴請安排的真實工作事例。之后圍繞實訓重點進行小組討論，以調查所得材料顯示的情況為基礎情境，制訂一份接待外國代表團來訪的宴請計劃書。

2. 假設你為該單位辦公室的秘書，用一份介紹工作任務及成果的文本展示所完成的全部工作情況。文書應包括以下幾個組成部分：

1) 工作任務

用簡潔的文字清楚表述所完成的各項工作任務，包括商務宴請計劃安排總表、商務宴

請計劃安排各分表。其基本格式為「制訂《接待＿＿＿＿＿＿＿＿＿＿（時間）的商務宴請計劃》」，下劃線上為說明性文字。

2）工作情境描述

在本方案設定的基本情境的前提下，可根據自己選定的真實單位情況，做出明確的情境設置。要具體說明該單位名稱、部門負責人姓名，秘書所在部門，所從事的工作任務及其具體內容、要求和過程等。

3）制訂好的接待來訪商務宴請計劃書

這份宴請計劃書是小組的重要工作成果，要根據工作情境描述中的要求以及背景材料提供的接待外國商務代表團來訪的工作時間安排表製作，並符合國際禮儀慣例和公司接待標準及要求。這份宴請計劃書應具體、詳盡，凡與宴請有關的事項均應列出。

4）制訂接待來訪商務宴請計劃書工作過程說明

應按照工作流程詳細寫出每一個步驟的具體情況，並用序號標明。每個步驟均應寫明工作環節名稱、工作內容、工作過程、注意事項等，可以用列表的形式加以說明。

（三）拓展閱讀

【閱讀1】 安排宴請基本常識

1. 常用的宴請形式

國際上通用的宴請形式有宴會、招待會、茶會、工作餐等。至於每次宴請採取何種形式，一般根據活動的目的、邀請對象以及經費開支等因素來決定。每種類型的宴請均有與之匹配的特定規格及要求。宴會按其隆重程度和出席規格，有正式宴會、便宴和家宴之分；按其舉行的時間，又有早宴、午宴和晚宴之別。

（1）正式宴會

正式宴會是國際商務正式宴會。所謂正式，是指所有程序都按一定的禮儀規則進行。賓主均按身分排席次就座，致正式祝酒詞，有時還安排演奏席間樂。

參加正式宴會，應在規定的時間到達，特別是主賓，絕對不可以遲到。但是主賓若為國家高級官員，往往在賓客到齊后才入場。因此，在這種情況下，需要在一般來賓的請柬上註明：請在宴會開始前多少分鐘到場。如果被邀請的客人提前5分鐘以上到達，對主人也是不禮貌的。大型宴會，一般客人先入席落座，主賓夫婦由男女主人陪同進入宴會廳，全體起立歡迎。需要注意的是，按照西方的禮儀，主人和主賓應在宴會廳入口處迎接每一位被邀請的客人，並一一握手。

（2）便宴

便宴是一種非正式的宴會，可不排席次，簡短祝酒而不作正式講話，使人有隨便、親切之感。

（3）家宴

家宴即在家中設宴招待客人，西方人採用這種形式以示對客人親切友好，視同一家。家宴往往由主婦親自下廚烹調，家人共同招待。

（4）工作餐

工作餐分早、午、晚三種形式，一般以午餐為多，是賓主在會談協商期間，利用進餐的機會，邊吃邊談。其費用有時由參加各方自付。

(5) 招待會

規模較大的酒會或冷餐會，統稱招待會。招待會不備正餐，不設固定席位，形式靈活。

(6) 冷餐會

冷餐會上的菜肴以冷食為主，也適當加上兩三道熱菜，連同餐具陳放在桌上，供客人自取。可以不設座椅，站立進餐，也可以設小桌和少量座椅。除桌上擺有座簽的賓主須按位次入座外，其他大部分客人和主人可以自由入席，隨意走動，互相敬酒。

(7) 酒會

招待品以酒為主，配以各種果汁，略備小吃。以多種酒類配成的混合飲料的酒會，叫雞尾酒會。酒會不設座，僅置小桌或茶幾，以便客人隨意走動，廣泛接觸交談。酒會舉行的時間也較靈活，中午、下午、晚上均可，客人可在請柬註明的時間以內的任何時候到達或者退席，來去自由，不受約束。如果請柬上沒有註明終了時間，一般情況下可按兩個小時左右掌握。儘管如此，但從客人抵離的時間可以體現關係的冷熱程度，關係好的大多早到晚離，而關係差的一般是晚到早離。

(8) 茶會

茶會是一種日常的交際方式，通常在下午4時至6時之間開始，偶爾也有在上午舉行的，一般不超過兩個小時。茶會僅備茶點待客，一面品茶，一面交談。因此，茶葉、茶具的選擇較為講究，茶葉應具有地方特色，外國人多用紅茶。茶具用陶瓷器皿，不宜用玻璃杯，也不要用暖水壺代替茶壺。茶會地點應設在客廳而不在餐廳。也有不用茶而用咖啡的，其組織安排與茶會相同。

2. 宴請的籌備工作事項

(1) 邀請

宴會邀請一般均發請柬，亦有手寫短箋、電話邀請。邀請不論以何種形式發出，均應真心實意、熱情真摯。請柬內容包括活動時間及地點、形式、主人姓名。行文不用標點符號，其中人名、單位名、活動名稱都應採用全稱。中文請柬行文中不提被邀請人姓名（其姓名寫在請柬信封上），主人姓名放在落款處。請柬格式與行文方面，中外文本的差異較大，不能生硬照譯。請柬可以印刷，也可手寫，手寫字跡要美觀、清晰。

請柬信封上被邀請人的姓名、職務要書寫準確。國際上習慣對夫婦兩人發一張請柬，如須憑請柬入場的場合則每人一張。正式宴會，最好能在發請柬之前排好席次，並在信封左下角註上席次號。請柬發出後，應及時落實出席情況，準確記載，以便調整席位。

請柬一般提前發出。已經口頭約妥的活動，仍應補送請柬，在請柬右上方或下方註上「To Remind」（備忘）字樣。須安排座位的宴請活動，應要求被邀者答覆能否出席。請柬上一般註上「R. S. V. P.」（請答覆）法文縮寫字樣，並註明聯繫電話，也可用電話詢問能否出席。

(2) 預訂宴會菜單

預訂的菜單規格，根據宴會預算標準安排。選菜不應以主人的喜好為標準，主要考慮主賓的喜好與禁忌。菜的葷素、營養、時令與傳統菜及菜點與酒品飲料的搭配要力求適當、合理。不少外賓並不喜歡中國的山珍海味。地方上宜以地方食品招待，用本地名酒。菜單經主管負責人同意后，即可印製，菜單一桌備二至三份，至少一份。

(3) 安排座席

總的原則是既要按禮賓次序原則作安排，又要有靈活性，使席位安排有利於增進友誼

和方便席間交談。

正式宴會一般均排席位，也可只排部分客人的席位，其他人只排桌次或自由入座。國際上的習慣，桌次高低以離主桌位置遠近而定，右高左低。桌數較多時，要擺桌次牌。同一桌上，席位高低以離主人的座位遠近而定。外國習慣，以女主人為基準，男女交替安排，主賓在女主人右側，主賓夫人在男主人右側。中國習慣按各人本身的職務排列，以便於談話，如夫人出席，通常把女方排在一起，即主賓在男主人右側，其夫人坐女主人右側。禮賓順序並不是排席位的唯一依據，此外還要適當照顧到各種實際情況。席位排妥后要著手準備座位卡。我方舉行的宴會，中文寫在上方，外文寫在下方。

（4）布置現場

宴會廳和休息廳的布置，取決於活動的性質和形式。官方正式活動場所的布置，應該嚴肅、莊重、大方，不宜用霓虹燈作裝飾，可用少量鮮花（以短莖為佳）、盆景、刻花作點綴。如配有席間樂，樂聲宜輕。最好能安排幾曲主賓家鄉樂曲或他（她）所喜歡的曲子。

一般說來，宴會可用圓桌，也可用長桌或方桌，一桌以上的宴會，桌子之間的距離要適當，各個座位之間也要距離相等。冷餐會的菜臺用長方桌，而酒會一般擺設小圓桌或茶几。宴會休息廳通常放小茶幾或小圓桌。

（5）擺放餐具

根據宴請人數和酒、菜的情況準備足夠的餐具。一切用品均要清潔衛生，桌布、餐巾都應漿洗潔白、熨平。玻璃杯、酒杯、筷子、刀叉、碗碟，在使用之前應洗淨擦亮。

中餐具的擺放。中餐用筷子、盤、碗、匙、小碟等。小杯放在菜盤上方。

右上方放酒杯，酒杯數與所上酒的品種相同。餐巾疊成花插在杯中，或平放於菜盤上。宴請外國賓客，除筷子外，還要擺上刀叉。醬油、醋、辣油等作料，通常一桌數份。公筷、公勺應備有筷、勺座，其中一套放於主人面前。餐桌上應備有菸灰缸、牙簽。

西餐餐具的擺放。西餐具有刀、叉、匙、盤、杯等。刀分食用刀、魚刀、肉刀、奶油刀、水果刀，叉分食用叉、魚叉、龍蝦叉，匙有湯匙、茶匙等，杯有茶杯、咖啡杯、水杯、酒杯等。宴會上有幾道酒，就配有幾種酒杯。西餐具的擺法是：正面放食盤（湯盤），左手放叉右手放刀，麵包奶油盤在左上方。吃西餐時應右手持刀，左手握叉。先用刀將食物切成小塊，再用叉送入嘴裡。正餐中刀叉的數目與上菜的道數相等，並按上菜順序由外至內排列，刀口向內。取用刀、叉時，亦應按照由外而內的順序，吃一道菜，換一套刀叉。撤盤時，一併撤去使用過的刀叉。

【閱讀2】外賓接待的一般程序與內容

外賓接待較之內賓通常要複雜一些，內容要求也有所不同。其基本程序是：接受任務→瞭解來賓→制訂計劃→預訂食宿→歡迎來賓→商議日程→禮節性拜訪→宴請→正式會談→簽訂協議書→陪同參觀遊覽→互贈禮品→歡送來賓→接待小結。具體說明如下：

（1）接待任務由秘書接受，或由外事部門主辦、秘書協辦；

（2）對來賓的瞭解除了人數、身分、性別、來意、要求等外，還應該注意國籍、民族、生活及風俗習慣等；

（3）制訂計劃應該更周詳細緻，政府機關的外賓接待計劃須報上一級領導批准，重要外賓還需要通報交通和安全部門配合；

（4）按計劃規格在賓館預訂標準客房或套間，預定中式或西式餐飲，說明特殊要求或

指定菜譜；

（5）按計劃由主管親自迎接或由秘書代勞，或需組織一定的歡迎儀式；

（6）秘書到賓館下榻處和客方商定日程；

（7）主方負責人到客方下榻處進行禮節性拜訪，秘書隨同；

（8）主方宴請客方，一般用固定席位的正宴、晚宴，不用酒會、自助餐等；

（9）雙方主管進行正式會見或會談，秘書應做好資料和物質準備，默契配合；

（10）如雙方達成協議並簽訂協議書，秘書應事先擬寫協議草稿，並安排好簽約儀式；

（11）秘書陪同外賓參觀、遊覽，要積極弘揚民族文化，宣傳建設新貌；

（12）秘書準備禮品，要選有紀念意義但經濟價值不過高的，並登記造冊，賓客再度來訪時應作變更；

（13）以與歡迎來賓相應的規格及儀式歡送賓客；

（14）一般應作書面小結，立卷存盤備查。

【閱讀3】 涉外會見與會談

1. 會見

會見按其內容，可以分為禮節性會見和事務性會見。一般來講，禮節性會見時間較短，通常是半小時左右，話題比較廣泛，且輕松，屬於一種較正式的見面形式；事務性會見則涉及雙方的交流、業務商談等，時間較長，也較嚴肅。

涉外會見時應注意以下幾點：

會見外賓時，態度要熱情友好，不卑不亢，謙虛謹慎；要堅持內外有別的原則，不泄漏內部機密，不擅自對外表態。

參加會見要講究文明禮貌，注意服飾、儀容，著禮服。

會見分需要談問題的和禮節性的兩種。前者一般掌握在一小時左右，后者最好掌握在15分鐘至半小時。這兩種會見，不一定都在會見后安排宴請。

會見一般安排在會客堂，客人坐在主人的右邊，翻譯員、記錄員坐在主人和主賓的后面。其他客人按禮賓順序在主賓一側就座。座位不夠可在后排加座。

2. 會談

會談是指雙方或多方就某些正式或重大的經濟、技術及其他共同關心的問題或事宜交流情況、交換意見、洽談業務、商務談判等。會談的內容比較正式，且專題性較強。

秘書人員應對會談場所進行精心布置，使之寬敞明亮，整潔大方。這一方面是對外賓的禮貌和尊重，另一方面是組織整體形象的外在顯現。

雙邊會談通常用長方形、橢圓形或圓形桌子，賓主相對而坐，以正門為準，主人占背門一側，客人面向正門。主談人居中，翻譯員一般在主談人右側，也可坐在后面。其他人按禮賓順序左右排列。記錄員可安排在后面，如會談人少，也可在會談桌就座。如會談長桌一端向正門，則以入門的方向為準，右為客方，左為主方。

多邊會談，座位可擺成圓形、方形等。小範圍的會談，也可不用長桌，只設沙發，雙方座位按會見座位安排。

要備有一定的茶具、茶水和飲料，場所周圍還應備有完好的通信、傳真、複印設備及必要的文具，以備臨時急需。

項目五　秘書會務組織工作實訓

一、實訓目標

知識目標：掌握商務活動中會務組織工作的基本原則、程序和一般要求，熟練運用會務組織工作中的方法、技巧及各種禮儀規範，正確開展商務活動中各種會議的組織與服務的方法和技巧。

能力目標：熟悉會前籌備工作、會中服務工作、會后善后工作的主要環節，將文書寫作、接待工作、商務活動、辦公設備應用、文檔管理等一系列秘書工作相關知識綜合運用到會務組織工作的實踐中。

二、適用課程

秘書實務、秘書會務組織與服務。

三、實訓內容

任務一　籌備與組織慶典開幕式

【實訓情景】

某公司是當地一著名企業（企業性質各班自行設計），成立至今已有十周年，取得了令人矚目的業績。正值其總部舉行十周年大慶之際，又即將在同一城市成立一分公司（分店），公司總部決定將周年慶典活動與分部的剪彩儀式一起進行，以擴大企業的影響力。整個慶典活動將進行兩天兩夜。第一天上午安排有開幕式、剪彩儀式、參觀展覽、自助餐，晚上有文藝晚會等活動。

【實訓重點】

分組討論慶典方案、籌備工作人員安排表、會議議程表、會議日程表、住宿安排表、會議經費預算表、開幕詞、展覽會安排、展品解說詞、餐飲安排、晚會節目安排等內容，製作相關文書、幻燈片及物品，布置會場，並演示慶典活動過程。

【實訓步驟】

1. 分組命名：成立慶典活動籌備小組，分工合作，共同完成，並確定公司名稱、性質、規模、活動時間、地點等。

2. 分組討論：制訂計劃，如慶典方案、籌備工作人員安排表、慶典日程表、慶典程序表、開幕詞等、文藝節目安排、展覽會安排、展品解說詞、宴請安排、宴請禮儀、住宿安排表、慶典經費預算表等。

3. 完成製作：文書製作，如慶典方案及有關表格、開幕詞、節目單、展品解說詞、自助餐菜譜等；幻燈片製作，如廣告宣傳、會場佈局、助興表演、自助餐菜譜、晚會表演等；

物品製作，如贈品、彩帶、剪刀、裝飾帶、紅布、牌匾、簽到本、臺簽、茶杯、胸花、花卉等。

4. 會前準備：將文書、幻燈片匯編、串聯起來，提前檢查、補漏、完善，並布置、檢查會場。

5. 現場演示：舉行慶典開幕式及文藝晚會（含接待、剪彩/揭幕、表演、參觀展覽、贈禮、自助餐等）。

6. 實訓小結：小組總結，展示文書（方案、簡報等），老師總結。

任務二　籌備與組織新聞發布會

【實訓情景】

在公司的周年慶典活動中安排了新產品新聞發布會，邀請了本地各大媒體參加，時間定在慶典活動的第一天下午。

【實訓重點】

分組討論新聞發布會方案、企業宣傳資料、採訪提綱、解說詞、講話稿、發布稿、新聞稿等內容，製作相關文書及企業宣傳片等幻燈片，布置會場，並演示新聞發布會過程。

【實訓步驟】

1. 分組討論：新聞發布會方案設計。

2. 收集資料：完成企業資料、發言提綱、幻燈片解說詞等資料。

3. 完成製作：文書製作，如新聞發布會方案、發言提綱、幻燈片解說詞、新聞稿、費用結算；幻燈片製作，如企業宣傳片、會場佈局等；物品製作，如話筒、花卉等。

4. 會前準備：將文書、幻燈片匯編、串聯起來，提前檢查、補漏、完善，並布置、檢查會場。

5. 現場演示：舉行新聞發布會及企業宣傳片解說。

6. 實訓小結：小組總結，展示文書（方案、新聞稿等），老師總結。

任務三　籌備與組織洽談會

【實訓情景】

在公司的周年慶典活動中還安排了洽談會，時間定在慶典活動的第二天下午。

【實訓重點】

分組討論洽談會方案、洽談要點、合同文本等內容，制定相關文書及幻燈片，布置會場，並演示洽談會過程。

【實訓步驟】

1. 分組討論：洽談會方案設計。

2. 收集資料：準備企業資料、洽談內容、幻燈片解說詞等。

3. 完成製作：文書製作，如洽談會方案、洽談腳本、合同文本、合作過程、幻燈片解說詞、費用結算等；幻燈片製作，如城市宣傳片、會場佈局等；物品製作，如話筒、胸花、文件夾、花卉、音樂等。

4. 會前準備：將文書、幻燈片匯編、串聯起來，提前檢查、補漏、完善，並布置、檢查會場。
5. 現場演示：舉行洽談會及城市宣傳片解說。
6. 實訓小結：小組總結，展示文書（合同、會議記錄等），老師總結。

任務四　籌備與組織簽約會

【實訓情景】
在公司的周年慶典活動中還舉行了簽約儀式，與某國某企業洽談合作很成功，之后舉行了簽約儀式及慶功酒會。時間定在慶典活動的第二天下午。

【實訓重點】
分組討論簽約會方案、簽約禮儀及慶功酒會等內容，製作相關文書及幻燈片，布置會場，並演示洽談會過程。

【實訓步驟】
1. 分組討論：簽約會方案設計。
2. 收集資料：企業資料、發言提綱、簽約流程、幻燈片解說詞等。
3. 完成製作：文書製作，如簽約會方案、幻燈片解說詞、費用結算等；幻燈片製作，如合作歷程、慶功酒會、會場佈局等；物品製作，如話筒、文件夾、小旗、酒杯等。
4. 會前準備：將文書、幻燈片匯編、串聯起來，提前檢查、補漏、完善，並布置、檢查會場。
5. 現場演示：舉行簽約會及慶功酒會。
6. 實訓小結：小組總結，展示文書（方案、流程等），老師總結。

任務五　籌備與組織總結表彰大會

【實訓情景】
在公司的周年慶典活動中還舉行了總結表彰大會，表彰優秀員工，之后舉行晚宴。時間定在慶典活動的第二天下午。

【實訓重點】
分組討論總結表彰大會方案、總結表彰人事等內容，製作相關文書及幻燈片，布置會場，並演示總結表彰大會及晚宴過程。

【實訓步驟】
1. 分組討論：總結表彰大會方案設計等。
2. 收集資料：企業資料、先進事跡、發言提綱、相片或視頻資料、調查分析資料等。
3. 完成製作：文書製作，如表彰大會方案、工作總結、活動影響力效果評估報告等；幻燈片製作，如會場佈局、影像資料、晚宴安排；物品製作，如花卉、證書或獎狀、音樂等。
4. 會前準備：將文書、幻燈片匯編、串聯起來，提前檢查、補漏、完善，並布置、檢查會場。

5. 現場演示：舉行總結表彰大會及晚宴。

6. 實訓總結：小組總結，展示文本（方案、講話稿、總結等），老師總結。所有實訓文書、與實訓活動有關的幻燈片及視頻資料歸檔整理並保存。

四、實訓準備：

（一）知識準備（如文種使用的環境、文種的結構與寫法、文種的寫作要求）

1. 會議活動的基本要素
（1）主辦者；
（2）與會者；
（3）會議主持人；
（4）會議議題；
（5）會議名稱；
（6）會議時間；
（7）會議地點；
（8）會議結果；
（9）經費預算。

2. 現代會議的一般流程
（1）會前準備
1）目標設定；
2）確定參會人員、主持人；
3）擬訂會議議程、日程及會議方案；
4）確定會議時間、地點；
5）準備會議文件；
6）發布會議信息；
7）會場布置。
（2）會議進行
1）會前確認；
2）會場檢查；
3）會議展開。
（3）會議結束
1）整理會場；
2）整理會議文件；
3）經費結算；
4）會議評估總結。

3. 制定會議預算
（1）會議經費的構成
1）交通費用；
2）會議室費用；
3）住宿費用；
4）餐飲費用；

5）旅遊費用；
6）視聽設備費用；
7）演出費用；
8）培訓費或講演費；
9）預計外支出。
（2）會議經費預算的原則
1）科學合理；
2）總量控制；
3）確保重點；
4）精打細算；
5）留有餘地。
（3）會議經費的籌措
1）行政事業經費劃撥；
2）主辦者分擔；
3）與會者分擔個人費用；
4）社會贊助；
5）轉讓無形資產使用權。
4. 準備會議材料
（1）會議資料的種類
1）會議的指導文件；
2）會議的主題文件；
3）會議的程序文件；
4）會議的參考文件；
5）會議的管理文件。
（2）會議文件準備
1）準備領導發言稿；
2）起草會議報告、決議草案；
3）準備會議材料的要求。
5. 會場環境布置與裝飾
（1）主席臺的裝飾；
（2）會場背景的裝飾；
（3）色調的選擇；
（4）花卉的布置；
（5）會場的氣氛效應。
6. 視頻會議室環境要求
（1）設備安裝方式；
（2）設備負荷；
（3）燈光要求；
（4）佈局要求；
（5）噪聲要求；

（6）溫度、濕度要求；

（7）供電要求；

（8）接地要求；

（9）電力線纜的布放；

（10）布線要求；

（11）其他輔助設備。

7. 會議接待方案的策劃

從程序上講，會議接待可劃分為會前、會中、會后三個階段。

（1）與會者到達前應做好的準備工作

1）與會者的基本情況：單位、姓名、職務、性別、民族、人數、抵達時間、抵達方式、日程安排。

2）會議的情況：主題、日程安排、相關活動、會議負責人等。

3）協調有關部門落實接待計劃，並做好接待方案。

4）做好安全保衛工作。

（2）與會者到達后應做好的服務工作

1）接站。受會議邀請而來的貴賓以及那些路途遙遠的與會者，都需要會議組委會安排接站。會議組委會可根據來賓乘坐的交通工具情況在來賓抵達前派人去車站、碼頭、機場迎接。若有重要的外賓或者高級別的領導人與會，就必須安排有關領導或負責人前往迎接。

2）根據與會者的具體情況安排住宿。

3）通知與會者活動日程安排，並組織好相關活動。

4）隨時徵求與會者意見，並滿足其合理要求。

（3）會議結束后應做好的收尾工作

1）徵求與會者對接待工作的意見。

2）將訂購的返程票交到與會者手中。

3）協助與會者結算住宿費等。

4）落實返程安排及送行車輛，送站。

5）通知來賓單位接站。

6）將接待工作中的有關文字材料整理歸檔。

會議接待人員應當遵循準備充分、規格適當、注意保密、確保安全等基本原則，以期取得會務接待工作的預期效果。

8. 通用會議流程表（見表1）

表1　　　　　　　　　　　　通用會議流程表

管理流程	管理要求/標準
開始	1. 接受任務：確定會議時間、地點、參會人員、會議內容 2. 會議簽報：經費申請

表1(續)

管理流程	管理要求/標準
會前準備資料	1. 確定參會人員資料：姓名、電話、性別、職務，並將資料打印給各工作人員熟悉 2. 準備議程，確定我方參會人員、陪同人員 3. 聯繫媒體人員並準備媒體人員禮品 4. 安排會議和就餐座次 5. 落實專人負責準備會議用品：會標、簽到表、桌牌、會議資料、代表證等，並務必督促到位情況 6. 落實主持人，安排領導講話稿
接待準備	住宿：聯繫酒店，安排房間，注意諮詢客人是否有特殊要求 就餐：根據會議議程安排午餐和晚餐地點及規格，準備酒水 車輛：根據參會人員職務安排不同車輛、接送時間 活動安排：安排晚上娛樂休閒和參觀活動，提前通知陪同人員 短（彩）信安排：會前、會中、會后定時溫馨提示 準備禮品：採購贈送禮品或紀念品
接待工作	迎賓、簽到：會前一天聯繫參會人員，確定是否派車迎接或在酒店接待，安排接待人員，提前將禮品送到客人房間。當晚視情況安排人員陪同用餐及晚上休閒活動 會場布置：擺好桌椅、桌牌、話筒、插線板、投影儀、紙筆、會標，調試音響，放好會議資料和議程表
會場布置	會場布置：備好鮮花水果，放暖場音樂，將收集好的幻燈片拷貝到專用電腦，布置簽到臺，安排會場路標 會前簽到：短信提示開會時間，安排車輛迎接，接待簽到 會前接待：安排服務人員引導就座
會中服務	服務人員安排：劃分區域安排服務人員關注現場需求，如調節溫度、倒水、補充紙筆、協助遞紙條等 會議記錄：安排人員作會議記錄，照相、DV錄制 會議活動：安排車輛、陪同人員陪同參觀、就餐、娛樂
會議結束	物料收集：清點會議用品及未用完酒水 發送送行短信 安排車輛、送行人員
結束	編寫會議紀要、會議總結，寫信息，審核媒體新聞 完善手續，實施報銷

(二) 材料準備

實訓設備：計算機、互聯網、多媒體、會議室桌椅、演示用物品，有會議模擬室最好。
實訓軟件：有關會議組織工作情景的錄像資料。

五、建議學時

30學時。（其中：教師指導學時為6學時；學生操作學時為24學時）

六、實訓成果展示及匯編要求

每個小組在實驗結束後要提供相應的實驗報告（每人1份），完成相關文書及幻燈片1套（每組），留下活動組織錄影資料1套（全班）。

七、實訓工具箱

(一) 案例分析

【案例1】服裝展示會方案

某服裝集團為了開拓夏季服裝市場，擬召開一個服裝展示會，推出一批夏季新款時裝。秘書小李擬了一個方案，內容如下：

會議名稱：「2007××服裝集團夏季時裝秀」。

參加會議人員：上級主管部門領導2人；行業協會代表3人；全國大中型商場總經理或業務經理以及其他客戶約150人；主辦方領導及工作人員20名；另請模特公司服裝表演隊若幹人。

會議主持人：××集團公司負責銷售工作的副總經理。

會議時間：2007年5月18日上午9點30至11點。

會議程序：來賓簽到、發調查表、展示會開幕、上級領導講話、時裝表演、展示活動閉幕、收調查表、發紀念品。

會議文件：會議通知、邀請函、請柬、簽到表、產品意見調查表、服裝集團產品介紹資料、訂貨意向書、購銷合同。

會址：服裝集團小禮堂。

會場布置：藍色背景帷幕，中心掛服裝品牌標示，上方掛展示會標題橫幅。搭設T形服裝表演臺，安排來賓圍繞就座。會場外懸掛大型彩色氣球及廣告條幅。

會議用品：紙、筆等文具，飲料，照明燈，音響設備，背景音樂資料，足夠的椅子，紀念品。（每人發××服裝集團生產的T恤衫1件）

會務工作：安排提前來的外地來賓在市中心花園大酒店報到、住宿。安排交通車接送來賓。展示會后安排工作午餐。

【分析】

從秘書小李擬制的這份方案可以看出，制定會議方案是一項綜合性很強的工作。一個好的會議方案，應該是科學、詳盡、可行的。會議方案的制定要求高，需要秘書人員不斷累積經驗，認真細緻地做好。

小李的方案還有一些需要改進的地方：

(1) 會議名稱不能使用口語，應該用正規的書面語。「時裝秀」應改為「時裝展示會」。

(2) 展示會的目的是打響品牌、開拓市場，應請新聞媒體記者到會報導，以擴大影響。

(3) 會議地點不應設在××服裝集團內部，這既不方便來賓，也起不到擴大影響的效果。應該改設在來賓住宿的花園酒店會議廳。

(4) 會議用品中沒提及應該準備的用於展示的新款時裝樣品。

【案例2】商務活動中突發事件的處理

西北某公司根據市裡關於加快招商引資的指示，準備召開一個大型的招商引資洽談會，你作為此次會議的主要籌備人員，將如何確定此次會議的主題和會議議程？

【分析】
(1) 明確會議要研究解決的問題、達到的目的；
(2) 要有切實的依據並要結合本單位的實際情況，有明確的目的；要以市領導的指示為依據，根據本單位資金、人才、技術的實際情況，達到資源的優化配置；
(3) 報請領導審批；
(4) 要根據主要領導的情況確定會議議程，確定會議主持人。
(5) 根據會議的主題，確定發言人；
(6) 圍繞主題，確定討論題目和討論方式；
(7) 根據目的，寫好總結。

【案例3】突發狀況的處理

波揚公司準備在本市的黎明大廈召開大型的新產品訂貨會。參加的有本單位、外單位的人員。總經理讓秘書部門負責安排，會上要放映資料電影，並進行產品操作演示。而公司沒有放映機，租借放映機的任務交給了總經理秘書劉小姐。會議召開的時間是8月9日上午十點整，而資料放映的時間是十點十五分。劉小姐打電話給租賃公司，要求租賃公司在9日上午九點四十五分必須準時把放映機送到黎明大廈的會議廳。

9日上午，會議開幕前，波揚公司的秘書們正在緊張地做著最后的準備工作。劉小姐一看表，呀，已經九點五十分了，放映機還沒有送到。劉小姐馬上打電話去問，對方回答機器已送出。眼看著各地來賓已陸續進廠，劉小姐心急如焚……

【分析】
假如你是劉小姐，對當時可能發生的各種情況，應該如何處理？
假如放映機在十點十分還未送到，你將馬上向總經理報告還是擅自決定調整會議議程？
向總經理報告後，你還應該做些什麼？
召開大型會議前的各種準備工作，包括音箱、電子類裝置應提前多久安排？

【案例4】豐田公司的參觀活動

日本豐田公司以參觀活動作為樹立公司形象、推銷產品的重要手段，不僅歡迎顧客參觀公司，而且想辦法招攬參觀者。為此，公司專門蓋了一棟樓房。一樓陳列公司的各種資料、零件和成品；二樓、三樓有冷暖設備，是放電影的大禮堂；四樓、五樓則為套房，為最近10年買過公司汽車的參觀者提供免費住宿。這樣一來，豐田公司顧客盈門，那些想買豐田汽車的人不辭勞苦，前來公司參觀，瞭解各種型號汽車的性能、優缺點，以便做出最佳選擇。

【分析】
為了使參觀者對公司產生興趣和好感，公司對外開放參觀日需要做好具體、細緻的準備。
擬訂活動方案應包括以下內容：
1. 確定開放參觀活動的主題
常見的開放參觀活動主題有：
(1) 擴大組織的知名度，提高美譽度；
(2) 促進組織的業務拓展；

（3）和諧組織與社區的關係；
（4）增強員工或家屬的自豪感。

2. 安排開放參觀的內容

要根據主題來安排開放參觀的內容，一般包括：
（1）情況介紹，事先準備好宣傳小冊子；
（2）現場觀摩，讓參觀者參觀現場；
（3）實物展覽，參觀組織的成果展覽室。

此外，還要考慮到參觀者的需要和興趣。

3. 選擇開放參觀的時機

最好安排在一些特殊的日子裡，如周年紀念日、重大的節假日、開業慶典、社區節日等。

4. 確定邀請對象

一般性的參觀，常邀請員工家屬或一般市民等；特殊性的參觀，常邀請與本組織有特殊利害關係的團體和公眾，如政府官員、行政主管部門、同行業領導和專家、媒體記者等。

5. 選擇參觀路線

參觀路線的選擇要求做到：
（1）能引起參觀者的興趣；
（2）能保證參觀者的安全；
（3）對組織正常工作干擾小。

以上三點要綜合考慮。

6. 策劃宣傳工作

參觀前，可準備一份簡明的說明書，發給參觀者，或放映電影、錄像片進行介紹。

參觀時，由向導陪同參觀者按事先安排好的參觀路線參觀，對於有些看不到的特殊事項，可以用圖表、數字表示。

7. 做好解說及接待準備

（1）挑選並培訓導遊或解說人員；
（2）製作並寄發請柬；
（3）設立接待服務處；
（4）準備特殊的參觀用品；
（5）準備禮品或紀念品。

8. 注意事項

（1）目的明確；
（2）時機選擇要得當；
（3）處理好公開與保密的關係；
（4）安排好細節問題；
（5）精心做好展示工作。

（二）拓展訓練

【情景1】商務會談安排

你所在的公司將與國外某企業舉行商務會談，總經理安排你負責此次會談的準備工作。

請你考慮此次會談的性質並對會談準備計劃的內容進行模擬設置。

【指導】

1. 此會談屬事務性會談，涉及業務商談。
2. 準備計劃設計如下：
（1）主動通知會談的時間、地點；
（2）瞭解對方抵達方式，提出接送方式；
（3）準備會談場所、物質資料、信息資料；
（4）對客方的背景、習俗、禁忌、禮儀特徵進行瞭解；
（5）做好必要的文字資料準備工作。

【情景2】會議方案的制訂

中迅顯示器有限公司是中國主要的電腦顯示器生產基地之一，去年實現銷售額8億元人民幣，產品30%出口海外，並不斷保持產量連年遞增的勢頭，質量管理也達到了同行業的先進水平。為適應生產規模的進一步擴大，去年年底，該公司又擴建了1萬平方米廠房，增加了3條國際先進的生產流水線，使顯示器年生產能力達到了100萬臺。

產量增加了，銷售必須跟進。目前，中迅顯示器有限公司在全國設有300多個代理商。為了讓代理商更多地瞭解公司的發展，同時展示其即將推向市場的新產品的優勢及性能，研究如何擴大產品銷售等問題，公司領導決定8月8日～10日在上海市召開一次全國代理商會議：由公司總經理介紹企業的基本概況及發展遠景；研發部經理介紹演示新產品的性能、核心技術及測試結果；生產部總監介紹目前企業的生產能力及生產情況；銷售部總監介紹公司產品的銷售情況；公司主管副總經理就下一步銷售策略、銷售政策及開展銷售競賽評比等事項做專題發言。同時，選擇東北、華北、華南三位銷售代表介紹各自的經驗，最后表彰50家優秀代理商。會議期間，還要組織與會代表參觀企業，利用一個晚上的時間舉辦一場聯歡晚會，安排代表遊覽上海市內的幾個景點。

為保證會議的成功舉辦，公司還決定將會議地點安排在上海國際會議中心，食宿也在上海國際會議中心。同時各部門抽調10人組成大會籌備處，由張副經理負責，具體工作包括準備會議所需文件、材料，寄發會議通知，接待、安排食宿，布置會場，聯繫上海國際會議中心及旅遊景點，預訂返程車、船、機票，邀請新聞媒體，組織聯歡晚會，購置禮品等。總經理還特別強調，要在保證會議隆重、熱烈、節儉的前提下，盡量讓代表們吃好、住好、玩好。

根據公司領導的意見，張副經理立即從各部門抽調了10位同志成立了大會籌備處，並召開了會務工作會議，對會議準備工作進行了部署和分工。

【任務】

1. 為中迅顯示器有限公司代理商會議擬訂一份會議方案。
2. 根據會議的規模、層次和主題，會議籌備處應具體劃分為哪幾個小組展開準備工作？
3. 以籌備處的名義提交一份本次會議經費預算方案報總經理審批。
4. 請根據會議的內容製作一份會議日程表（要有日期、時間、內容安排、地點、參加人、負責人、備註等項）。
5. 請根據會議內容擬寫一份會議通知。
6. 製作一份會議簽到單。

【指導】

會議籌備方案的結構與寫法：

1. 標題（略）

2. 正文

（1）會議名稱。

（2）會議的主題和議題。

（3）會議議程。

（4）會議的時間和地點。

（5）會議所需的設備和工具。

（6）會議文件的範圍印製。

（7）與會代表的組成。

（8）會議的經費預算。

（9）會議住宿和餐飲安排。

（10）確定會議的籌備機構，大型會議要有籌備機構與人員分工。

（11）附件名稱。會議通知和會議日程表通常要作為會議籌備方案的附件。

3. 落款和日期（略）

【情景3】會議評價

回憶你最近所參加的會議，選擇一個你認為是有效的會議及一個特別不成功的會議。依據你所參加有效會議的經驗，考慮哪些因素致使會議有效，而又有哪些因素致使會議無效。

【任務】

1. 在這張表的第一部分，你需要評價兩個會議，一個是你認為有效的，一個是無效的。你要考慮兩類問題：一類是什麼因素影響了這兩個會議有效或無效；一類是在這兩次會議中，你和其他人扮演了什麼樣的角色。

2. 在這張表的第二部分，你要與小組的其他成員分享你在會議工作中的經驗和感受。

【指導】

獨立地考慮並完成表中的每個項目，並寫下你的分析結果。你所寫的應當是真實可信的，而且也是在第二部分討論中希望與你同伴所分享的。

（1）回憶你最近所參加的會議，選擇一個你認為是有效的會議。

在有效會議評價表（見表2）中第一欄，簡要描述該會議的目的；

在評價表的第二欄中，列出你覺得致使會議成功的因素；

在評價表的第三欄中，簡要描述為使該會議成功，你和你的同事做了哪些貢獻；

在評價表的第四欄中，描述該會議的結果。這一結果可能是一項決策、解決爭議或開始一個行動等。

表 2　　　　　　　　　　　有效會議評價表

會議的目的：
致使會議成功的因素：
你和你的同事在使會議成功中所做的貢獻：
會議的主要結果：
會議的結果：

（2）現在你回憶一個特別不成功的會議。

在無效會議評價表（見表 3）第一欄中簡要描述你或其他人所確認的會議目的；

在評價表的第二欄中，列舉出你認為致使會議無效的因素；

在評價表的第三欄中，說說你和你的同事在這一不成功的會議中的表現；

在評價表的最后一欄裡，記述會議的結果（如果有的話）。

表 3　　　　　　　　　　　無效會議評價表

會議的目的：
致使會議無效的因素：
你和你的同事在這一不成功的會議中的表現：
會議的結果：

（三）拓展閱讀

【閱讀 1】××市經濟工作會議安排方案

1. 會議主題

貫徹落實中央經濟工作會議精神。重點是討論研究全市經濟發展的一些突出問題，分析原因，理清思路，確定重點，提出對策，做好明年的工作。

2. 會議的時間、地點

擬定於×月×日至×日（4天），在××招待所召開，於×月×日下午或晚上報到。

3. 會議規模

參加會議人員（正式代表）、特邀代表和列席人員、工作人員（含服務人員）共計××人。

4. 會議議程

會議由市委書記、市長分別主持。

第一天大會由市長主持，聽取市部分綜合職能部門關於本年度工作總結和貫徹中央經濟工作會議精神的具體措施的發言；

第二天分組討論（圍繞會議確定的討論題目進行）；

第三天繼續分組討論；

第四天上午繼續分組討論，下午大會由市委書記主持會議，市長作會議總結，書記講話。

5. 會議材料準備

（1）大會發言單位材料；

（2）會議日程表、參加會議人員名單、主席臺座次安排、分組名單（分組討論地點）、討論題目、作息時間表、會議須知等；

（3）會議參閱文件。

6. 會務工作由市委辦公廳、市政府辦公廳負責（具體分工略）

（1）會議通知（包括會議材料準備通知）；

（2）會議日程表；

（3）參加會議人員名單。

7. 注意事項

方案擬訂后，須報經領導審核和批准。方案一經批准，需作下列工作：

（1）召集會務工作會議，明確分工。主要分工有：文件起草（文件準備），會務服務（住宿安排），生活保障，宣傳報到，交通疏導，醫療，保衛，經費預算等。

（2）草擬材料準備通知。

（3）選定會場，並布置會場（包括會標）。

（4）準備會議所需用品。

（5）會議材料準備。

【閱讀2】領導辦公會議的組織工作

議題安排。對於需要提請辦公會議討論決定的事項，一般應交秘書長（辦公室主任）匯總，集中同有關領導研究后作出安排。會議議題除特殊情況外，應提前兩天，重大議題提前十天通知與會人員，有關材料盡可能隨通知印發。

會務人員應做好議題的準備工作：一是平時做好議題的調查、敦促工作，使有關方面早做準備；二是議題（多表現為文件）提出后，做好閱審協調工作，對不成熟的和需要與有關方面協商的提出意見；三是做好安排方案。這樣，才不至於例會已到還無議題，也不至於議題成堆；同時還可避免把不成熟的議題拿到會議久議不定，浪費時間。

發送會議通知。提前印製會議材料與安排會場。在領導確定會議時間和內容后，要及

時發出會議通知，明確會議的時間、地點、出席人、討論議題等內容。

準備會議資料。秘書部門要提前打印或複印出會議需要討論的文件材料，根據要求提前或會上發給與會者。

要事先安排布置好會場。

會議組織。辦公會議必須有半數以上成員出席方能召開。會前要做好簽到工作，會中作好會議記錄，會后要及時撰寫會議紀要。

議定事項的催辦與反饋。會議議定的事項，可由有關領導主持分解到有關部門落實辦理。也可指定專人負責催辦並收集情況，可按照紀要，填寫有關事項催辦卡片，或派專人調查瞭解。辦理事項及時向有關領導反饋，並按月、季作出總結報告，綜合后向領導匯報。重要問題可分多次反饋，使領導及時瞭解辦理情況。

會議文件的管理。辦公會議的有關記錄文件必須妥善保管，建立嚴格的管理及查閱批示制度。

【閱讀3】大型會議的組織工作

召開這類會議有完整的過程與程序，一般可以分為三個階段。

1. 會前準備階段

會前準備階段的會務工作主要有：

第一，瞭解、掌握有關情況，確定會議主題，明確通過開會要解決什麼問題。

第二，起草文件材料，組織發言文稿。

第三，確定與會者並發送通知，要把會議的內容、時間、地點、對象和注意事項通知有關單位和個人，使有關的單位和個人及早做好準備。

第四，做好行政性事務的準備工作。先安排好與會人員的接待工作，包括交通、食宿、醫療和參觀訪問等。

2. 會議進行階段

會議開始后，首先要檢查、核對與會人員，特別是立法性質的會議，還要進行代表資格審查，發現問題要採取措施，妥善安排。

匯總情況，編寫簡報。匯總情況包括分組討論情況，整理的提案。編寫會議簡報，要少而精，供領導掌握會議進程和存在的問題，以便及時部署工作。

做好會議記錄，包括大會報告、小組發言等。

3. 會議的結束階段

回收有關文件。根據保密原則，該收回的收回，該匯總的要及時匯總。

整理會議記錄。及時整理會議記錄，然后根據需要形成決議或會議紀要。

4. 注意事項

（1）組織會議要明確會議的主題，按擬訂的方案組織。

（2）注意會議的階段性工作，不同階段有不同的組織工作。

項目六　秘書信息與調研工作實訓

一、實訓目標

知識目標：掌握政務信息的相關知識，認識秘書部門的信息工作職責和信息工作管理。認識秘書開展信息調研工作的重要性，掌握科學的調查研究方法。

能力目標：掌握信息工作方法，能夠收集、處理各類信息，編發信息刊物。能夠開展信息調研，撰寫高質量的調研報告。

二、適用課程

秘書實務。

三、實訓內容

任務一　編寫信息

【實訓情景】

××集團公司辦公室負責公司政務信息工作，主要任務包括對外報送信息和編發企業內部信息刊物。根據相關信息工作制度，公司辦公室每月必須上報10條以上信息，其中至少有一篇信息稿被政府機關內部信息刊物採用。

【實訓重點】

挖掘整理深層次、高質量的信息，提高信息稿件的寫作水平。

【實訓步驟】

1. 進入××集團公司網站瀏覽新聞報導，收集重點信息。
2. 加工處理信息，挖掘整理深層次、高質量的信息。
3. 編寫信息。

任務二　編發信息刊物《工作簡報》

【實訓情景】

××集團公司辦公室負責公司政務信息工作，主要任務包括對外報送信息和編發企業內部信息刊物。根據公司信息工作制度，公司辦公室每月至少編印一期《工作簡報》，並下發各職能部門和分公司。

【實訓重點】

收集重點信息，對信息進行加工處理，編寫信息。

【實訓步驟】
1. 通過××集團公司網站收集重點信息。
2. 加工處理信息，編寫信息稿。
3. 編發《工作簡報》，促進工作交流。

任務三　編發信息期刊《網路信息摘要》

【實訓情景】
××焦煤集團公司辦公室每月須編印一期《網路信息摘要》，並提供給領導參考。主要通過各種媒體收集與企業相關的信息，包括政策法規、行業信息、煤炭市場、企業動態、安全生產等內容。

【實訓重點】
收集重點信息，對信息進行加工處理，編寫信息。

【實訓步驟】
1. 通過各種媒體收集與××焦煤集團相關的信息。
2. 篩選重點信息，加工處理信息，編寫信息稿。
3. 編發《網路信息摘要》，提供給領導參考。

任務四　編發信息期刊《信息參考》

【實訓情景】
××財經大學校長辦公室信息科每月須收集、篩選各種媒體關於國內外高等教育的發展趨勢、發展動態和最新舉措等各類信息，並編發《信息參考》。

【實訓重點】
收集重點信息，對信息進行加工處理，編寫信息。

【實訓步驟】
1. 收集各種媒體關於國內外高等教育的發展趨勢、發展動態和最新舉措等各類信息。
2. 篩選重點信息，加工處理信息，編寫信息稿。
3. 編發《信息參考》，提供給領導參考。

任務五　開展信息調研

【實訓情景】
××財經大學校長辦公室信息科要做好信息調研工作，為領導決策提供專題信息服務。每位信息員每年須提交1篇以上高質量的調研信息文章。根據校領導指示，辦公室信息科要對本校大學生創業情況進行一次全面調查。

【實訓重點】
開展信息調研，撰寫調研報告。

【實訓步驟】

1. 制訂調查方案，做好調查準備。
2. 實施調查，撰寫調查日記。
3. 分析研究調查資料，撰寫調研報告。

四、實訓準備

（一）知識準備

1. 政務信息的含義和內容

信息是實施有效管理的基礎，是科學決策的重要依據。政務信息是信息家族中的重要成員，政務信息在組織中起著服務領導決策、推動工作落實、引領工作創新、促進溝通交流等重要作用。

（1）政務信息的含義

狹義的政務信息，是描述政府公共管理活動的運行過程、反應政府政務活動的發展變化、為政府科學決策和決策實施提供依據的各種信息。政務信息貫穿於政府政務活動的始終。

廣義的政務信息，是描述黨政機關、企事業單位、社會團體等各種社會組織的運行過程，反應組織內部事務管理活動的發展變化，為組織決策和決策實施提供依據的各種信息。黨政機關、企事業單位、社會團體中的秘書部門主要負責本單位的政務信息工作。

（2）政務信息的內容

政務信息可以分為動態信息、經驗信息、問題信息、綜合信息和輿情信息等。動態信息是指反應重要工作進展情況、重大決策部署貫徹落實情況、重要社會動態和社情民意等信息。經驗信息是指反應工作中取得的成績，介紹工作中的新舉措給人以啓發和參考，以點帶面推動工作開展的信息。問題信息是指反應工作中出現的新情況、新問題的信息。綜合信息是指對某方面的工作或某個問題的相關情況進行匯總、整理、分析后形成的信息。輿情信息是指社會輿論的綜合反饋，包括上級精神、本地情況、外地做法、社會反應、國際動態和歷史經驗等。

2. 政務信息的收集

圍繞領導需要收集信息，這是政務信息收集工作的基本要求。一是，緊扣中心工作。政務信息工作的宗旨是為領導決策和指導工作提供參考和諮詢服務。工作雖然千頭萬緒，但在不同時期有不同的工作重點和工作中心，只有緊緊抓住中心工作收集政務信息，才能使之發揮最佳效益，使秘書部門信息工作具有較強的生命力。二是，把握工作規律。工作雖說千變萬化、紛繁複雜，但每年在總體安排和部署上，總有大致相近或相對確定的內容及規律，因而政務信息的收集工作也就有一定的規律可循。掌握了工作的特點與規律，將會大大增強政務信息收集工作的計劃性、針對性和科學性。三是適應新形勢。每個社會組織都面臨著許多新情況和新問題，組織行政管理活動的形式和特點也在不斷改變，因此政務信息的收集工作必須緊密結合實際，善於捕捉工作中出現的新情況、新問題、新動向，及時總結新經驗，把握事物發展的最新趨勢。四是時刻關注社會動向和熱點問題。各級領導都格外關注社情民意方面的信息，秘書人員要善於從本地區、本單位的工作內容和特點出發，廣泛及時地把社會各方面的信息匯集起來傳遞給領導。

3. 政務信息的處理

政務信息的處理是指將收集的信息資料按照一定的要求進行鑑別、篩選、綜合加工，使其成為主題集中、結構嚴謹、觀點明確、語言精練，能夠滿足領導需要的真實準確的政務信息。政務信息的處理是政務信息編報的重要步驟，是確保政務信息真實、適用，提高信息質量和價值的「再創造」的關鍵環節。

(1) 政務信息的鑑別

對收集到的政務信息資料進行鑑別，是政務信息處理的第一個環節，也是保障政務信息真實、實用的關鍵環節。它是指對收集到的政務信息資料進行分析研究，對其性質、真偽、意義、價值、作用進行分析、衡量和判斷，使之能真正體現政務信息工作的本質特徵。

(2) 政務信息的篩選

政務信息的篩選是對信息的優化。政務信息資料經過鑑別，保存了大量真實可靠的信息。如果不加選擇，全部原樣提供，不僅會佔用領導大量的時間，造成實際上的工作干擾，而且還可能起相反的作用。因此，政務信息工作者必須在對信息資料鑑別之後，再進行精心篩選，把重要內容的信息報送給領導者。政務信息資料的篩選，還貴在一個「嚴」字，即在對政務信息資料篩選時，應該做到由粗到細，由細到精，由精到深，嚴格把關。

(3) 政務信息的綜合加工

政務信息的綜合加工是對已經篩選的信息進行系統的歸納和整理的過程。信息綜合加工的內容包括三個方面。一是政務信息的分類和排序。政務信息的分類，就是把經過鑑別、篩選的信息資料按一定的標準（屬性與特徵）加以區別，分門別類，使沒有次序、沒有關聯的信息資料組合為不同類型的信息資料。二是信息的分析和研究。政務信息分析研究的過程，是一個「再創造」的過程，是在分類的基礎上對信息資料進行提煉昇華，使信息資料成為理性、系統、彼此密切聯繫、有一定參考價值的政務信息。對信息分析研究得越準確，提煉得越純正，對客觀事物的認識越深刻，這種政務信息的可靠性和實用性就越強，對決策者實施正確決策的參考價值就越大。三是政務信息的編寫。政務信息的分析研究工作要通過編寫信息文稿來體現。政務信息的編寫有自己獨特的寫作原則、角度和要求。政務信息的編寫要做到主題鮮明、標題新穎、結構嚴謹、語言凝練。

4. 信息調研

信息調研是證實信息、擴充信息、挖掘和開發深層次信息的有效方式。秘書部門要善於選擇各項工作中最為關注和需要解決的問題進行信息調研，向領導提供有情況、有分析、有建議的信息調研報告。信息調研的主要任務就是開發高層次信息。調研信息的形成過程是：初級信息→信息選題→信息調研→高層次信息（信息調研材料）。

(1) 明確目的和選題

信息調研的目的主要是瞭解情況，掌握客觀規律，協助領導正確地制定政策，執行政策，實行有效管理。但每次具體的調研，又有不同的目的和要求。調研的目的就是確定要解決什麼問題。明確調研目的之後，就應該進一步確定選題。信息調研要把領導決策需要作為選題方向，要把握各個時期的主要矛盾，圍繞認識和解決主要矛盾去選擇確定調研課題。

(2) 開展調查、收集資料

開展調查、收集資料是信息調研工作的主要內容。收集資料要力求全面、完整，只有如此，才能做出準確的判斷，得出正確的結論。收集資料的方法，常見的有以下幾種：一

是現場觀察法。現場觀察，是獲取直觀認識的重要方法。秘書人員深入活動現場去實地考察，能夠得到直觀具體的印象，豐富感性認識，有助於理解和分析調查對象的思想和行為，獲得第一手資料。二是個別交談法。秘書人員採取個別交談的方式瞭解或核實情況，獲得比較客觀實際的資料。調查對象一般是有關部門負責人、當事人和知情人。三是座談法。召集知情人進行座談，能夠在較短的時間內收集到盡可能多的情況。四是查閱法。現有的書面材料是前人實踐和智慧的結晶，秘書可通過查閱書面材料獲得所需的信息。查閱資料要盡可能做到全面、細緻，並善於進行分析總結。五是問卷調查法。秘書把需要瞭解的情況設計成不同類型的題目並組合成書面問卷（又稱調查表），由被調查者作書面回答。設計的問題和答案應緊扣調查目的，多角度、多層次地貫徹調研意圖，貼近信息的核心和實質。

(3) 整理研究調查資料

調查資料的整理研究主要有以下幾個環節：一是鑑別。鑑別就是分析資料的真偽以保證資料的真實性和可靠性。資料如果不真實，據此所做的分析和判斷就肯定是錯誤的、靠不住的，而以這種錯誤的分析和判斷為依據做出的決策，也肯定是錯誤的、失敗的。因此，對所調查的材料一定要認真鑑別。二是篩選。篩選就是去粗取精，去偽存真，把有關的材料留下來，把無關緊要的材料剔除，使材料更加集中，更加精練，更具使用價值。三是分類。分類就是將經過鑑別、篩選出來的材料，按照一定的標準進行分類，按一定順序排列起來，以便做進一步的分析和研究。四是分析研究。即利用科學的方法對調查所得的材料進行分析研究，找出事物的特點、實質、規律和解決問題的方法。

(4) 撰寫調研報告

撰寫調研報告，就是用文字的形式把信息調研的成果表達出來。撰寫調研報告的要求：一要如實反應情況，這是調研信息的靈魂。如果反應的情況不準確，與事實有出入，那就失去了調查的意義。二要主題有新意。一份調研報告，主題一定要有新意，寫出新情況、新思想、新問題。三要講究辭章結構。

(二) 材料準備

實訓設備：辦公桌椅、辦公電腦、打印機、文件櫃。
實訓軟件：Office 辦公軟件。

五、建議學時

12 學時。（其中：教師指導學時為 2 學時；學生操作學時為 10 學時）

六、實訓成果展示及匯編要求

實訓完成後提交《工作簡報》《網路信息摘要》《信息參考》等信息刊物，提交信息調研方案、調查日記、調研報告等材料。

七、實訓工具箱

(一) 案例分析

【案例1】小張的成長

小張是一個剛剛走上工作崗位的大學畢業生，在一家大型食品企業的產品開發部任秘

書。他所學的專業是信息管理，對信息有著天然的敏銳性。從上班第一天起，他就開始注意學習和收集與本企業產品相關的國內外最新、最快的信息。他從公文、網路、書籍、刊物等多種媒體上抄錄信息，與同行交流時一有機會就會索取信息。在此基礎上，他還對收集到的大量信息進行加工處理，將重要的信息做成《信息簡報》，每天一份，送到部門經理的辦公桌上，為經理的工作提供了很大的便利。

他的這一工作特色逐漸為公司總經理所知，於是他被調任總經理秘書。小張此時已對本行業的市場情況有了相當的瞭解。他再接再厲，除了保持原來通過各種途徑積極廣泛收集信息外，開始嘗試選擇若幹題目進行深入研究，寫成調查報告呈交總經理，贏得公司高層的一致讚賞。

【分析】

秘書人員作為決策者的助手，在一個單位的信息工作中扮演著重要角色。信息不僅是秘書人員輔助領導決策的依據，也是領導實施日常管理的基礎。因此，秘書人員要學會收集、處理各類信息，這樣才能更好地服務於領導。就像案例中的秘書小張，做好信息工作贏得了公司領導的讚賞，也獲得了更多個人發展的機會。

【案例2】信息工作的重要性

華宇房地產集團公司是一家大型房地產開發企業，該公司行政部的秘書施林等四人，很注意通過公文、會議和各種國內外經濟刊物等多條渠道，廣泛收集信息。他們注重第一時間收集與住房有關的信息，並通過交換信息、索取和購買等方法，將全國房地產信息及時、廣泛地進行全面收集，並定期整理、分析。在此基礎上，他們選出專題，深入市場進行調查研究，獲取大量第一手資料。他們對得到的信息資料及時整理，及時加工、遞送。一是每天編寫《信息摘要》，在第二天上班前放到公司董事長辦公桌上，使上司每天都能很快地瞭解昨天的行業概況；二是將員工應知曉的信息發布在公司網站上；三是每週編寫、印發《房地產快報》，分送到各售房部、公關部等各部門辦公室，供企業員工、客戶、社會公眾翻閱。

施林等人的工作為上司決策、各部門開展工作和客戶購房提供了及時、準確的信息，深受相關各方的好評。

【分析】

秘書人員作為領導的參謀和助手，在一個單位的信息工作中扮演著重要的角色，秘書部門的信息工作直接關係著組織管理活動的效率。秘書人員要具有信息意識，掌握信息工作方法，及時收集、處理、傳遞信息；在此基礎上，還應像案例中的秘書施林等人，積極主動開展信息調研，為領導提供深層次、高質量的信息。

(二) 拓展閱讀

【閱讀1】××省人民政府辦公廳信息處政務信息刊物工作流程

××省人民政府辦公廳信息處具體負責《上報國辦信息》《政務信息》（《政務信息選刊》）、《省內信息專報》《省外信息專報》《互聯網信息擇要》等各政務信息刊物的編輯、報送工作，嚴格篩選各市、省政府各部門、駐外辦事處報送的信息，重點提高信息的質量和服務層次。即信息內容要真實可靠，力求準確；堅持實事求是的原則，有喜報喜，有憂報憂；信息主題要鮮明，言簡意賅；事例、數字、單位準確，文字差錯率控制在萬分之二

以下；反應情況和問題力求有一定深度，努力做到有情況、有分析、有預測、有建議，適應領導科學決策的需要。在核對信息準確無誤的前提下，報送信息要做到規範化、制度化，熟練掌握並運用各種信息傳輸載體和電子文件按時上報、出刊，及時呈送領導，建立信息登記制度，做到出有據、查有底；對重要信息做到傳遞迅速，保證信息的時效性。對領導在各類信息上做的批示做到及時反饋、認真督促落實，並把有關落實結果反饋給領導。

（1）《政務信息》（《政務信息選刊》），定期刊物，分為紙質和電子版兩種。紙質《政務信息》每週二、四兩天出刊，每期4版，主要分發給省長、副省長、秘書長、副秘書長、辦公廳副主任及相關廳局領導。電子版《政務信息選刊》是在《政務信息》的基礎上再增加部分信息，每週二、四兩天出刊，每期8～12版，在網上發給省長、副省長、秘書長、副秘書長、辦公廳副主任及普發省政府各廳委、各直屬機構、各市政府。該刊物主要刊登對各級政府和部門領導同志有參考價值的信息，一個時期各級政府和部門的工作重點，人民群眾普遍關心的熱點問題，改革開放中的新情況、新問題；對上級決策執行情況的反饋，以及對政務信息工作有指導和借鑑作用的信息（包括信息業務研究成果、各單位開展信息工作的經驗、各級領導有關信息工作的講話、信息工作重要動態等）。

（2）《上報國辦信息》，定期內部刊物，每天2～4期。該刊物將各部門、各地區的動態性信息、問題性信息及調研性信息整理後，上報國務院辦廳秘書一局信息處。

（3）《信息專報》，不定期內部刊物，分省內、省外、互聯網三種。《省內信息專報》是將各地區、各部門上報的緊急重要信息按省政府領導同志的業務分工直接向有關領導同志轉報。主要內容：需省政府領導緊急處理的重大問題，不宜擴大報送範圍的重要問題，帶有敏感性的政治問題或有關社會穩定的問題，尚在醞釀、操作中的重要工作或重大改革的有關問題、調研性信息。《省外信息專報》主要刊登國家各部委的最新工作動態，領導講話，發達省份經濟和社會發展中新經驗、新做法、新舉措，根據信息內容分送有關領導。《互聯網信息專報》主要刊發互聯網上關於本省的相關報導，對省政府領導有參考借鑑作用的文章。

（4）《互聯網信息擇要》，內部信息刊物，每天1～2期，分送省長、副省長、秘書長、副秘書長、辦公廳副主任及相關廳局領導。它主要刊登世界、國家、各省的政治、經濟、科技等方面具有前瞻性的內容、領導人重要講話及專家學者言論觀點等。

（5）《輿論監督與群眾意見建議信息專報》，不定期內部刊物，分送省長、常務副省長、分管副省長、相關秘書長。它主要刊發各大新聞媒體登載的反應省內發生的具有重大影響的負面報導。

（6）《經濟信息快訊》，定期公開刊物，每月3期，分紙質和電子版兩種。它主要刊登國家和省政府有關經濟方面的政策、法規、規定等，各部門、各地區的經濟信息、招商信息等。

【閱讀2】信息員的酸甜苦辣

2012年下半年，由於人事變動，原來從事信息宣傳工作的同志調到其他工作崗位，信息編寫報送工作一時無人頂替，出現空缺。於是乎，辦公室領導決定暫由我兼做信息編報工作。

戴上「信息員」的帽子后，才覺得做信息工作並不輕鬆。我局要向國家質檢總局、中國檢驗檢疫協會、省委、省政府、《吉林內參》等單位報送信息，各家的要求也不盡相同，

要想編報出對全局有價值的信息確實很難。根據形勢的發展和採用信息部門的要求，我決定在做好日常動態性信息編寫報送的基礎上，充分發揮自身研究分析能力比較強的優勢，把重點放在編撰調研性信息上。平時注意留心觀察，抓取信息苗頭，廣泛收集資料，深入調查研究，反覆琢磨思考，從中理出有價值的信息加以擴展，特別是對收集到的問題類信息認真分析、研究、比較，從問題的表現入手，對產生問題的原因和解決問題的對策進行深入探討，盡量寫出有情況、有分析、有建議的調研信息文章，把信息工作提高一個層次。

　　真是功夫不負有心人，有耕耘必有收穫。經過不懈的努力，到11月底，我向上述五個信息接收單位共報送信息250多篇次，雖然其中報多用少，但是被採用的信息依然可觀。除一般的動態類信息外，僅調研性信息就為省政府辦公廳信息處採用12篇，省委辦公廳信息處採用7篇，《吉林內參》採用25篇，《檢驗檢疫信息》採用2篇。其中，有的為省領導所批示，有的被報送中央辦公廳或國務院辦公廳。

　　我對一年多信息工作的體會，基本上可以用「興趣、留心、敏感、琢磨、勤快」五個詞十個字來概括。我感到這五個詞都與信息編報工作有關，特別是與編寫調研類信息關係密切。稍微展開一點說，沒有「興趣」，做不了信息；沒有「留心」，找不到信息；沒有「敏感」，做不出信息；沒有「琢磨」，做不好信息；沒有「勤快」，做不成信息。其中，關鍵是「勤快」，業精於勤，勤能補拙。只有「勤快」，才能將你所感知、認知的事物反應出來。

　　我認為，信息工作並不神祕，就是你對周圍感知事物的反應並把這種反應傳遞給需要單位的一個過程。但我深深感到，要真正做好信息編報工作也並不是一件易事，要想編寫出高水平的信息特別是對領導決策有用處、對指導工作有價值的調研信息，需要堅持不懈的磨練，而且這種磨練是沒有止境的。

【閱讀3】秘書與信息調研

　　××省政府辦公廳一位同志的孩子到了上幼兒園的年齡。為了圖方便，這位同志把孩子送入了住所附近的一家民營幼兒園。兩個月的時間裡，他發現了很多問題，如孩子教育問題、安全問題、飲食問題、活動場所問題、管理問題等，然後他走訪了附近的幾家民營幼兒園，發現類似的問題都不同程度地存在。於是，他以省政府辦公廳信息處名義與省教育廳基礎教育處取得聯繫，共同在全省進行了一次專題調研。信息上報後，得到主管領導批示，促使相關問題得到了一定程度的解決。全文如下：

從娃娃抓起——全省幼兒教育現狀調查

　　實施人才戰略要「從娃娃抓起」。近日，本廳信息處在省教育廳基礎教育處的配合下，通過走訪幼兒園（班），同幼教行政幹部、教研員、幼兒園園長、教師座談，查看資料，觀摩教育活動等形式，對全省幼兒教育現狀進行了專題調查。調查認為，當前幼兒教育工作存在的問題，應該引起高度重視。

　　一、基本情況

　　目前，全省幼兒教育工作已經基本形成了以政府辦示範園為骨幹，社會力量辦園為主體，公辦與民辦、正規與非正規相結合的發展格局。據統計，目前全省有幼兒園（班）7,392所，在園（班）幼兒總數307,364人，其中學前班3,623處（以學校為單位，1所學校不論辦幾個班均計為1處），在班幼兒101,121人，個體幼兒園2,621所，在園幼兒

93,543 人。全省幼兒教育事業在總體向前發展的同時，湧現出一批辦園條件好，服務質量高的示範性幼兒園，到目前為止，全省有示範幼兒園 71 所。

二、存在的問題

調查發現，當前幼兒教育工作存在很多問題，有的問題還十分嚴重。

（一）管理薄弱，審批混亂

政府機構改革以後，原來的專門幼教管理機構並入教育行政主管部門的基礎教育處（科），幼教管理工作人員減少了 2/3 以上，多數縣（市、區）教育局只設 1 人兼職管理幼教，且人員不穩定，管理與指導幼教工作的難度很大。隨著改革的不斷深化和市場經濟的發展，我省辦園管理體制上出現了承辦園、聯辦園、公辦民助園、民辦公助園、名園辦分園、股份合作園、中外合作園、個體園等多種形式，提高了管理工作的難度。特別是隨著社區建設的不斷加強，幼教管理工作對社區的依賴性越來越強，但目前社區普遍沒有設置幼教幹部。明顯的例證就是個體「黑園」的泛濫。

調查發現，對個體幼兒園的審批和管理責任不明確，是造成個體幼兒園管理「失控」的重要原因。一些地方出現了審批機構不負責管理，管理部門無權把關的局面。許多幼兒園趁管理混亂，不去辦理登記註冊手續，不去進行資格認證，私自開園，使教育行政主管部門無從管起，只得把幼教管理權完全交給了「市場」。

（二）管理經費缺乏，投入嚴重不足

2000 年以前，省財政每年劃撥省教育行政管理部門幼教專項經費 40 萬元，用於表彰獎勵幼教先進縣（市、區）、先進幼兒園，扶持鄉鎮中心園，補助園長及教師培訓費不足，支持幼兒園玩教具製作評選等，收到了良好的效果，在一定程度上發揮了宏觀調控作用。2000 年以後，這筆費用被取消。當前，省、市兩級都沒有用於幼教管理的專項經費。面對當前幼教改革與發展的新形勢，由於缺乏調動機制已經造成了管理上的失控。東北師範大學學前教育系副教授王小英說，這是制約幼兒教育發展的主要因素。其他很多問題都是由於經費問題解決不了而產生的。幼兒教育經費在財政項目中沒有列支，可以想像，我們列支的教育經費都經常被擠占，更別提沒有列支的幼兒教育經費了。掃盲經費高於幼兒教育經費，這是本末倒置的做法。增加幼兒教育經費，恰恰可以從源頭上扼制文盲的產生，這是最重要的。

（三）教師隊伍問題

調查發現，當前的幼兒教師隊伍存在很多問題，比較突出的有以下三個方面：一是幼兒教師缺乏愛心。目前幼兒園對教師以技巧性知識為考核的主要內容，造成其技術水平越來越高。相當部分的教師不懂得「對幼兒來說，最重要的是愛心，教師如何對孩子，孩子就會如何看社會，首要的是要把孩子培養成人，然後才是成材」這個基本道理。很多幼兒家長反應教師有體罰、責罵幼兒的現象。二是幼師學校缺乏超前意識，使用的教材比較老化，幼師還沒離開學校，學到的知識就已經落伍了，只得在幼兒園接受再教育。三是個體幼兒園教師的專業合格率低。據調查，個體幼兒園教師的專業合格率不足 50%，相當一部分教師不具備合格學歷，不懂幼兒教育。

（四）幼兒教育的庸俗化和小學化，嚴重影響幼兒健康成長

調查發現，當前幼兒教育中，違背幼兒認知規律和幼兒教育規律的現象比較普遍。幼兒教育的「小學化」「課程化」「過早定向培養」等揠苗助長的問題十分突出。幼兒園教育堅持以游戲為主和體現生活性、綜合性的教學原則在幼兒教師的教學行為上普遍落實不夠。

在家長對孩子接受早期智力教育的迫切心情促動下，一些幼兒園為了追求經濟效益，往往庸俗地附和家長，大辦「特長班」「特色班」，忽視幼兒的行為品德養成教育和生存能力啓蒙培養。一些學前班、個體園這方面問題尤為嚴重。

（五）個體幼兒園存在眾多隱患

個體幼兒園大多數規模小、設施差，缺少戶外活動場所。調查中，我們走訪的個體幼兒園大多設在居民樓內，由居民住宅改造而成，活動面積還不到人均 1 平方米的最低要求。設備簡陋，玩具、教具、圖書少且陳舊，缺少或者沒有體育與游戲器械。××市 515 所個體幼兒園，占地 500 平方米以上的不足 10 所。問題最大的是由居民住宅改造而成的幼兒園沒有或者缺少防火設備，一旦出現火情，后果難以預料。個體幼兒園在管理上的問題，也導致幼兒園存在很多安全隱患。如超班額，雙層（甚至三層）床鋪，飲食不衛生，伙房的火源緊貼活動室，樓層過高，衛生室不健全，室外活動設施陳舊等，都極有可能引發安全事故。

三、對策建議

針對目前全省幼教工作存在的突出問題，我們建議：

（一）加強管理

首先是加強管理力量。除各級教育行政主管部門要配備足夠的幼教幹部外，應將幼教管理工作納入社區建設範疇，加強基層幼教管理力量。其次是要各部門密切配合，特別是對「黑」幼兒園進行查處，各有關職能部門要與教育行政主管部門協調行動。第三是加強對幼兒園園長的培訓。通過提高園長的管理水平，來直接加強幼教管理工作。

（二）規範審批

幼兒園的辦園主體可以多元化，但必須用相同的標準及程序來考核，因此，新辦幼兒園的審批工作應由教育行政主管部門歸口管理。

（三）增加投入

加強政府主辦的中心幼兒園的建設，強化政府導向作用，增加財政投入，確保必要的幼兒教育經費。

（四）加強家長教育

目前上海已經出抬了《家庭教育綱要》，我們應借鑑這一做法。充分發揮社區的作用，利用社區教育資源，辦好家長學校，加強對家長的教育，避免因為家長的無知而造成幼兒教育悲劇的發生。

項目七　秘書信訪與保密工作實訓

一、實訓目標

知識目標：瞭解信訪工作的含義、特點和作用，熟悉信訪工作程序和要求。認識保密工作的含義、特點和原則，熟悉秘書保密工作的內容。

能力目標：掌握信訪工作的程序和基本方法，提高信訪工作的業務水平。掌握保密工作的措施和方法，培養保密觀念，提高保密工作技能。

二、適用課程

秘書實務。

三、實訓內容

任務一　來信辦理

【實訓情景】

××縣政府辦公室收到一封群眾來信，秘書小王按照信訪工作程序和要求對來信進行處理。來信內容如下：

強烈要求政府制止縣森林公安局局長姚××等人侵占我們那三隊古塘的違法行為。

××縣××鎮北安那三隊的村民世代在此居住了兩百多年，直到1981年責任田落實到戶后，因人多地窄，村民們才陸續到門口垌上建新房。隊宗祠門口有一口塘，簡稱門口塘，是我們那三隊所有的祖宗塘，自古以來一直由我們那三隊管理和使用，從來無人異議。門口塘由於年久失修，到處流水崩塌。在2013年5月，我們那三隊村民商議修建此古塘，就這樣大家集資於2013年7月11日建好。縣森林公安局局長姚××（那四隊人），於13日下午7時左右從老家開車往××縣正好經過那三隊時，耀武揚威，高聲揚言：「明天毀、填那三隊的古塘！」當時那三隊村民聽后對他說：「你必須通過政府解決后才能進行，否則是犯法的。」縣森林公安局局長姚××密謀策劃那一、四隊不明真相的村民侵、毀、填我們那三隊的古塘作為他們蓋停車場用地。7月14日先由鎮六潘村小學校長姚××（那一隊人）手拿鐵錘現場指揮那一、四隊不明真相的人，破壞我們那三隊古塘的防護設施。作為一個村小學校長的姚××竟然謠言惑眾，污言惡語傷人，侵毀、破壞我們那三隊的公共財物。像這樣的老師、校長怎能為人師表？又怎麼能教育得好學生？這真是令人擔心（參加搞破壞的還有沙坡供電所職工姚××）。

8月14日鎮政府綜治辦派北安村支書戚××、村主任寧××到現場組織修復侵毀之處，當時縣森林公安局局長姚××也在現場的車上，待姚××把車開過河坑時（約離現場5米左右），正在施工中的修復工作又被那一隊的兩個不明真相的人破壞了。

8月28日我們那三隊的村民到縣信訪局，鎮政府人大主席及北安村全體村幹部被通知到場。當時，鎮人大主席對我們那三隊村民說：「你們先回去，給幾天時間，我一定給你們一個滿意的答覆。」8月29日該人大主席帶著幾個人去那一、四隊之后就不了了之。請問：黨中央提出黨的群眾路線教育實踐活動是怎樣實踐的？

　　9月16日早上8點多鐘，那一、四隊部分不明真相的人侵、毀、填我們那三隊的古塘。村民打110電話報警后，鎮武裝部長（鎮黨委掛北安村的掛點領導）姚××及鎮派出所全體警官到現場觀看侵、毀、填我們那三隊的古塘，在場沒有一個人出來制止。縣森林公安局局長姚××胞弟×打傷那三隊寧××（女），后用急救車將其運送到縣人民醫院醫治。這些領導及警官在現場不但不聞不問，反而四天后還到人民醫院強迫患者出院。就在9月16日晚上，縣森林公安局局長姚××召集那一、四隊的人去他的老家（那四隊）樓上高聲大叫（住在這附近的那三隊人都聽得非常清楚），明天集中所有那一、四隊在家的人繼續侵、毀、填那三隊的古塘。直到凌晨3點左右，姚××才離開老家，去往××縣城。請問黨的群眾路線教育實踐活動是怎麼理解的？

　　9月17日那三隊的村民被迫到縣信訪局，要求制止（那一、四隊所有在家的人全部集中）繼續侵、毀、填我們那三隊的古塘。鎮供電所職工姚××也連續兩天都參加了破壞活動。該信訪局一名副局長不斷地打電話到鎮政府，要求該政府立即派人到現場制止，但卻無濟於事。

　　我們那三隊全體村民強烈要求人民政府處理好此事。如果此事不處理好，將直接影響社會穩定。並且，我們也強烈要求：第一，嚴懲密謀策劃人及現場指揮者。第二，主持公道，還我們那三隊的古塘（恢復原狀）。第三，解決好那三隊寧××（女）被縣森林公安局局長姚××的胞弟姚×打傷的醫藥費（含誤工費、護理費、營養費等）。如果政府解決不了，我們那三隊的全體村民將逐級上訪，直到把問題解決為止。

【實訓重點】
來信處理的程序和方法。

【實訓步驟】
1. 拆封來信，信封與信紙一併裝訂，裝訂后的信件右上角加蓋收信印章。
2. 仔細閱讀來信，瞭解來信內容。閱信后，對來信進行登記。
3. 根據來信內容，做好呈送領導閱批、交辦等工作。
4. 承辦單位報告辦理結果並復信。

任務二　來訪處理1

【實訓情景】
　　××縣××鎮北安村那三隊的10餘名村民到××縣政府辦公室上訪，強烈要求政府制止該縣森林公安局局長姚××等人侵占那三隊古塘的違法行為。辦公室秘書小王按照信訪工作程序和要求對來訪進行處理。

【實訓重點】
來訪接待的程序和要求。

【實訓步驟】
1. 熱情接待來訪群眾，填寫來訪登記表。

2. 接談。聽取陳述，詢問情況，認真記錄，耐心解答，做好思想工作。
3. 針對群眾來訪反應的問題進行立案交辦處理。

任務三　來訪處理 2

【實訓情景】
某公司運輸車隊 9 名駕駛員集體前往公司辦公室上訪，反應社會保險、勞動合同等方面問題。上訪人員向公司管理層提出降低勞動強度、提高工資待遇以及增加「三金」等要求。但在交涉過程中，工人們情緒比較激動。公司辦公室秘書小王對來訪進行了處理。

【實訓重點】
來訪接待的程序和要求。

【實訓步驟】
1. 熱情接待來訪群眾，填寫來訪登記表。
2. 接談。聽取陳述，詢問情況，認真記錄，耐心解答，做好思想工作。
3. 針對群眾來訪反應的問題進行立案交辦處理。

任務四　保密工作

【實訓情景】
為了做好××集團公司 2015 年人才工作會議的保密工作，確保會議順利舉行，集團公司辦公室認真分析研究保密工作的新思路，結合各項會務工作制訂了會議保密工作方案，並對相關工作人員開展保密教育。

【實訓重點】
制訂會議保密工作方案，結合各項會務工作落實保密措施。

【實訓步驟】
1. 制訂會議保密工作方案。
2. 編寫《大會保密注意事項》《會議須知》等材料。
3. 開展保密檢查，編製相關檢查清單，落實保密措施。
4. 對會務工作人員開展保密教育。

四、實訓準備

（一）知識準備

1. 信訪與信訪工作

信訪是指公民、法人或者其他組織採用書信、電子郵件、傳真、電話、走訪等形式，向各級人民政府、縣級以上人民政府工作部門反應情況，提出建議、意見或者投訴、請求，依法由有關行政機關處理的活動。

「信訪工作」是指有關組織或部門針對人民群眾通過來信、來訪等形式提出的問題、反應的情況，依照政策法規受理信訪事項，做出恰當處理的一系列活動。信訪工作是秘書部門的職責之一，是秘書部門直接為領導服務以及直接為群眾服務的一項重要任務。

2. 來信處理的程序和要求

處理來信的基本要求是：及時拆封、詳細閱讀、認真登記、準確交辦、妥善處理。

處理來信的基本程序是：拆封、閱讀、登記、處理、催辦、回告、審結、復信。

（1）拆封。當日來信，當日拆封。來信拆封后，信封與信紙一併裝訂；有上級機關和其他部門附轉辦單轉來的信件，轉辦單與原信一併裝訂，轉辦單在前；對信件及所附資料按主次及頁碼順序做必要的整理。裝訂后的信件右上角加蓋收信印章，標明收信時間、收信序號。

（2）閱信。秘書認真、仔細閱讀來信，瞭解來信內容。閱信時，要注意把握信中的主要問題，弄清問題的性質；要注意對信訪問題的真偽、信訪要求的合理性做出判斷，慎重考慮處理辦法。

（3）登記。閱信后，應對來信進行登記。把來信的基本情況通過計算機信息系統錄入或在來信登記簿上記載。登記內容主要包括信訪者的基本情況（姓名、單位、職業、住址等）、來信的主要內容等有關情況，並註明處理意見。信訪內容摘要注意交代清楚主要內容，做到言簡意賅、準確無誤、條理分明。

（4）處理。根據來信的內容，分別做好要件呈送領導閱批、直接查處、轉送有關部門處理等工作。

1）呈閱。對反應政策性、普遍性、傾向性問題的有典型意義的重要來信材料，應及時呈報有關領導閱批。要信呈批包括摘要呈送和原信呈送兩種方法。呈閱簽或要信（訪）呈批表連同來信材料一同呈送。呈送之前，秘書部門應認真分析判斷，提出擬辦意見，還可以援引有關政策、法律依據，供領導閱批時參考。

2）交辦。領導批示后，應及時將批示內容傳達給承辦單位，並要求承辦單位限期匯報對信訪事件的處理結果。一般的信訪批示件在1日內交辦到位，緊急和重要的信訪批示件要當即交辦。

3）轉辦。轉辦就是按照「分級負責、歸口辦理」的原則，將來信轉交有關單位和部門處理，並責成有關負責人答覆信訪者。轉辦時要填寫轉辦單，不宜轉原信的要隱去姓名摘轉。

（5）催辦。催辦是提高辦事效率的重要環節。對交辦或轉辦的信訪問題，應及時或定期進行督促和檢查，對檢查的時間、方式、要求、方法作出規定，並要求承辦單位按期結案、上報。催辦方式主要包括發函催辦，電話催辦，會議催辦等。

（6）回告。各承辦單位對於交辦或轉辦的信訪事項，應在規定期限內按時辦理完畢，並將辦理結果報告交辦或轉辦單位；不能按期辦結的，應向交辦或轉辦單位說明情況。

（7）審結。對承辦單位上報信訪問題處理結果的回告材料，交辦單位要認真審查、及時結案，簽署結案意見。結案標準是：事實清楚，證據確鑿，結論正確，處理符合政策，手續完備。

（8）復信。復信就是給寫信人回覆，告知其來信的處理（承辦或轉遞）情況。復信要區別不同情況，主要有這樣幾種形式：告知性復信、交代性復信、解答性復信、說服性復信和鼓勵性復信等。復信時要注意：嚴格掌握政策界限；內外有別，保守機密；講究禮貌和方法；復信格式要規範化。

3. 接待來訪的程序和要求

接待來訪的基本要求是：熱情接待，認真聽記，準確解答，恰當處理，耐心教育，維

護信訪秩序。

接待來訪的基本程序是：接待，登記，接談，處理和回訪。

（1）接待。負責信訪工作的秘書人員對來訪群眾，不論是初訪還是重訪，都要態度熱情，以禮相待。

（2）登記。接談前，應先讓來訪人填寫「來訪登記表」，內容包括姓名、性別、年齡、政治面貌、單位、職務、來訪次數、反應的主要問題等。如果來訪人文化水平低，秘書可幫助其填寫。

（3）接談。接談是接待來訪的關鍵。負責信訪工作的秘書人員在接談過程中，應注意力集中，頭腦清醒，反應靈敏，態度謙和，按照「一聽、二問、三記、四分析」的原則進行，即聽取陳述，詢問情況，認真核實記錄，仔細分析解答政策，做好思想工作。

（4）處理。針對群眾來訪反應的問題，按照有關政策法規和工作原則分別進行恰當處理。

一般可採取以下處理方式：一是歸口轉送，二是當場答覆，三是立案交辦，四是協調督辦。

（5）回訪。回訪就是受理信訪事項的部門拜訪上訪人。回訪的過程，就是調查研究、解決問題、了結案件的過程。它與復信工作一樣重要。回訪的重點，應放在問題已得到恰當處理而本人思想不通的信訪人身上，以便有針對性地做好疏通引導工作。

4. 保密和保密工作

保密工作是秘書部門的一項重要工作。對於秘書部門和秘書人員來說，做好保密工作直接關係到組織甚至國家的利益和安全。保密與保密工作是既有聯繫又有區別的兩個概念。「保密」一詞，簡而言之，就是保守秘密的意思。無論是個人還是集團，為維護自身的安全和利益，在一定時間和一定範圍內，對某些信息加以隱蔽、保護和限制，這些信息就是秘密，這種行為一般稱為保密。根據秘密的性質不同，秘密可分為國家秘密、商業秘密、工作秘密和個人秘密。

保密工作是指從組織甚至國家的安全和利益出發，將秘密控制在一定的範圍和時間內，防止被非法洩露和利用所採用的一切必要的手段和措施。其內容主要包括：保密宣傳教育，建立健全規章制度，制訂防範措施，使用先進的技術手段依法進行保密檢查監督，追查處理洩密事件，以及開展保密工作的理論研究等活動。

5. 文件保密

涉密文件指以文字、符號、圖形、圖像、聲音的形式載有秘密的物件。它包括傳統的多為紙介質的文件、資料，如各級黨政軍機關、人民團體、企事業單位在處理公務和進行科學研究活動中形成的含有秘密信息的文件、電報、報表、會議材料、講話稿、記錄稿、簡報、快報和研究報告、成果記錄等；也包括隨著科學的發展，特別是現代辦公自動化技術的應用而出現的磁介質和光介質等非書面形式的密件，如載有秘密信息的磁盤、磁帶、光盤、錄像帶、膠片等。涉密文件是保密的主要對象，做好這些涉密文件的保密工作非常重要。

（1）收文保密

簽收「密件」要嚴格實行簽收、登記制度，做到事事有手續，件件有著落。按「密件」的不同密級和緩急程度在「密件」上標明「發授範圍」和「閱讀級限」。

（2）閱文保密

收到秘密文件后，要及時呈送領導閱批。①確定秘密文件的閱知範圍，未經領導同意，不得自行擴大閱讀範圍，不得向規定範圍以外的人員擴散，不準私自摘錄，不得公開引用。②規定秘密文件的借閱地點。閱讀秘密文件要在辦公室或閱文室進行，不得擅自帶回家中閱讀。③密件傳閱應指定機要人員統一管理跟蹤，隨時掌握「密件」的流向，並規定閱文時間，以防止「密件」的丟失和洩密。

（3）制文保密

①涉密文件在醞釀、擬稿、討論、定稿等過程中，要適當控制參與人數，注意嚴加保密。涉密文件在制文中形成的草稿、修改稿、簽發稿、校對清樣等，凡需要保存的，應按正式文件的密級和保密期限管理，不需要保存的，應及時銷毀。②密件在印製前要檢查是否已標明密級和保密期限，是否已規定了發放範圍。印刷應指定專人負責，批量印刷應到指定的專門印刷廠，由專人監印，並嚴格按批准的份數印製，不得擅自多印多留。印製后，原稿及清樣等必須妥善保存，襯紙、廢頁等應及時銷毀。涉密文件應盡量減少接觸人員，複印文件必須履行審批、登記手續。

（4）傳遞保密

密件應通過機要交通或派專人專程傳遞，減少中間環節。傳遞時，信封上必須標明密級並加蓋密封章。機要通信人員外出遞送秘密文件時，要密件不離人；不得辦理與遞送文件無關的事，堅持專程遞送。傳遞秘密文件，必須使用保密電話和有加密裝置的傳真機、計算機。

（5）管理保密

①秘密文件要由專人專管，並放在有保密保障的文件櫃內或保密室、檔案室內，不準隨身攜帶，也不得將密件帶回家；外出工作確須攜帶的，要經領導批准並採取相應的安全措施。②秘密文件應定期清查，分發和借出的應按時清理回收，回收時應注意檢查文件是否完整，若有丟失的，要及時予以追查處理。清理后的文件，該保存的應整理入卷歸檔，餘下的登記造冊后，經領導批准，到指定地點監督銷毀。

6. 會議保密

日常工作會議很多是涉及秘密的，做好涉密會議的保密工作，是做好保密工作的重要內容。涉密會議的保密工作任務主要是制定會議保密工作方案和分階段組織保密工作方案的具體實施。

（1）制訂會議保密工作方案

會議保密工作方案的基本內容包括以下幾點：①明確會議保密工作的目標和重點。會議保密工作的重點有三個方面：一是會議涉密文件、資料和其他物品的保密管理；二是會議通信設備、辦公設備、擴音設備等進行保密技術檢查和管理；三是與會人員的保密教育和管理。②按照相關規定，明確具體的會議保密事項及其密級。③明確會議保密工作的組織領導，各個環節保密工作責任人及其工作職責。④規定與會人員（主持會議的領導同志、其他組織者、會議代表、工作人員、服務人員）的保密紀律或保密守則。⑤規定供會議使用的各種電子設備的保密技術標準及其保障措施。⑥明確分段的保密工作任務，各項工作任務的責任人及完成工作任務的時間安排和目標要求。⑦預備非正常情況下發生保密問題的應急、補救措施。⑧明確規定對洩密問題和在保密工作方面嚴重違規違章行為的處理意見。

（2）做好會議過程中的保密工作

1）會議籌備階段要做好以下工作

選擇符合保密要求的會議場所，明確會議承接單位應當履行的保密義務；

對工作人員進行保密教育，明確會議工作人員的保密紀律、責任和義務；

做好涉密會議文件、資料和其他物品起草、印製、分發和保管等環節中的保密工作；

對會議活動場所和會議通信、辦公、擴音設備進行安全保密檢查；

制定與會人員必須遵守的保密紀律。

2）會議召開期間，要做好以下工作

對與會人員進行保密教育，向與會人員宣布會議保密紀律或者保密守則；

清理或者控制無關人員，設立警戒範圍，開會期間不得讓無關人員進入會場；

巡視會議場所，檢查有無違反保密規定、保密紀律的行為和洩密隱患；

休會期間，需要集中保管的文件、資料和其他物品由會議工作人員負責收回；

對會議設備使用過程中的保密狀況進行技術檢查監督，發現問題及時解決。

3）會議結束階段，要做好以下工作

及時收回會議期間印發的秘密文件。如需下發與會者單位，應通過機要交通遞送，不得由與會人員自行攜帶。

在撤出會議駐地前，要對會議駐地進行全面檢查，防止文件資料遺留在會議駐地。在歸還有關器材之前，一定要對其作認真的檢查，確保器材上沒有會議信息痕跡的留存。

（二）材料準備

實訓設備：辦公桌椅、辦公電腦、打印機、文件櫃。

實訓軟件：Office 辦公軟件。

五、建議學時

12 學時。（其中：教師指導學時為 2 學時；學生操作學時為 10 學時）

六、實訓成果展示及匯編要求

實訓完成后提交相關信訪工作文書及實訓演示情景錄像資料，提交《會議保密工作方案》《大會保密注意事項》《會議須知》《保密檢查清單》等材料。

七、實訓工具箱

（一）案例分析

【案例 1】關於「黑手機」的來信

2005 年 7 月中旬，波導、TCL、康佳、聯想等 6 家手機廠商負責人聯名致信中央，反應走私、冒牌、拼裝和翻新的「黑手機」在中國通信市場上泛濫，損害正規手機廠商和消費者的權益，造成稅收流失、擾亂市場秩序、危害通信市場健康發展等問題。

國家信訪局辦信一司辦信二處的同志收到來信后，認真分析了來信反應的問題，通過向相關部門瞭解背景資料等方式，確定了來信反應問題的真實性、嚴重性。在此基礎上，他們對來信進行了摘要，並提出可行性建議。中央領導同志收到國家信訪局「來信摘要」

后，立即作了重要批示，責成全國整頓和規範市場經濟秩序領導小組辦公室妥善辦理。其后，該辦及時會同信息產業部、發改委、公安部、海關總署、稅務總局、工商總局、質檢總局研究開展對移動電話機市場的專項整治工作，同時召集6家國內手機生產企業舉行座談，聽取意見和建議。各部委都非常重視信訪部門提出的建議。例如，為做好整治工作，信息產業部做了以下準備工作：一是對「電信設備進網」網站進行擴容升級，增加進網標誌、生產廠家等可查信息，方便零售商、消費者查詢；二是印製5,000份《已獲進網許可證移動電話機目錄》，分發給有關執法部門，作為執法參考；三是重新修訂實施《電信設備證后監督管理辦法》，實行紅、橙、黃三級警示制度。

2005年11月10日，七部委聯合印發了《移動電話機市場秩序專項整治方案》，提出了專項整治的工作目標，確定了五項工作重點。要求2005年12月1日至2006年7月，在全國5個重點地區開展移動電話機市場秩序專項整治活動；堅決查處地下工廠，打擊偽造、冒用證書和標誌的違法行為，取締無照經營，整治交易市場秩序，加大對生產企業的監管等通過近半年的專項整治，全國手機市場秩序得到了有效規範。

【分析】

書信是群眾向有關部門反應問題、提出建議、投訴請求的主要形式，處理群眾來信是信訪工作的重要內容。處理來信遵循一定的工作程序，其中呈送領導閱批是來信處理的重要環節。正如案例所示，呈閱可以使領導者及時瞭解重要信訪材料，也可以促使一些重要的信訪問題得到及時有效的處理。在呈閱之前，工作人員應該向案例中辦信二處的同志學習，收到來信后能夠認真分析來信反應的問題、核實確定來信反應問題的真實性、嚴重性，在此基礎上，對來信進行摘要，並提出可行性建議。

【案例2】牛秘書的「牛脾氣」

某縣政府辦公室牛秘書年齡最大、生性耿直，說話常帶火藥味，素有「炮筒子」之稱。一天，他負責接待一批年輕的上訪者，來訪群眾反應兩個企業間的房屋產權糾紛問題。恰好牛秘書是此事的知情者，對事情的來龍去脈比較清楚。按說，牛秘書本應將自己知道的情況向來訪者耐心說明，可性情急躁的牛秘書卻產生了逆反心理。「牛勁」一來，沒等來訪者申述完畢，他便拍案而起，高聲訓斥道：「誰說那棟房屋是你們的？(20世紀) 80年代初我就住在那棟樓上，當時你們還沒出生呢，你們這些毛頭小子知道什麼？……」帶著滿腔怒火的上訪者立即反唇相譏：「你不像是政府的幹部，你沒資格和我們談話！快請你們領導來！」雙方立即成對峙狀。辦公室主任只好出來打圓場，費了好大勁才把來訪群眾的情緒穩定下來。過后，上訪群眾又向縣委書記和縣長「告狀」，說那個牛秘書太「牛氣」了。牛秘書反而成了新一輪的上訪「被告」。

【分析】

秘書在接待群眾來訪時，一定要態度熱情，耐心聽取群眾的申述，然后慎重給予答覆或解釋，做好耐心細緻的思想工作，千萬不能著急上火，為群眾的情緒所左右。那種「群眾傷感我流淚，群眾發火我拍桌」的行為，不是秘書應有的品格。案例中的牛秘書應提高自身素養，具備「任憑風浪起，穩坐釣魚臺」的涵養，在信訪工作中冷靜理智地維護信訪秩序，恰當處理群眾反應的問題。

【案例3】保密工作的漏洞

2013年9月28日，某市保密局對市直機關進行節前保密檢查。在保密要害部門——市

委秘書處打開保密文件櫃查看臺帳時,檢查人員提出要追蹤幾份涉密文件的去向,秘書處長便跟著檢查人員逐個去查。在督查室,主任科員小李打開櫃子,卻找不到那份由他辦理的涉密文件。

原來,這份重要的涉密文件被小李打掃衛生時夾帶進廢紙裡,廢紙被送到秘書處,隨后被賣到一家叫龍泰紙業的紙品公司。於是,一名檢查人員在秘書處長的陪同下驅車趕到龍泰公司。龍泰公司經理證實,市委辦公廳秘書處的車確實拉來幾大包廢紙,有半噸多。她繪聲繪色地描述:秘書處的同志親自押車,直接把廢紙送到化漿池。但經過檢查人員盤問,該公司並沒有定點銷毀涉密載體的牌證。

在保密局的工作報告中寫道:市委辦公廳督查室在涉密文件管理上存在嚴重漏洞,致使文件被夾帶在廢紙中銷毀,當事人負有不可推卸的責任,建議給予相應的黨紀、政紀處分;辦公廳秘書處在涉密文件銷毀中未執行到定點單位銷毀的規定,責成其立即改正。兩部門應根據檢查中發現的問題認真整改,等待驗收。

【分析】

保密工作重在落實,嚴格遵守保密規定是做好保密工作的基礎。案例中,相關人員保密意識薄弱,違反保密規定:一是收發文管理制度不嚴,收到文件不登記;二是銷毀涉密文件時,沒有按照保密規定登記造冊;三是沒有送到保密工作部門指定的廠家銷毀。國家保密局《關於國家秘密載體保密管理的規定》,對國家秘密載體的製作、傳遞、使用、保存、銷毀等都做了詳細而明確的規定。

【案例4】 保密的原則

下午5時許,華北某早報記者翟某來到市機構編製辦公室綜合處,採訪備受社會關注的市機構改革事宜。

在這之前,早報副總編王某打電話給記者部副主任韓某,說我市機構改革已經啓動,一些媒體均有相關報導,而我們報紙無動於衷,要趕緊採取補救措施。隨后,她指示記者部馬上派人同有關部門聯繫,爭取在第二天的報紙上做出詳細報導。韓某按王副總編的要求,派翟某前往市編辦。

市編辦綜合處的科員小劉接待了兩名記者。當聽對方說要索取本市機構改革方案文件時,小劉說:「這個文件帶密級,我做不了主,得請示領導。」這時,市編辦副主任李某恰好到綜合處拿東西,聽了小劉的話,對記者索要什麼材料未加深究,便答覆說:「給吧,也好宣傳一下。」小劉得到領導指示,便取出一份左上角有「秘密」標示的文件,複印了兩份,連同其他三份文件交給兩名記者。小劉還細心地提醒二人:「此件是秘密文件,用后最好退還。」兩位記者點頭答應。

文件取回后,王副總編同意拿出一個整版的篇幅來做重點報導,翟某準備對文件、資料進行編輯。就在這時,翟某接到訊息:張總編決定暫不刊發有關機構改革的文章,還關照有關記者暫時不要採寫這類消息。

翟某和記者部副主任韓某向值班的王副總編提出:其中肯定有原因,還是把事情問清楚,再決定發與不發為好。王副總編隨即撥打張總編的電話,但始終沒能聯繫上。時間緊急,王副總編讓翟某繼續編稿。當日晚9點半左右,記者翟某將編輯整理好的新聞稿交給夜班編輯。次日零時10分,王副總編在大樣上簽了字,清晨消息見報。

第二天上午,市委某領導看到早報通欄標題赫然印著「機構改革明白紙」幾個大字,

整版是關於機構改革的詳盡方案，且存在諸多錯訛。領導看后極為驚訝，因為在21日召開的會上，他曾反覆強調，這項工作涉及敏感信息，任何人不準向外透露。僅隔一日，機構改革的詳細方案竟然見了報，肯定是有人違反規定，擅自向外洩露，這還了得！一定要把事情查清楚！

按照市委領導的指示，市保密局同志對早報洩密問題進行了深入調查，查閱了有關資料，並同當事人——早報副總編王某、市編辦副主任李某進行談話。經過一番深入的交流，二人如實交代了情況，檢討了在這一事件中保密意識不強、把關不嚴的問題，並主動做出檢查。市保密局對這起洩密案件各個環節做了分析，區分了責任，提出了處理建議。根據市保密局的意見，早報上級單位××日報社解除王某早報副總編職務，市監察局給予市編辦副主任李某行政警告處分。案件涉及的其他人員，根據情節輕重、責任大小，分別由所在單位進行處理。

【分析】

市機構編製辦公室副主任李某理應知道保密職責，在工作人員向他請示對外提供秘密文件時，他不顧有關保密規定，輕率應允。劉某身為國家公務人員，也未能堅持保密原則，提醒領導。早報副總編王某理應熟知新聞出版保密規定和宣傳紀律，但她未能處理好新聞時效性與保密紀律的關係，缺乏起碼的保密觀念和保密知識。妥善處理公開與保密的關係，也是一名記者必備的基本素質，在這一點上，翟某也未能交出滿意的答卷。

(二) 拓展閱讀

【閱讀1】**信訪工作者的基本技能**

技能是為了完成一項工作，需要掌握和運用的專門技術能力。實踐中，信訪工作者需要掌握信訪工作中四種常用的技能，即信訪文書寫作技能、信訪交流溝通技能、信訪統計分析技能和信訪心理疏導技能。

1. 信訪文書寫作技能

信訪工作實踐中，對於信訪事項的受理、辦理、復查復核和督辦具有法定的程序，以公文的形式將這些工作記錄在案，是信訪機構依法履行職責、開展公務活動的必然要求。此外，信訪工作者還需寫作信訪信息、信訪綜合分析報告等文書。進行文書寫作時，一方面要實事求是、講求實效；另一方面要符合文書寫作規範。

2. 信訪交流溝通技能

有效的交流溝通是信訪工作有效開展的基礎，信訪工作者應具備良好的交流溝通能力。信訪實踐中，信訪工作者直接面對信訪人，在堅持依法按政策解決群眾反應問題的同時，還需要有針對性地加強思想教育，切實做好解釋疑惑、疏導情緒、化解矛盾的工作。具體而言，良好的溝通往往從善於傾聽開始，擁有傾聽技能、語言溝通能力和非語言溝通能力，是掌握溝通技能的基礎；結合不同的信訪業務工作的特徵，信訪工作者還需要掌握接待群眾來訪的面談技巧，電話溝通的技巧；伴隨「網上信訪」的不斷普及，網路溝通技術與方法的重要性也逐漸凸顯出來。

3. 信訪統計分析技能

統計分析是做好信訪工作的重要手段之一。信訪工作者應當具備統計分析技能，通過對信訪信息的收集整理和分析，提高對社會矛盾問題的研判水平，增強信訪工作的預見性和針對性，把握工作的主動權。掌握信訪統計分析技能，信訪工作者要熟悉相關統計分析

工具的使用，特別是需要掌握一些常用統計分析軟件的使用方法。同時，要求信訪工作者具有良好的歸納總結和邏輯分析能力，把一般的直觀的信息反應與綜合分析、調查研究結合起來，把定性分析與定量分析結合起來，找到複雜數據的相關性，透過信訪數據發現社會矛盾發展變化的規律，「以數字反應客觀規律，以規律促進科學決策」。

4. 信訪心理疏導技能

心理疏導是一門藝術，信訪工作實踐中，信訪工作者掌握一定的心理疏導技能，不僅可以緩解上訪者的對立情緒，排除其心理障礙，還可以引導上訪者與信訪工作者和政府部門合作，進而促進社會矛盾與問題的化解。同時，心理疏導技能也有助於信訪工作者應對工作、生活、學習帶來的心理壓力，從而提高信訪工作的績效。

【閱讀2】××縣人民政府辦公室保密工作規定

為加強保密工作，更好地貫徹《保密法》和《保密實施辦法》，特作如下規定：

(1) 全體工作人員要認真學習《保密法》和《保密實施辦法》，嚴格遵守保密法規和保密制度。

(2) 涉密文件的收發、分送、傳遞、借閱、銷毀等各個環節，都應履行登記簽字手續，嚴格按規定範圍閱讀，並定期清退、歸檔。個人不得保存涉密文件。文件傳閱要快速，傳閱完畢及時清退。

(3) 不該說的機密，絕對不說；不該問的機密，絕對不問；不該看的機密，絕對不看；不該記錄的機密，絕對不記錄；不在非保密本上記錄秘密事項；不在私人通信中涉及機密；不在公共場所和家屬、親友面前談論機密；不在不利保密的地方存放機密文件、資料；不在普通電話、明傳電報、普通郵局傳達機密事項；不攜帶機密材料遊覽、參觀、探親、訪友和出入公共場所。

(4) 不準擅自向外借出文件、檔案、資料；若對方確需借出，須經領導批准，並按照規定辦理借出手續。

(5) 工作中形成的帶有字跡的廢紙、打印蠟紙等，應及時監視銷毀，不得任意堆放或丟棄。重要的要當即銷毀。辦公室一般不接待來訪客人，外人不得隨意進入打字室。

(6) 複印機、微機應由專人管理，複印秘密文件必須履行審批、登記手續，並將複印件按原件要求管理。

(7) 交換、遞送文件時，應使用專用公文包，嚴禁中途辦理與傳遞公文無關的事；司機在運送國家秘密文件、資料時應直去直回，並謝絕無關人員搭乘。

(8) 節假日期間，凡在傳閱的密級件要收回統一保管。

(9) 銷毀秘密文件必須經領導批准，事先應登記造冊。機密、秘密級文件由機要科派專人（兩人以上）監督銷毀。

(10) 做好涉外保密工作。在與外賓、外商交談中，不能涉及機要內容。

(11) 禁止攜帶屬於絕密的文件、資料出境，出國人員因特殊情況需要帶秘密文件、資料出境的，應報請保密部門審批，持保密機構發給的「中華人民共和國國家秘密出境許可證」后，才能出境。

(12) 如發生失洩密案件，應立即報告，並積極採取補救措施。

(13) 保密工作由機要科負責檢查、監督，信息科協助。

【閱讀3】 ××縣人民政府辦公室保密工作基本要求

1. 文書人員

（1）秘密文件應交定點印刷廠或本單位機要文印人員印製，印製完畢應督促廠方或經辦人員把蠟紙、襯紙、清樣、廢頁等及時銷毀。

（2）秘密文件的收發、分送、傳遞、借閱、移交、銷毀等各個環節，都應履行登記簽字手續，做到事事有手續、件件有著落。

（3）秘密文件的管理要堅持月核對、季檢查、年終清退歸檔的制度。如發現丟失，應及時報告並積極查找。

（4）擬定銷毀的秘密文件必須登記造冊，並經領導批准簽字后，派專人（兩人以上）護送到指定造紙廠化漿或就地銷毀。不準以任何形式向外出售。

2. 檔案管理人員

（1）未經批准，不得擅自同意他人將秘密檔案帶出檔案館（室）。確需外借的，須經本單位分管領導批准，辦妥登記手續后，方可借出。借閱時限到期后，立即追回。

（2）借閱檔案資料，如需摘錄、複製屬於國家秘密內容的，應報請領導審批。同時，檔案人員應對所摘錄、複製的內容進行核對，並要求他們按原密級管理，用后及時銷毀。

（3）調閱使用后的檔案經查驗無誤后，應立即放回原檔案櫃內。

（4）檔案人員不得對外洩露檔案庫內的檔案存置、方位、內容及設備等情況。

3. 複印人員

（1）印製秘密文件應檢查是否有領導簽字，並嚴格按照核定份數和規定的標密格式印製。印好的文件要及時交給有關人員，並履行交接簽收手續。

（2）複印絕密級文件需經原制發機關批准后才能複印；複印機密、秘密級文件要有縣團級以上單位的主管領導批准方能複印。複印秘密文件，要控制複印份數。複印件要蓋上本單位的「複印專用章」（如××局××年×月×日複印）並按原件一樣管理。

（3）打印密件過程中產生的廢頁、蠟紙應及時處理，不得讓無關人員翻閱。

4. 通信人員

（1）自覺遵守公文交換站的有關規定。

（2）交換文件時，應使用專用公文包，嚴禁中途辦理與傳遞公文無關的事。

（3）對經手的各種秘密信函均應履行登記、簽收手續。不得私自拆閱信件。不得由普通郵局寄送各類密件。

（4）發現通信設備不安全，要及時向單位領導報告，並協助採取必要的補救措施，防止洩密事件的發生。

5. 駕駛人員

（1）在運送國家秘密文件、資料和其他物品時，應直去直回，並謝絕無關人員搭乘。

（2）對高級領導幹部來我縣參觀、視（考）察活動的線路及下榻的地點不得外泄，並主動做好安全保衛工作。

（3）未經批准，不得隨意接送境外人員到非開放地區。

（4）駕駛員對乘車領導議論的事項，不傳、不議論。

項目八　秘書督查與參謀工作實訓

一、實訓目標

知識目標：瞭解秘書在督查與參謀工作中的基本思路、方法，掌握秘書督查工作的主要內容，對秘書參謀工作中的本質、藝術與策略能夠有深度理解。

能力目標：培養學生在督查工作中的全局意識、問題意識與事務處理能力。要求學生掌握並運用秘書各項事務當中的參謀方法，能將參謀思路與參謀藝術靈活應用在工作中。

二、適用課程

秘書參謀職能。

三、實訓內容

任務一　辦文中的參謀：修訂文稿主題

【實訓情景】

曉雯是某高校招生就業辦公室的行政秘書，目前正在擬寫本校2015年畢業生就業情況報告。從目前搜集的材料上看，各系部就業情況匯總表與實際就業情況在數據上有一定的出入，綜合當前國家在畢業生就業安排上的各項政策，以及新聞媒體中披露的就業難的情況，曉雯需要對此次就業情況撰寫報告。

【背景材料】

背景材料見表1、表2。

表1　　　　　××大學2015年就業率統計表

院系名稱	總人數	簽約數	總簽約率	專業名稱	人數	簽約人數	簽約率
商貿旅遊系	44	42	95.00%	商貿旅遊	44	42	95.00%
石油工程學院	198	198	100%	石油工程	198	198	100%
地球資源與信息學院	192	189	98.44%	測繪工程	29	29	100%
				石油與天然氣地質勘查	71	70	98.59%
				應用地球物理	92	90	97.83%

表1(續)

院系名稱	總人數	簽約數	總簽約率	專業名稱	人數	簽約人數	簽約率
化學化工學院	249	241	96.79%	化工工藝	61	60	98.36%
				化學工程	71	70	98.59%
				環境工程	30	26	86.67%
				精細化工	30	30	100%
				應用化學	57	55	96.49%
儲運與建築工程學院	227	218	96.04%	建築工程	65	59	90.77%
				熱能工程	60	60	100%
				石油天然氣儲運工程	102	99	97.06%
機電工程學院	208	199	95.67%	焊接工藝及設備	55	53	96.36%
				化工設備與機械	62	61	98.39%
				機械設計及製造	60	56	93.33%
				機械製造工藝與設備	31	29	93.55%
信息與控制工程學院	161	152	94.41%	電氣工程及其自動化	34	31	91.18%
				應用電子技術	62	58	93.55%
				自動化	65	63	96.92%
數學系	35	32	91.43%	計算數學及其應用軟件	35	32	91.43%
經濟管理學院	128	116	90.63%	工商管理	30	25	83.33%
				管理工程	32	30	93.75%
				會計學	66	61	92.42%
計算機與通信工程學院	156	141	90.38%	計算機及應用	92	82	89.13%
				通信工程	64	59	92.19%
物理系	27	24	88.89%	應用物理	27	24	88.89%
政法系	32	24	75.00%	法學	32	24	75.00%
總計	1,657	1,576	95.19%		1,657	1,576	95.19%

表2　　　　　　　商貿旅遊系就業情況詳表

商貿旅遊系就業統計表　　　　　　　　　　　　　　　　　班級：旅管 S2004-1

序號	姓名	性別	就業單位	單位聯繫電話
1	萬倩	女	廣州白雲國際會議中心有限公司	020-86194009
2	唐俐麗	女	湖南亞太技術發展有限公司	0731-5175801

表2(續)

序號	姓名	性別	就業單位	單位聯繫電話
3	馮學慶	男	—	—
4	彭添翼	男	廣州白雲國際會議中心有限公司	020-86194009
5	湯莉莉	女	湖南揚帆旅遊發展有限公司	0731-4727555
6	朱玲麗	女	廣州白雲國際會議中心有限公司	020-86194009
7	谷紅豔	女	北京西城區瀟湘大廈	010-83161188
8	滕嘉蓉	女	湖南長沙張谷英村旅遊有限公司	0731-8910868
9	周劍	男	長沙哈樂演藝吧	
10	劉勁舟	男	湖南韻豐醫藥有限公司	0732-8255521
11	高葉飛	女	張家界航空旅行社株洲辦事處	0733-2867279
12	陳忻	女	長沙金牛角王中西餐廳	0731-4313377
13	劉峰	男	廣州白雲國際會議中心有限公司	020-86194009
14	楊柳	女	北京西城區瀟湘大廈	010-83161188
15	覃寒瑜	女	廣州市德嘉源商貿有限公司	020-76454589
16	徐姣	女	長沙明城國際大酒店有限責任公司	0731-4653066
17	郭海	男	長沙金牛角王中西餐廳	0731-4313377
18	羅佳佳	女	北京西城區瀟湘大廈	010-83161188
19	許丹鳳	女	湖南張家界招商旅行社	13787948780
20	謝豔	女	廣西新澤西制管工業有限公司	0871-7202658
21	方圓	女	湖南財信國際大酒店	0731-5122598
22	(后略)			

總人數：44　　　　就業人數：42

另有視頻資料：《社會傳真——大學生就業難引發的思考》《2015 大學生就業推進行動宣傳片》。

【實訓重點】

1. 整理目前獲得的各方信息：包括各系部提交的就業率統計表、個人途徑獲得的實際就業狀況、新聞媒體披露的就業難狀況、國家各部門聯合下發的提升就業率的政策與措施。分析其中的差異與聯繫，找到問題的本質。

2. 就撰寫就業情況報告中的關鍵問題請示領導，並請其提出參謀建議，包括：究竟如何上報本校的就業率？本情況報告的重點應落在何處？等等。

3. 在就業情況報告撰寫的過程中體現對該校畢業生就業工作的參謀思路。

【實訓步驟】

1. 分組討論。圍繞實訓重點進行小組討論，注意理清各信息之間的差異點，並尋求合理的表達方式。

2. 擬寫提綱。綜合利用各方信息之後，重新確定主題，並在主題的指導下擬寫情況報告的章節綱目。

3. 撰稿成文。在提綱得到領導批示同意的情況下，可以根據提綱內容，充實材料與數

據，完善細節，最終完成該校畢業生就業情況報告的寫作。

任務二　辦會中的參謀：精簡會議議程

【實訓情景】
　　富潤家園小區是位於某市某大學附近的高檔大型社區，目前由皓月物業公司負責小區物業管理及其他服務事務。近來，富潤家園業主委員會向皓月物業公司反應了小區目前許多方面存在的問題。皓月物業公司決定在近期召開管理人員會議，討論小區內出現的一些問題。會議由皓月物業公司總經理王志榮主持，中層以上管理職能人員參加，富潤家園業主委員派代表列席。假設你是皓月物業公司總經理助理，請在業主代表委員會反應的一系列問題中進行甄別與歸納，確定主要議題及討論順序（包括具體發言人、發言順序、發言內容），並說明理由。

【背景材料】
1. 業主委員會反應的情況（未歸類原始意見）
　　地上停車位多且管理混亂，占用消防通道，連續發生2號樓地下室和5號樓地下室丟車事件。
　　現小區內30%是租住人員，其中大部分是外國人，韓國人又占很大比例，帶來擾民、養狗在樓道裡隨地大小便等問題。韓國人和印尼人，夜裡打鬧、喝酒、吵、不講衛生、往下亂扔臟紙和亂潑臟水。
　　垃圾中轉站問題。垃圾站臭味使業主無法開窗。
　　7號樓商鋪彩燈擾民，使居民晚上無法入睡。
　　要求設立健身用地和健身器材。
　　逐鹿茶樓占用了消防通道，並在門口做了一個牌子。
　　入住以後公共維修基金的問題還未落實。
　　保安待遇低，經常更換，造成管理上的不嚴格。親戚連帶的保安居多，來時一起來，走時一起走，造成很大的安全隱患。
　　1號樓C座自行車存放處臭氣熏天。
　　11月底起小區出現水質變黃的情況。
　　噴泉是小區的景觀，為什麼每年十一的時候才開，平時不開？
　　2、3號樓中間是綠地面積，為什麼要作為停車場？
　　電梯噪音大，電梯內的環境不好，臟手印、鞋印隨處可見。
　　樓前垃圾桶可否換成腳踏的？
2. 物業公司組織機構情況
　　一般分設三個領導崗位，一位總經理，兩位副經理。一般至少下設五個科室：辦公室、財務科、保衛科、環衛科、維修科。（可以根據情況適當增加或合併）
3. 物業公司的管理職責
　　（1）物業及其配套設施的維護和保養；
　　（2）加強保安和消防管理；
　　（3）搞好物業及周圍環境的清潔；
　　（4）做好小區內的交通管理；

(5) 搞好財務管理工作；
(6) 注意社區文化建設，創造健康文明的社區文化；
(7) 建立物業檔案，隨時掌握產權變動情況，維護物業的完整和統一管理。

【實訓重點】

1. 整理業主所反應的原始意見，對這些意見進行篩選與分類，選擇意見集中、影響面較大的問題進行會議討論。
2. 安排討論人員討論內容時應充分考慮物業管理機構與業主委員會之間的協調關係。

【實訓步驟】

1. 分組討論。圍繞實訓重點進行小組討論，注意理清各信息之間的差異點，並尋求合理的表達方式。
2. 擬寫提綱。綜合利用各方信息之後，確定會議議程，並在主題的指導下擬寫出席人員名單和發言順序。
3. 撰稿成文。在提綱得到領導批示同意的情況下，可以根據提綱內容，充實材料與數據，完善細節，最終完成會議議程的寫作。

任務三　突發事件中的參謀：協助處理突發事件

【實訓情景】

2008年11月14日清晨，上海商學院一宿舍樓發生火災，4名女生跳樓身亡。據披露，此次火災是由於此寢室女生夜間使用熱得快時，正好是學校夜間拉閘時間，突然的停電使得她們忘記關閉熱得快，清晨六時許，學校恢復供電后，熱得快空燒，釀此悲劇。試分析以上突發事件，並寫出詳細的解決方案。

1. 2008上海商學院火災詳細經過

2008年11月14日早晨6時10分左右，602室冒出濃菸，隨后又躥起火苗，屋內6名女生驚醒，離門較近的2名女生拿起臉盆衝出門外到公共水房取水，另4名女生則留在房中滅火。然而，當取水的女生回來后，卻發現寢室門打不開了。因為火場溫度高，木制的寢室門被燒得變了形，被火場的氣流牢牢吸住了。不一會兒，大火越燒越旺，4名穿著睡衣的女生被濃菸逼到陽臺上。躥起的火苗不斷撲來，嚇得她們驚聲尖叫。隔壁宿舍女生見狀，忙將蘸過水的濕毛巾從陽臺上扔過去，想讓被困者蒙住口鼻，爭取營救時間。宿舍樓下，大批被緊急疏散的學生紛紛向樓上喊話，鼓勵4名女生不要慌亂，等待消防隊員前來救援。可是，在凶猛的火魔面前，4名女生逐漸失去了信心。又一團火苗躥起后，一名女生的睡衣被燒著了，驚慌失措的她大叫一聲，從6樓陽臺跳下，摔在底層的水泥地上。看到同伴跳樓求生，另兩名女生也等不及了，顧不得樓下男生們「不要跳，不要衝動」的提醒，也縱身一躍，消失在眾人的視野中。3名同伴先后跳樓，讓最后一名女生沒了主意。她在陽臺上來回轉了好幾圈后，決定翻出陽臺跳到5樓逃生。可她剛拉住陽臺外欄杆，還沒找準跳下的位置，雙臂已支撐不住，掉了下去。與此同時，滾滾濃菸灌進了隔壁601寢室，將屋內3名女生困在陽臺上。所幸消防隊員接警后及時趕到，強行蹐開宿舍門，將女生們救了出來。此時，距4名女生跳樓求生不過幾分鐘時間。

2. 視頻：上海商學院火災女學生跳樓全過程
【實訓重點】
1. 瞭解此次突發事件的詳細經過，分析此次突發事件的原因與影響，對其性質、強度、影響力進行界定與反思。
2. 確定處理突發事件的步驟，對步驟細節進行敲定，確保妥善處理災后各方面的情況，妥善安排相關人員，引起廣大師生的重視。
【實訓步驟】
1. 分組討論。圍繞實訓重點進行小組討論，注意理清詳細信息之中包含的事故原因，並尋求合理的表達方式。
2. 擬寫提綱。綜合利用各方信息之后，確定處理步驟，並在安全妥善的宗旨下安排處理細節，以確保各方意見都能兼顧。
3. 撰稿成文。在提綱得到領導批示同意的情況下，可以根據提綱內容，充實材料與數據，完善細節，最終完成突發事件處理方案的寫作。

任務四　調研考察中的參謀：在擬寫調研報告時體現參謀思路

【實訓情景】
2011 年 10 月 21 日～10 月 22 日，時任中共中央政治局常委、國務院總理溫家寶在廣西南寧市走訪人才市場、農貿市場和居民小區，瞭解就業、物價和社會保障等情況，並主持召開座談會聽取當地群眾的意見和建議。請在此次調研考察結束后撰寫調研報告，並對南寧市在以上三個方面的政策調整提出參謀性建議。
1. 溫家寶赴南寧調研經過新聞紀實（見拓展閱讀部分）。
2. 視頻：《南寧新聞：溫家寶赴南寧進行調研考察》。
【實訓重點】
1. 瞭解此次調研考察的詳細過程，分析此次調研的焦點與影響，對其關注點、影響力、未來政策方向等問題進行界定與思考。
2. 確定調研報告的寫作提綱，對調研關注點進行總結與思考，確保對物價、就業、社會保障三個方面呈現出的問題能夠妥善解決，為未來政策走向提供參謀建議。
【實訓步驟】
1. 分組討論。圍繞實訓重點進行小組討論，注意理清詳細信息之中包含的深度原因，並尋求合理的表達方式。
2. 擬寫提綱。綜合利用各方信息之后，確定處理步驟，並在重點突出的指導思想下考慮處理細節，以確保各方意見都能兼顧。
3. 撰稿成文。在提綱得到領導批示同意的情況下，可以根據提綱內容，充實材料與數據，完善細節，最終完成調研報告的寫作。

任務五　督查中的參謀：擬寫督查計劃及報告

【實訓情景】
為了進一步加強宿舍安全管理工作，某高校於 2014 年起開始實施新修訂的《宿舍安全

管理條例》。條例實施一年多后，學工部、宿管科將對各系部學生宿舍進行一次聯合督查行動。請為此次督查行動擬訂計劃，並在最後的督查報告中就可能存在的問題，提出參謀性的建議。

1. 某高校宿舍安全管理條例

為加強學生宿舍的管理和文明建設，保證全體學生有一個文明、整潔、舒適、安全的生活和學習環境，特制定學生宿舍管理條例。

房舍管理

第一條　學生入學時，須簽訂住宿協議，按宿舍管理辦安排的房號、床位住宿。各年級學生未經宿舍管理辦同意，不得擅自調換房間和床位。

第二條　學生宿舍內的公共設施及配發物品由宿舍管理辦與寢室長核准無誤后，登記並簽字，存檔備查。學生應遵守宿舍管理規定，調整搬遷宿舍時，不得破壞或帶走原房間的家具、設施。

第三條　學生畢業或中途休學、退學等，必須在離校前到宿管室辦理退宿手續，經宿管室核查宿舍家具財產完好后，方可辦理離校手續並在兩天內搬離學生宿舍。

第四條　寒、暑假學生一律不留宿，學生離校前自己存放好行李物品。

內務管理

第五條　各專業學生會負責人在德育處統一安排下組織對本年級的宿舍進行檢查、監督學生宿舍內務衛生管理制度的執行情況。每個宿舍應訂出內務衛生公約和輪值表，推選出一位責任心強、威信較高的同學當宿舍長並落實輪值制度。

第六條　每天早上上課前各宿舍值周生應將本房間清掃乾淨。當天如發現地面還有垃圾，值周生應再掃一次。全體住宿生應做好房內、門前、房后的保潔工作，將垃圾、雜物裝入垃圾桶裡。不得往地面、窗外、樓下扔東西、吐痰、潑水。房間門前走廊由該房間負責清掃、保潔。

第七條　在宿管室安排下定期進行大掃除，沖洗房間地面、擦門窗、桌椅，並按宿管辦及年級的安排輪流沖洗樓梯、走廊和打掃窗沿。做到地面、窗沿乾淨，天花板與牆壁無臟物、無蜘蛛網，門窗、桌面乾淨整潔。

第八條　各年級學生會成員在定期檢查或平時巡查時，如發現問題，將通過德育處責成寢室長、值日生及該房間的同學按要求立即補做。

第九條　維護宿舍樓的環境衛生，嚴禁把雜物、剩飯菜等倒在走廊、廁所、衝涼房、水溝。便后要沖水。

第十條　宿舍內物品擺設應規範、整齊，嚴格按照學校《學生宿舍內務管理規範》辦理。

第十一條　班主任和各班班長、生活委員，應經常督促檢查。學校和各年級定期組織檢查評比並公布結果。

生活秩序管理

第十二條　學生在上課、自修、午休時間和晚上熄燈后必須保持宿舍安靜。不許大聲喧嘩、吹拉彈唱或進行其他課外文體活動（需要活動的在班主任與宿管室協調下方可進行）。

第十四條　晚上全校學生宿舍在規定的時間自行熄燈，關鎖宿舍大門。學生必須自覺遵守作息制度，按時就寢。對超時熄燈的房間或熄燈后遲歸者要進行批評、登記。對於屢

犯或情節嚴重者，給予紀律處分。

第十五條　學生手機、電子游戲機等玩賞物品不得帶入宿舍。以免影響他人和自己休息。

第十六條　嚴禁在宿舍內起哄、酗酒、賭博、打麻將、打架鬥毆、敲打盆桶、摔瓶子等，不得在宿舍內打球等。

第十七條　上課期間，學生不得隨意進入宿舍，如有事，須持有班主任簽條，並到宿管室登記方可。

第十八條　學生宿舍不得留宿外人，嚴禁留宿異性。未經宿管室批准，男女生不得相互進入宿舍。

第二十條　學生宿舍作息時間。

安全管理

第二十一條　學生和來訪者必須遵守學校宿舍的制度，服從值班人員的管理。外來人員來訪必須進行驗證登記。上課時間，宿舍房間內不得單獨逗留外來人員。

第二十二條　注意防火安全，嚴禁在床上點蠟燭看書，嚴禁在宿舍抽菸，不得在宿舍區內生火煮食及焚燒廢紙、木板雜物等。

愛護消防設施，不準將消防設施用於非消防用途。

第二十三條　宿舍區內嚴禁存放管制刀具（鐵棒器械），嚴禁存放易燃、易爆、有毒等危險物品，違者交學校保衛科按章處理。

第二十四條　提高警惕，注意防盜。如發現宿舍區內有身分不明的可疑人員要立即查問或及時報告值班人員；要妥善保管好個人和公共財物，不急用的現金應及時存入銀行（櫃員機）；個人貴重物品要妥善保管；離開宿舍應鎖好抽屜、關好門窗；發現門、窗損壞要及時報修。

第二十五條　學生應協助宿管做好治安防範工作，自覺接受查詢。發現宿舍被盜失竊時，應保護現場，並及時向學校有關部門報告。

第二十六條　嚴禁學生在樓頂或露臺活動；禁止在走廊、樓梯處嬉鬧。

水電設施管理

第二十七條　自覺遵守用水用電的規定，共同節約能源。做到人離關水關電，消滅長流水、長明燈等浪費現象。

第二十八條　白天盡可能不用太陽能水，以保證晚間學生的洗漱之用。

第二十九條　嚴禁在宿舍內私接電源，使用違章電器（如電爐、熱得快、取暖器、電炊具等電熱器具、非安全器具或未經批准的其他大功率電器設備）者，一經發現，除沒收違章使用的電器外，並視情節給予罰款50~100元。

第三十條　學生因學習需要在宿舍自備安裝各類較大電器設備，須到宿管室辦理登記備案。

第三十一條　學生宿舍內的電器、設施、供水、供電、家具等，不得擅自拆除和搬離學生宿舍。如有丟失或損壞，責任人應照價賠償，並視情節輕重，處以罰款和紀律處分。

第三十二條　不得在宿舍牆壁、門窗上亂寫、亂塗、亂畫、亂釘，不得向窗外、便池亂扔雜物。

第三十三條　學生宿舍區內發生水電故障、家具及房舍設施損壞、下水道、排污管堵塞等，應由本宿舍成員及時到后勤處報修。

第三十四條　本條例由校學生宿舍管理辦負責解釋。

2. 視頻：宿舍檢查引發的思考

【實訓重點】

1. 思考此次督查活動的詳細過程，分析此次督查活動的重點與方向，對其關注點、實施方法、可能遭遇的問題等進行提前討論。

2. 確定督查計劃的寫作提綱，對督查期間可能會遇到的問題進行總結與思考，確保安全、衛生等方面呈現出的問題能夠妥善解決，為未來政策走向提供參謀建議。

【實訓步驟】

1. 分組討論。圍繞實訓重點進行小組討論，注意理清詳細信息之中包含的深度原因，並尋求合理的表達方式。

2. 擬寫提綱。綜合利用各方信息之後，確定處理步驟，並在重點突出的指導思想下考慮處理細節，以確保各方意見都能兼顧。

3. 撰稿成文。在提綱得到領導批示同意的情況下，可以根據提綱內容，充實材料與數據，完善細節，最終完成督查計劃和督查報告的寫作。

四、實訓準備

(一) 知識準備

1. 辦文中的參謀方法

(1) 請示性共商。

(2) 規範性修正。

(3) 依據性補給。

(4) 充實性補益。

(5) 建議性輔助。

(6) 表述性完善。

(7) 理論性昇華。

(8) 反饋中調適。

2. 辦會中的參謀方法

(1) 議題選擇中的參謀方法。

(2) 預案設計中的參謀方法。

(3) 文件準備的參謀方法。

(4) 議程安排的參謀方法。

(5) 會間服務的參謀方法。

(6) 優化會議成果的參謀方法。

(7) 會議控制的參謀方法。

3. 突發事件中的參謀方法

(1) 事態辨別的參謀方法。

(2) 事態控制的參謀方法。

(3) 分類應對的參謀方法。

(4) 穩定秩序的參謀方法。

(5) 分析根源的參謀方法。

（6）事先預防的參謀方法。
4. 調研中的參謀方法
（1）診斷參謀法。
（2）治理參謀法。
（3）評價參謀法。
（4）鋪墊參謀法。
（5）態勢分析參謀法。
5. 督查中的參謀方法
（1）執行中的糾偏參謀方法。
（2）執行中應對環境變化的參謀方法。
（3）執行中的創新參謀方法。

（二）材料準備

實訓設備：滿足一般性辦公需求的電腦設備。
實訓軟件：與實訓任務相關的文字、視頻資料等。

五、建議學時

32 學時。（其中：教師指導學時為 8 學時；學生操作學時為 24 學時）

六、實訓成果展示

實訓完成提交紙質或電子文檔。

七、實訓工具箱

（一）案例分析

【案例1】對南寧市軌道交通 1 號線坍塌事件的分析和解決

事故發生地點位於南寧市大學路軌道交通 1 號線土建 7 標動物園站至魯班路站盾構區間左線，聯絡通道位置，路面位置處於心圩江東岸大學路南面輔道上。事故發生後，現場值班工程師王×當即安排中控手李×用隧道內專線電話向地面的值班室報告，鄭×、吳×、韋×、黃×、李×和麻×等工作面上的其他人員則設法施救，使用撬棍、千斤頂等工具撬頂人閘倉門。但由於倉內壓力過大，人閘倉門一直無法打開。

發生事故後，華隧公司項目部經理戴×、副經理陳×、總工程師何×以及勞務隊伍現場負責人麻×等人接到事故報告後，並未按規定向建設單位和政府有關部門匯報，而是自行組織了現場應急處置。至 10 月 8 日中午 12 時許，困在人閘內的韋×被挖出，13 時 47 分左右，韋×被送至南寧市第二人民醫院，此時其已死亡。因自行施救過程中，泥土一直往外湧出，華隧公司項目部考慮到可能會引發次生災害，遂於 10 月 8 日中午 13 時關閉了人閘倉門，暫時放棄救援工作。

10 月 7 日晚，坍塌事故發生後直至市安監局接到舉報，施工單位項目部負責人戴×、陳×、何×以及勞務隊伍現場負責人麻×等人均沒有按照有關規定向華隧公司、建設單位以及政府有關監管部門報告事故信息，反而有意隱瞞事故。

解決措施：經調查認定，這是一起受自然天氣、複雜工程水文地質環境和施工單位管理措施不到位等多重因素疊加引發的較大生產安全責任事故，且施工單位在事故發生後存在瞞報行為。對施工單位有關人員進行了行政處罰，對刻意隱瞞的人員進行了相應的行政記過處罰。對有關實施單位強化法制意識，嚴格生產安全事故報告，強化對軌道各參建單位的履約檢查，嚴格落實主體責任。強化安全風險控制，嚴格關鍵節點驗收。強化安全管理制度執行力度，嚴格施工現場安全管理。

【分析】

該突發事件的解決方案很具參考價值，對事件的分析能夠抓住本質，對事故的詳細經過有細緻的描述，解決措施能從實際出發，具有實用性。

【案例2】關於2011年溫家寶赴南寧考察情況的調研報告

前言：2011年21日至22日，在出席第八屆中國—東盟博覽會期間，時任中共中央政治局常委、國務院總理溫家寶在廣西南寧市走訪了人才市場、農貿市場和居民小區，瞭解就業、物價和社會保障等情況，並主持召開座談會聽取當地群眾的意見和建議。

1. 南寧物價水平

2011年5月份，廣西物價增長幅度在全國排名第一位，物價形勢還是比較嚴峻。目前糧食供求基本平衡，但最近一些地區玉米價格高於小麥價格，出現倒掛。近年來，豬肉價格趨於平穩，略有回落。但是，冬季到來後，消費量還會增加。要認真落實國家出抬的獎勵政策，穩定飼料價格，發展生豬生產。

（1）原因分析

豬肉價格貴的原因是農民養豬積極性不高，導致市場供應不足。而玉米價格上漲與國際市場有關，工業用玉米量增大導致玉米價格暴漲，同時，政府機構的干預措施和一些保障措施做得不到位，沒有落實到基層，落實到市場。

（2）建議措施

抑制物價要管好食品價格：第一，要保障供給，要在供需平衡上著手，特別要抓好農業生產，更加重視一些直接影響群眾生活的重要農副產品的供應。第二，切實降低流通成本。第三，增加儲備。第四，落實好社會救助和保障標準與物價上漲掛勾的聯動機制，落實好對家庭經濟困難學生的救助政策……調控物價的措施要落實到基層，落實到市場。在當前物價較高的情況下，要更加重視解決好困難群眾的生活問題，健全城鄉居民社會保障體系，對低收入群眾做到應保盡保。

2. 南寧房地產市場

（1）南寧房地產市場的現狀問題

穩定房價和搞好保障性住房建設，是社會極為關注的民生問題。房價增長，前9個月廣西平均房價同比增長7.9%，環比在下降。保障性住房建設不能保證完成。

1）原因分析

國家住房建設立法不足，沒有建立規範的保障性住房分配製度；南寧保障性住房建設中央財政給予資金不足，南寧市用地不足；貧困地區特別是邊境地區茅草房和危房改造還存在問題；交通不便、建房成本高、國家支持力度不足。

2）建議措施

第一，要保證資金；第二，提高規劃和設計水平；第三，必須盡快建立和完善法規，

規範投入、建設、分配、監管、退出等制度，讓保障性住房建設真正成為改善中低收入家庭基本居住條件的民生工程、陽光工程。

3. 南寧市就業狀況

1）就業現狀問題（解決就業才能解決生活問題）

廣西南寧市就業問題總量供大於求與結構性短缺矛盾突出，大學生和部分困難群體就業壓力增大。

2）原因分析

不能正確地評判市場對人才的需求。當今大學生有些許同學進入社會不能正確認識自己，總希望一出大學就能獲得高薪資、高待遇的工作，不願從基層做起，不願吃苦，高估自己。

3）建議措施（堅持把就業作為經濟社會發展的優先目標）

大學生自身方面：每個大學生都要做好吃苦的準備。找到一個職業，只是剛進一個門檻，真正成才必須經過艱苦的磨煉。要不怕吃苦，而且吃苦不叫苦。正確認識自己，既不盲目樂觀，也不悲觀，敢於面對現實，迎接挑戰，不向困難低頭。這才是大學生應有的態度。

國家方面：應該堅持把就業作為經濟社會發展的優先目標，千方百計地擴大就業。要保證經濟適度增長，增加就業機會，大力支持勞動密集型產業、服務業、小微型企業和民營企業的發展。

總理對廣西經濟社會發展取得的顯著成績給予了充分肯定，對廣西的發展寄予了殷切期望，對廣西的工作提出了新的要求，這是對我們極大的鼓舞和鞭策。各級要結合本地實際，迅速制定貫徹落實的措施。我們將盡自己最大的能力，加倍努力工作，特別是在民族團結、邊境安寧、社會穩定、生態建設上做好工作，努力實現「富民強桂新跨越」。

【分析】

該調研報告層次清晰、內容翔實，對事件過程的概括與描述能夠把握本質，並能在調研過程中找到問題所在，並給予針對性的解決方案。

(二) 拓展閱讀

【閱讀1】高速公路突發事件處理參謀

我省高速公路收費站大多遠離城區，收費人員又以女性居多，尤其苜蓿葉和半苜蓿葉形站點工作現場人員較少的問題相當突出，安全防範形勢頗為嚴峻。收費站成了一般性突發事件的高發區。如何在實踐中提高應對突發事件的能力，迅捷果斷地處置問題，積極有效地穩定局面，成為擺在我們面前的一個迫切需要解決的問題。下面就如何提升應對突發事件的處置能力提出個人的幾點看法：

1. 針對不同事件講究策略，靈活處置

突發事件有它的突發性和不確定性，沒有放之四海皆準的真理，總的來說處置突發事件應遵循預防為主、預防和應急相結合，快速反應，及時解決，控制事態、維護秩序，安全第一、減少損失的原則。

（1）收費糾紛：對於收費引起的糾紛，當班班長應迅速查明事件引發的原因，找準矛盾的焦點，有針對性地進行現場調解，並做好相關記錄。如是因收費站工作人員失職引起的矛盾和糾紛，當班班長應迅速向當事人賠禮道歉。若對方無理取鬧或主要責任是對方，

在做好耐心解釋工作無效的情況下，可採取一些必要的措施進行處置。疏導或保安人員要做到對票款及人員安全等的相關保障。

（2）車輛故障：因機動車在車道發生故障一時無法修復時，應立即增開車道，及時幫助司機將車輛牽引到收費廣場進行修理。若因機動車在收費廣場發生交通事故，在雙方車主無法協商解決的情況下，幫助報警，並積極化解雙方矛盾，避免引發衝突，並及時將車輛牽引出收費廣場，以免阻塞交通。

（3）計重收費系統出現故障或的對稱重有異議的處置：及時安排開通備用車道，由監控員記錄，及時通知維修人員維修。若短時間內無法修復的，請示站領導並報監控中心同意后改為車型收費，監控作好相關記錄。對稱重有異議的，收費班長耐心解釋收費政策，原則上不允許復磅；如司機無理取鬧造成嚴重堵車，收費班長上報監控，記錄車牌、稱重數據、收費金額，移交公安機關處理。

（4）財物盜搶：收費現場發生盜搶票款、財物時，收費員應立即觸動報警器，當班監控員應及時通知相關領導並迅速向公安機關報警，請求支援，同時及時調整廣場監控鏡頭，跟蹤事故現場，搞好現場錄像抓拍，獲取最佳現場信息。值班領導應立即趕到收費現場，迅速組織人員保護票款安全和設備人員安全，維護站點秩序，並同時向上級機關匯報。

（5）惡劣氣候：隨時瞭解天氣情況，遇有惡劣天氣時，向值班站長匯報，並檢查各項收費設施的安全狀況，特別是收費大棚、收費亭等關鍵部位；在收費區設立警示牌，提醒過往車輛減速慢行。

2. 培養收費班長處置突發事件的能力

班長是收費現場最直接的管理者，是收費班組的領頭羊，在通行費管理中起到承上啟下的核心作用。他們長年在收費一線工作，與收費人員朝夕相處，整日與司乘人員打交道，熟悉收費政策和收費流程以及收費現場，協調各方的能力較強，應對突發事件的經驗比較豐富。抓住班長從本質上講，就是抓住了收費現場管理的靈魂和中心環節。因此要強化收費班長處置突發事件能力的培養，重點加強班長的表達溝通能力、協調能力和快速反應能力，使其遇到問題沉著應對，原則性與靈活性相結合。

（1）加強宣傳，增強意識。居安思危，利用留營例會、板報、警示教育等形式，針對突發事件學習處理程序和處理技巧，多題材、多角度使收費人員應對處置突發事件能力得到提高。抓住突發事件的種類、特點和危害，普及防災、減災的基本技能和避險救助常識進行宣傳介紹和分析解讀。

（2）加強應急預案演練，增強班長實戰能力。注重制度建設和思想準備，進一步修訂完善各種應急預案，組織班長對收費現場突發應急事件進行深入探討，統一應急情況處置標準；組織員工開展車輛分流演練、消防演練等應急演練活動。增強班長對事物判斷的敏感性和預見性，及時發現問題，及時進行干預，突出一個「快」字：快報告、快出動、快到位，防止事態擴大，提高班長應對突發事件的實戰能力。

3. 抓好收費現場管理，消除事故隱患

收費站應把抓好收費現場管理作為日常工作的重中之重，緊緊咬住現場管理不放松，不斷加強現場管理力度，落實文明服務，提倡微笑服務，提高現場管理的水平，竭力維護正常的收費秩序，創建平安、和諧、安全、暢通的收費秩序。

（1）統一收費流程規範操作。收費流程是具體實施通行費徵收的操作程序，不能隨意變更，做到應徵不免、應免不徵，維護收費工作的政策性和嚴肅性，減少與司乘摩擦的

概率。

（2）抓好日常安全管理工作。安全生產是收費管理的根本目標，必須時刻提高警惕，牢記安全生產責任，抓好安全生產教育培訓，提高安全生產意識和技能；落實安全生產責任制，明確安全生產目標，制定行之有效的安保措施，如《收費人員穿越車道行進路線規定》《夜間作業安全注意事項》等，確保人身安全和票、款、卡的安全。

（3）協調周邊環境，為應對突發事件創造有利條件。注重收費現場安全管理，及時清理收費區域可疑人員和閒雜車輛，消除潛在的威脅和隱患。加強與高速交警、路政和當地公安機關的聯繫，保持良好互助合作關係和暢通的溝通渠道，遇到突發事件快速出擊，協調聯動，形成合力。

【閱讀2】安全生產情況督查報告

根據國家和我縣《開展安全生產百日督查專項行動的通知》的精神，為促進本地區的工程建設各方主體責任單位增強質量安全意識，進一步落實質量安全責任，營造「綜合治理、保障平安」的工程質量安全氛圍，及時排查排除整改治理施工質量安全隱患和通病，推動全縣城鄉建設工程質量安全生產整體水平進一步提高，杜絕質量安全傷亡事故的發生，我局認真開展建設工程安全生產百日督查專項行動第一階段工作。現將第一階段基本工作情況總結匯報如下：

1. 房屋和市政工程領域百日督查開展情況

（1）認真擬訂建設工程安全生產百日督查專項行動工作方案

為確保建設工程安全生產百日督查專項行動的有序開展，我縣建設局印發了《關於開展建設工程安全生產百日督查專項行動實施方案》，明確了建設工程安全生產隱患排查治理專項行動的指導思想、預期目標和具體要求。

（2）成立建設工程安全生產百日督查專項行動工作領導小組

為切實加強對建設工程安全生產百日督查專項行動的領導，做到精心策劃、認真組織、周密部署，確保專項行動工作取得實效，××縣建設局成立了建設工程安全生產百日督查專項行動工作領導小組。由局長任組長；副局長、紀檢組長任副組長。

（3）召開安全生產百日督查專項行動宣傳發動大會

嚴格按建設工程安全生產百日督查專項行動實施方案的具體要求，於4月30日建設局召開全局廣大幹部職工、鄉鎮領導、建設工程相關責任單位領導及工程質量安全管理人員參加的宣傳動員大會，參會人員300餘人。會上認真傳達貫徹落實國家和我縣關於開展安全生產百日督查專項行動的精神和要求，對建設工程質量安全生產百日督查專項行動工作作了精心安排部署和廣泛發動，讓建設工程安全生產百日督查專項行動的精神和要求注入全系統廣大幹部職工、建設工程各方責任主體和從業人員的心中。

（4）認真組織開展建設工程質量安全生產隱患的排查排除治理督查工作（略）

（5）建設工程質量安全生產工作好的方面

通過對在建工程項目施工質量安全生產百日督查專項行動第一階段的督查工作，全面排查整治消除了施工過程中存在的施工質量安全生產隱患。從整個督查治理情況看，全縣30個在建工程的各相關責任主體單位都基本能夠按國家基本建設程序辦事，堅持「先勘察，后設計，再施工」的原則，質量安全目標責任體系已基本形成。在工程質量方面：各相關責任單位在加強質量管理、提高質量方面加大了力度，各施工企業進一步建立了施工

質量控制的各項規章制度和措施，逐步推進了機械化施工進程，逐步提高了施工技術水平，使一些影響結構安全和使用功能方面的質量隱患和通病逐步得到克服和改進。在施工安全生產管理方面，通過近年來的強化監督管理和專項整治工作，各施工企業基本建立了施工安全生產的各項規章制度，安全生產目標責任進一步得到了分解落實，各施工現場基本建立了施工安全生產管理規章制度，逐步加大了安全生產投入，25%的安全防護設施費已得到了合理使用，加強了施工場地的圍擋封閉，注重「三寶」的使用和「四口」「五臨邊」的防護，加強了施工機具的使用安全管理，施工用電實行「一機、一閘、一箱、一漏」保護裝置。通過第一階段的排查整治工作，2015年一至五月份全縣所有在建工程項目未發生大小施工質量安全傷亡事故。

2. 聯繫鄉鎮百日督查開展情況

（1）每日向縣政府辦、縣安委辦上報百日督查情況；

（2）無非法開採和復採現象。

3. 存在的問題和不足

通過檢查，2015年一至五月份全縣的工程質量安全生產管理工作同過去相比，雖然有了很大的提高和進步，但施工過程中仍然存在很多問題和不安全因素。各相關責任主體單位對質量安全工作認識不足，重視程度不夠，管理不規範，安全防護設施還沒有按法律法規的要求做到「三同時」。施工企業質量安全生產的主體責任意識不強，施工技術和安全生產管理水平低，質量安全技術措施、安全技術培訓教育工作不紮實，導致施工作業人員安全意識差、違章作業、冒險蠻干行為突出，沒有自我保護和防範意識，大部分工程搭設的外防護腳手架基礎處理、立杆間距、大橫杆步距、小橫杆、剪刀撐、水平支撐、連牆杆的設置和連接固定達不到規範要求，穩固性差，架體上安全網、水平封閉網的設置不規範，起不到安全防護的作用。臨街面、人員過往處、「四口」及「五臨邊」安全防護不規範。

總之，通過建設工程安全生產百日督查專項行動第一階段工作的有效開展，及時排查排除治理了在建工程項目施工中存在的質量安全生產隱患，全面掌握了質量安全生產隱患情況，很多施工現場物的不安全狀態、人的不安全行為、管理上存在的缺陷得到了有效的整改治理，杜絕了施工質量安全傷亡事故的發生。這為推動2015年全縣建設工程質量安全生產百日督查專項行動工作打下了堅實的基礎，為「安全隱患治理年」的各項工作起到了積極的推動作用。在今后的工作中，我局將進一步開展好建設工程安全生產隱患的排查治理和建設工程安全生產百日督查專項行動各個階段的工作，努力保障全縣建設工程安全生產形勢的穩定，向縣委、縣政府和上級業務主管部門交上一份合格的答卷。

項目九　公務管理文書寫作實訓

一、實訓目標

　　知識目標：掌握公文文書如通知、報告、請示、批覆、函、會議紀要等各文種的含義、特點、種類、結構。

　　能力目標：撰寫的文書能根據實際情況，做到觀點正確、鮮明；材料真實、典型；結構完整、層次清楚、段落分明、邏輯嚴謹；語言準確、簡明、平實、得體。

二、適用課程

　　公文寫作與處理及實訓課程。

三、實訓內容

任務一　通知的撰寫

【實訓情景】
根據班級實際情況，以班委的名義撰寫一份做好本次實訓工作的通知。
【實訓重點】
通知標題與正文的寫法。
【實訓步驟】
1. 復習通知的寫作基本知識。
2. 每位同學獨立撰寫通知。
3. 學生根據教師的講評修改文稿。

任務二　報告的撰寫

【實訓情景】
以班委名義，向學院團委報告班級本學期工作。
【實訓重點】
綜合性報告正文的寫法。
【實訓步驟】
1. 復習報告的寫作基本知識。
2. 班級開會，集體討論本學期班級做了哪些工作，取得了哪些成效，有哪些經驗和體會，有哪些不足。

3. 每位同學獨立撰寫班級工作報告。
4. 學生根據教師的講評修改文稿。

任務三　請示的撰寫

【實訓情景】
本班級擬舉辦秘書節慶祝活動，需要經費 1,000 元。以班委的名義向學院團委申請經費。
【實訓重點】
請批性請示標題和正文的寫法。
【實訓步驟】
1. 復習請示的寫作基本知識。
2. 每位同學獨立撰寫請示文稿。
3. 學生根據教師的講評修改文稿。

任務四　批覆的撰寫

【實訓情景】
以學院團委的名義，對上述請示作批覆，同意撥款 500 元作為活動經費。
【實訓重點】
批覆正文的撰寫。
【實訓步驟】
1. 復習批覆的寫作基本知識。
2. 每位同學各自以學院分團委的名義撰寫批覆，批示同意下撥經費 500 元。
3. 學生根據教師的講評修改文稿。

任務五　函的撰寫

【實訓情景】
班級希望能到市檔案館進行檔案管理工作實習，以學院的名義撰寫一份商洽公函。
【實訓重點】
商洽函的撰寫。
【實訓步驟】
1. 復習函寫作的基本知識。
2. 每位同學獨立撰寫函。
3. 學生根據教師的講評修改文稿。

任務六　會議紀要的撰寫

【實訓情景】
班級召開實訓工作總結會，總結本次實訓的收穫、體會、建議、不足，撰寫會議紀要。

【實訓重點】
會議紀要格式以及正文的寫作。

【實訓步驟】
1. 班級召開實訓工作總結會，總結本次實訓的收穫、體會、建議、不足，並做好會議記錄。
2. 每位同學獨立撰寫會議紀要。
3. 學生根據教師的講評修改文稿。

四、實訓準備

（一）知識準備

1. 通知
（1）通知的含義
通知適用於發布、傳達要求下級機關執行和有關單位周知或者執行的事項，批轉、轉發公文。
（2）通知的種類
①指示性通知。
②批轉或轉發性通知。
③發布性或印發性通知。
④知照性通知。
⑤會議通知。
⑥任免性通知。
（3）通知的特點
①發布性，發布有關法規和規章。
②指示性，要求下級機關辦理和有關單位周知或執行。
③中轉性，轉發或批轉文件。
（4）通知的結構
通知一般由標題、發文字號、主送機關、正文、落款、成文日期組成。
標題。標題有完全式和省略式兩種。完全式標題由發文機關名稱、事由和文種三個部分組成。
主送機關用全稱或規範簡稱。
正文一般由通知緣由、通知主體、執行要求三個部分組成。
通知緣由：主要寫制發通知的現狀、原因、目的、依據、工作意圖。常用「現將有關事項通知如下」或「具體要求如下」轉入下文。
落款使用全稱或規範簡稱。

成文時間使用阿拉伯數字，年、月、日要寫全。

2. 報告

（1）報告的含義

適用於向上級機關「匯報工作，反應情況，答覆上級機關的詢問」的公文。

（2）報告的種類

①工作報告：工作進展、成績、經驗、問題和打算。

②情況報告：突發事件、重大問題和重要事情。

③答覆報告：針對上級的詢問，實事求是地回答。

（3）報告的特點

①應用範圍的廣泛性：報告的使用者沒有限制。

②行文內容的匯報性：以實際工作和現實問題為主要內容。

③行文方向的單向性：報告屬於上行文，上級機關不予批覆。

（4）語言表達的敘述性

採用敘述的表達方式，一般不用描寫性、抒情性和議論性語言。

報告的結構：一般由標題、發文字號、主送機關、正文、落款、成文日期組成。

正文由導語、事項和尾語組成。

導語寫報告的目的或緣由，之后用「現將有關情況報告如下」的過渡語過渡到下文。

主體即報告的具體內容。

答覆報告的尾語，多用「特此報告」「專此報告」。呈轉報告的尾語，多用「以上報告如無不妥，請批轉……」。

3. 請示

（1）請示的含義

請示是向上級機關請求指示、批准時使用的公文。

請示為上行文，具有強制回覆的性質。請示的行文目的是請求上級機關對本機關單位權限範圍內無法決定的重大事項，以及在工作中遇到的無章可循的疑難問題，給予答覆。

（2）請示的類型

①請求指示的請示，即請求上級機關對有關的方針、政策、規定中的難以理解或不明之處，以及在執行過程中需作變通處理的問題或涉及其他機構職權範圍的問題予以答覆。

②請求批准的請示，即請求上級機關批准編製、機構設置、領導班子組成、幹部任免以及經費、工作任務等問題。

③請求批轉的請示，即請求上級機關對本部門就全局性問題或普遍性問題所提出的解決辦法予以批轉各單位執行。

（3）請示的特點

①行文內容的請求性。請示是向上級機關請求指示，請求批准，內容具有請求性。

②行文事項的單一性。請示要一文一事。

③行文關係的隸屬性。請示只能向本級機關隸屬的直接上級機關提出申請。

（4）請示的結構

請示一般由標題、發文字號、主送機關、正文、落款、成文日期組成。

標題：一般不要出現「申請」「請求」「要求」一類詞語。

主送機關：只寫一個直接上級機關。

正文：由請示緣由、請示事項和結語構成。結語常用「以上意見，請予批示」「以上要求，請予批准」，或「如無不當，請批轉……」等。

4. 批覆

（1）批覆的含義

批覆是適用於「答覆下級機關的請示事項」的公文。批覆為下行文。

（2）批覆的特點

①內容的針對性：針對請示事項作出回答。

②執行的權威性：下級機關不管是否同意批覆內容，都必須嚴格執行。

③行文的簡明性：內容簡明扼要，只做出結論性的批示，不展開具體論述。

（3）批覆的類型

①指示性批覆。

②批准性批覆。

（4）批覆的寫作

結構：由標題、發文字號、主送機關、正文、落款、成文日期組成。

標題：由發文機關名稱、批覆事由、文種組成。

發文字號：為完全式。

主送機關：直屬下級機關（向本機關發出請示的機關）。

正文：事由和答覆事項。

5. 函

（1）函的定義

函是「適用於不相隸屬機關之間商洽工作、詢問和答覆問題、請求批准和答覆審批事項」的公文。函為平行文。

（2）函的特點

①篇幅短小簡潔。

②使用靈活而廣泛。

（3）函的分類

按內容和用途可分為：

①商洽函：商量洽談工作，聯繫有關事宜。

②請批函：向有關主管部門請求批准有關事項。

③答詢函：答覆來函的有關問題。

從公文運行方向可分為：

①去函：發文機關需要商洽或解決有關事項而向受文單位發的函，包括商洽函、詢問函和請批函。

②復函：指對來函所提出的有關事項進行答覆。對函商事宜的答覆只能用復函，不能用批覆。

按性質可以分為：

①公函：用於機關單位正式的公務活動往來；

②便函：用於日常事務性工作的處理。

便函不屬於正式公文，沒有公文格式要求，甚至可以不要標題，不用發文字號，只需要在尾部署上機關單位名稱、成文時間並加蓋公章即可。

(4) 函的結構

標題（便函可不用），由發文機關名稱（便函可不用）、事由和文種三部分組成，后兩個要素不能省略。如果是復函，應寫明「復函」或「函復」。去函和復函正文內容稍有不同。

去函正文一般由以下內容組成：

①緣由：理由要充分有力。

②事項：簡明扼要。

③結尾：希望用語。

去函在正文結尾時，常用致意的詞語，詢問函如「煩請予以大力支持為盼」「……為荷」以及「敬禮」等。

復函正文一般由以下內容組成：

①緣由：一般首先引敘來函的標題、發文字號，然后再交代根據，以說明發文的緣由，最后用過渡語轉入答覆。

②事項：給予明確具體的回覆。如不同意，還應講明具體原因。

③結尾：「此復」「專此函復」。

所有函最后都有落款和成文時間。

6. 會議紀要

(1) 會議紀要的含義

會議紀要是「適用於記載和傳達會議情況和議定事項」的公文。

會議紀要根據會議、會議文件和其他會議資料分析歸納寫成，既可上呈，又可下達，被批轉或被轉發至有關單位遵照執行，使用廣泛。

(2) 會議紀要的特點

①紀實性。會議紀要須如實反應會議的內容和議定事項，不能把沒有經過會議討論的問題寫進會議紀要。

②提要性。會議紀要是會議的要點，必須對會議繁雜的情況和內容進行綜合、概括性的整理，即概括出主要精神，歸納出主要事項，體現出中心思想，使人一目了然。

③約束性。會議紀要一經下發，便要求與會單位和有關人員遵守執行。

(3) 會議紀要的基本結構

會議紀要一般由標題、受文機關、正文和成文日期構成。

標題：會議紀要標題由會議名稱和「紀要」組成。

受文機關：不寫主送機關，而是需要抄送各與會機關及需要知道會議情況的機關。

正文：一般由開頭、主體和結尾三部分組成。

會議紀要開頭概述會議的基本情況，一般包括時間、地點、會議名稱、主辦單位、主要領導人、參加會議範圍、主持人、召開會議的目與依據、基本議程和主要活動，以及會議的效果、意義、評價等。所寫內容視具體情況而定，應做到簡明扼要，以便讓人們對會議有總體的瞭解。開頭部分常用「現將會議內容紀要如下」「現將會議議定（討論決議）事項紀要如下」引出下文。常見的寫法有：①條目式，即將會議的各項內容分條列項地一一列出，一段寫一條，一條寫一個內容；②魚貫式，即將會議的基本情況概括、綜合為一個段落，一氣呵成。

主體。主體是會議紀要的核心部分，主要包括對工作的評價、討論的主要問題以及對

問題的分析、解決問題的方式方法、達成的共識、共同確定的責任和義務、會議議定事項、提出的要求等。要根據會議的中心議題、分主次、有重點地對會議的內容進行歸納和提煉。會議紀要經常使用「會議認為」「會議討論了」「會議通過了」「會議聽取了」「會議強調」等句式作為層次或段落的開頭語。它一般有綜述式、分項式、摘要式三種寫法。

結語。結語一般是提出希望，要求貫徹會議精神，完成會議提出的各項工作任務。這部分內容也可以不寫，視具體情況而定。

成文日期。日期可在正文之后，也可在標題之下。

(二) 材料準備

電腦若幹臺。

五、建議學時

48課時。

六、實訓工具箱

【案例1】 國務院辦公廳關於加快推進廣播電視

各省、自治區、直轄市人民政府，國務院各部委、各直屬機構：

廣播電視村村通工程實施以來，有效擴大了農村廣播電視覆蓋面，全國已基本消除廣播電視覆蓋盲區，解決了廣大農村群眾聽廣播難、看電視難的問題。但隨著經濟社會發展和科學技術水平的提高，廣播電視服務供給、服務能力和服務手段還不能滿足人民群眾日益增長的精神文化需求，與全面建成小康社會的目標還存在一定差距，迫切需要在廣播電視村村通基礎上進一步提升水平、提質增效，實現由粗放式覆蓋向精細化入戶服務升級，由模擬信號覆蓋向數字化清晰接收升級，由傳統視聽服務向多層次、多方式、多業態服務升級。加快廣播電視村村通向戶戶通升級是構建現代公共文化服務體系的重要舉措，對於創新和完善城鄉廣播電視公共產品和服務供給、引領現代文化傳播、促進文化和信息消費、提高公民的思想道德和科學文化素質、適應分眾化差異化傳播趨勢具有重要意義。為切實推動廣播電視戶戶通工作，經國務院同意，現通知如下：

一、總體要求

(一) 指導思想。全面貫徹黨的十八大和十八屆三中、四中、五中全會精神，按照黨中央、國務院決策部署，堅持以人民為中心的工作導向，以改革創新為動力，以升級發展為主線，以基層為重點，充分發揮中央和地方兩個積極性，充分發揮政府和市場作用，大力提升廣播電視覆蓋能力和服務能力，為滿足人民群眾廣播電視基本公共服務需求提供充分保障，為滿足人民群眾個性化多樣性文化服務需求創造良好環境。

(二) 工作目標。統籌無線、有線、衛星三種技術覆蓋方式，到2020年，基本實現數字廣播電視戶戶通，形成覆蓋城鄉、便捷高效、功能完備、服務到戶的新型廣播電視覆蓋服務體系。地面無線廣播電視基本實現數字化；有線廣播電視網路基本實現數字化、雙向化、智能化，全國有線網路整合取得明顯成效，實現互聯互通；直播衛星公共服務基本覆蓋有線網路未通達的農村地區；廣播電視基本公共服務達到國家指導標準，市場服務效能進一步提高，基礎設施保障能力全面提升，長效機制更加完善。

二、主要任務

（一）全面實現數字廣播電視覆蓋接收。按照「技術先進、安全可靠、經濟可行、保證長效」的原則，兼顧考慮補充覆蓋和安全備份的需要，由省級人民政府統籌確定本地區無線、有線、衛星三種技術方式的覆蓋方案，因地制宜、因戶制宜推進數字廣播電視覆蓋和入戶接收。在有條件的農村鼓勵採取有線光纜聯網方式，在有線電視未通達的農村地區鼓勵群眾自願選擇直播衛星、地面數字電視或「直播衛星+地面數字電視」等方式。堅持統一規劃、統一標準、統一組織，在統籌頻率、標準、網路建設的前提下，推進完成中央廣播電視節目的無線數字化覆蓋；支持以中國廣播電視網路有限公司為主體加快全國有線電視網路整合，盡快實現有線網路互聯互通和「全國一張網」；支持直播衛星平臺擴容提升公共服務支撐能力，支持地域廣闊、傳統覆蓋手段不足的偏遠地區省、市廣播電視節目通過直播衛星傳輸，定向覆蓋本省、市行政區域，更好滿足群眾收聽收看貼近性強的廣播電視節目的需求。

（二）充分保障基本公共服務。按照國家基本公共文化服務指導標準（2015—2020年），確保通過無線（數字）提供不少於15套電視節目和不少於15套廣播節目，通過無線（模擬）提供不少於5套電視節目和不少於6套廣播節目；通過直播衛星提供25套電視節目和不少於17套廣播節目；有線廣播電視在由模擬向數字整體轉換過程中，保留一定數量的模擬電視節目供用戶選擇觀看，有條件的地區可確定一定數量的數字電視節目作為基本公共服務項目。中央和各地開辦的民族語綜合類廣播電視節目，應分別納入相應公共服務保障範圍。廣播電視播出機構要加強與政府相關部門的合作，開辦合辦科技致富、農林養殖、知識普及、法治建設、衛生防疫、運動健身、防災減災、水利氣象、文化娛樂等貼近基層群眾需要的服務性廣播電視欄目節目，並逐步增加播出時間。

（三）加快建設全國應急廣播體系。按照「統一聯動、安全可靠、快速高效、平戰結合」的原則，統籌利用現有廣播電視資源，加快建立中央和地方各級應急廣播製作播發和調度控制平臺，與國家突發事件預警信息發布系統連接。升級改造傳輸覆蓋網路，布置應急廣播終端，健全應急信息採集發布機制，形成中央、省、市、縣四級統一協調、上下貫通、可管可控、綜合覆蓋的全國應急廣播體系，向城鄉居民提供災害預警應急廣播和政務信息發布、政策宣講服務。

（四）大力提升基礎設施支撐保障能力。按照廣播電視工程建設標準和相關技術標準，加快推進縣級及以上無線發射臺（轉播臺、監測臺、衛星地球站）等基礎設施建設，滿足廣播電視安全播出和監測監管需要；加強基層廣播電視播出機構基礎設施和服務能力建設，提升公共服務保障能力。在推進基層綜合性文化服務設施建設時，充分考慮農村廣播室、廣播電視設施設備維修維護網點需求。充分利用現有基礎設施，加強有線電視骨幹網和前端機房建設，採用超高速智能光纖傳輸和同軸電纜傳輸技術，加快下一代廣播電視網建設，提高融合業務承載能力。

（五）引導培育個性化市場服務。鼓勵各地在基本公共服務節目基礎上，通過政策引導、市場運作等多種手段增加公益節目、付費節目和其他增值服務。鼓勵廣電、電信企業及其他內容服務企業，以寬帶網路建設、內容業務創新推廣、用戶普及應用為重點，開展智慧城市、智慧鄉村、智慧家庭建設，發展高清電視、移動多媒體廣播電視、交互式網路電視（IPTV）、手機電視、數字廣播、回看點播、電視院線、寬帶服務、網路電商等新興業務和服務，滿足群眾多樣化、多層次文化信息需求，促進文化信息消費，帶動關鍵設備、

軟件、系統的產業化，催生新的經濟增長點。

（六）深入推進長效機制建設。加快建立政府主導、社會化發展的廣播電視公共服務長效機制，逐步形成「縣級及以上有機構管理、鄉鎮有網點支撐、村組有專人負責、用戶合理負擔」的公共服務長效運行維護體系。採取政府購買、項目補貼、定向資助、貸款貼息等政策措施，支持各類社會組織和機構參與廣播電視公共服務。依託基層綜合性文化服務中心，整合基層廣播電視公共服務資源，推進廣播電視戶戶通，提供應急廣播、廣播電視器材設備維修等服務。規範有線電視企業、直播衛星接收設備專營服務企業營運服務行為，組織開展營運服務質量評價，促進服務水平不斷提升。

三、政策保障

（一）加大資金投入。按照分級負責原則，中央和地方各級人民政府分別負責本級無線發射臺（站）、轉播臺（站）、監測臺（站）等廣播電視公共設施和機構的建設改造和運行維護資金，中央財政通過現有渠道安排轉移支付資金，對地方按有關規定轉播中央廣播電視節目予以適當補助，支持地方統籌推進包括廣播電視戶戶通在內的公共文化服務體系建設。

（二）完善支持政策。穩妥開展直播衛星除基本公共服務節目外其他增值服務的市場化營運試點，在滿足用戶基本收視需求的基礎上提供更豐富的節目選擇，並處理好基本公共服務與增值服務的關係。在國家廣播電視機構控股51%以上的前提下，鼓勵其他國有、集體、非公有資本投資參股縣級以下新建有線電視分配網和有線電視接收端數字化改造。鼓勵廣電、電信企業參與農村寬帶建設和運行維護，鼓勵建設農村信息化綜合服務平臺。城鄉規劃建設要為廣播電視網預留所需的管廊通道及場地、機房、電力設施等，網路入廊收費標準可適當給予優惠。加大政府向社會購買服務力度，鼓勵社會機構參與公益性廣播電視節目製作、公益性廣播電視專用設施設備維修維護等，有條件的地方可根據實際情況，向特殊群體提供有線電視免費或低收費服務。

四、組織領導

（一）強化政府責任和協調配合。地方各級人民政府是本地區推進廣播電視村村通向戶戶通升級工作的責任主體，要切實加強組織領導，成立政府分管負責同志牽頭、新聞出版廣電部門負責組織實施、發展改革和財政等有關部門參加的領導小組，形成政府統一領導、部門密切配合的工作推進機制。要切實把做好廣播電視戶戶通相關基本公共服務納入地方各級人民政府的工作日程，納入地方經濟社會發展總體規劃和文化改革發展專項規劃，納入公共財政支出預算，納入扶貧攻堅計劃，作為幹部綜合考核評價的重要參考，確保各項目標任務順利完成。

（二）加強資金保障和督促檢查。各級新聞出版廣電、發展改革、財政等部門要切實履行職能，提高服務水平。要按照職責統籌安排所需資金，加強資金管理和審計監督，提高資金使用效益，確保專款專用，不得截留和挪用；加強基層隊伍和人員培訓，使廣播電視專兼職人員掌握必備的專業技能；加強工程監督管理和驗收檢查，確保廣播電視服務質量和水平。

《國務院辦公廳關於進一步做好新時期廣播電視村村通工作的通知》（國辦發〔2006〕79號）同時廢止。此前有關規定與本通知不一致的，按本通知執行。

【分析】

這是一則指示性通知。在通知緣由部分，簡要概括了當前中國農村電視村村通工程實

施以來取得的成就、面臨的不足，指出了農村廣播電視服務供給、服務能力和服務手段急需升級的現實需求，分析了升級的重要意義，交代了發文的依據和意圖。在通知事項部分，全文從總體要求、主要任務、政策保障、組織領導四個方面，分條列項將工作原則、任務以及具體的保障措施、各級機關的工作要求寫清。全文主旨鮮明，層次清晰，邏輯嚴謹，語言簡潔、平實、莊重，具有很強的政策性和指導性。

【案例2】 南寧市2015年第一季度國土資源形勢分析報告

一、2015年第一季度形勢分析工作開展情況

（一）新增建設用地指標使用情況

一季度自治區尚未下達我市年度土地利用計劃指標，也未安排預支指標，因此本季度我市未安排使用新增建設用地指標。

（二）批准建設用地情況

截至2015年3月31日，南寧市共獲批新增建設用地總面積8.51平方千米，環比下降11.55%。新增建設用地獲批量減少的主要原因是使用2014年度計劃指標的項目大多已獲批，而使用2015年度計劃指標的項目還未上報。下一階段，我市將提前介入，主動作為，積極參與項目用地有關前期工作，指導用地單位在規劃範圍內合理選址，避讓優質耕地，不占基本農田；同時，對照土地利用總體規劃、土地利用現狀以及現場勘測等情況，指導用地單位開展用地前期工作，避免出現國土部門指導不到位、用地單位不會操作，進而影響用地報批的情況。

（三）土地整理、復墾、開發情況

目前，我市獲自治區國土資源廳批覆確認新增耕地的土地開墾項目共8個，獲批覆確認新增耕地面積共2.292平方千米，目前該8個項目仍在進行財務決算審計，尚未下文通過竣工驗收。截至2015年3月31日，我市無土地整理、復墾項目下文通過竣工驗收。

（四）國有建設用地供應情況

截至2015年3月31日，南寧市國有建設用地供應總面積為3.016平方千米，環比下降58.63%。南寧市本級供應國有建設用地75宗，供應宗地數環比下降34.21%，供應面積環比下降65.82%。供應總量下降的原因主要是土地供應總量中占地面積較大的交通運輸用地及基礎設施項目較少。

（五）礦產勘查開發市場情況

截至2015年3月31日，南寧市出讓採礦權8個，環比下降38.46%。其中協議出讓（延續和變更）7宗，掛牌出讓1宗。

（六）地質災害情況

截至2015年3月31日，南寧市發生地質災害3起，環比下降40%；崩塌3起，造成直接經濟損失0.8萬元。

二、當前重點關注的傾向性、苗頭性問題

土地無法形成「淨地」，難以出讓。一是部分項目，尤其是自治區、南寧市重大招商引資項目的用地，過多考慮招商引資項目業主的選址，沒有按照南寧市的規劃佈局進行定點，增加了出讓前期工作的難度；二是我市目前土地收儲能力相對比較薄弱，受用地指標、融資能力、徵地補償、安置等方面影響，資金缺口較大，一般為「邊收儲邊出讓」，不能達到「先收儲後出讓」的要求；三是我市管線改造進度跟不上城市規劃路網調整速度，由於管線

遷移涉及部門多、時間長，在一定時間內完成管線遷移工作難度較大。

三、下一步工作建議

我市作為不動產統一登記制度改革國家級試點城市，現已掛牌成立市不動產登記局，建立工作聯席會議制度。目前正在研究起草《南寧市不動產統一登記工作方案》，下一階段需研究開發不動產登記信息管理系統，實現信息資源共享；同時，為實現新、舊體制的良好銜接，需研究制定不動產統一登記的地方性政策、權屬爭議調處等相關政策。我市推動不動產統一登記工作任務艱鉅，懇請上級國土資源部門加強對我市不動產登記工作的指導。

【分析】

這是一則建議報告。全文分為三個部分：第一部分介紹情況，第二部分指出應當注意的苗頭性、傾向性問題，第三部分向上級提出工作建議。全文脈絡清楚，邏輯嚴明，語言準確得體。

【案例 3】××區××中學關於增撥教學設備款的請示

××區教育局：

為貫徹黨和國家全面推進素質教育的精神，落實「學號計算機，要從娃娃抓起」的指示，改變學校計算機設備嚴重不足且落後的現狀，我校擬於今年下半年新建微機室一個，配備 586 計算機 60 臺，加上服務器、空調等其他配套設備，預計約需資金 40 萬元。為此，特懇請上級給我校增撥 30 萬元教學設備專用費，資金不足部分由我校自籌解決。

妥否，請批覆。

××區××中學
××年××月××日

【分析】

這是一則請求增撥款項的請示。開頭開門見山，闡述了學校建設微機室的政策背景及學校現狀，介紹了新建微機室的設備配備情況及資金需求，最後提出要求。全文理由充足，態度明朗，要求明確，語言準確得體。

【案例 4】國務院關於同意將廣東省惠州市列為國家歷史文化名城的批覆

廣東省人民政府：

你省《關於申報惠州市成為國家歷史文化名城的請示》（粵府〔2014〕41 號）收悉。現批覆如下：

一、同意將惠州市列為國家歷史文化名城。惠州市歷史悠久，遺存豐富，文化多元，底蘊深厚，城區傳統格局和風貌保存完好，具有重要的歷史文化價值。

二、你省及惠州市人民政府要根據本批覆精神，按照《歷史文化名城名鎮名村保護條例》的要求，正確處理城市建設與保護歷史文化遺產的關係，深入研究發掘歷史文化遺產的內涵與價值，明確保護的原則和重點。編製好歷史文化名城保護規劃，並將其納入城市總體規劃，劃定歷史文化街區、文物保護單位、歷史建築的保護範圍及建設控制地帶，制定嚴格的保護措施。在歷史文化名城保護規劃的指導下，編製好重要保護地段的詳細規劃。在規劃和建設中，要重視保護城市格局，注重城區環境整治和歷史建築修繕，不得進行任何與名城環境和風貌不相協調的建設活動。

三、你省和住房城鄉建設部、國家文物局要加強對惠州市國家歷史文化名城規劃、保

護工作的指導、監督和檢查。

【分析】

這是一則審批性批覆。開頭引述來文標題、發文字號作為批覆依據，然后針對下級單位的請示事項做出具體答覆。第一條表明同意的態度。第二條提出工作要求。第三條明確了負有指導、監督、檢查任務的單位。全文態度明朗，意見具體，文字精練，用語得當。

【案例5】市政府召開常務會傳達學習××書記、×××書記的講話精神

傳達學習××書記在南寧調研時的重要講話精神及自治區黨委常委、市委書記×××在市委常委會召開擴大會議時的講話精神

2月27日上午，市政府召開常務會議，專題傳達學習自治區黨委書記××在南寧調研時的重要講話精神，以及自治區黨委常委、市委書記×××在市委常委會召開擴大會議時的講話精神。會議強調，全市各級各部門要把學習好、領會好、貫徹好重要講話精神作為近期的重點工作來抓，明確部門責任，狠抓落實和督察，推動城市規劃建設管理等問題的解決。

市長周×主持會議。

會議指出，全市各級、各部門要把學習好、領會好、貫徹好中央城市工作會議精神，習近平總書記、李克強總理重要講話精神，以及自治區黨委書記××在南寧調研時的重要講話精神和自治區黨委常委、市委書記×××在市委常委會擴大會議上的講話精神，作為近期政府的重點工作來抓。特別是涉及城市規劃建設管理的部門，要專門組織學習，在學習領會的基礎上，結合各自的工作實際，提出貫徹落實的意見和措施。要把新理念、新要求、新部署落實到今年的工作中，落實到當前的工作中。

會議強調，要明確部門責任，狠抓落實和督察。對於××重要講話當中提到的具體任務，市政府督察室要明確落實部門，明確完成時限，按季度進行督察。對在調研座談會上相關區直部門對我市需要幫助解決的問題做出了回應，各部門也要及時跟蹤落實。要把相關新理念、新要求落實到我市今年各項規劃建設管理工作當中，嚴格審批，嚴格執行，進一步加快和提升海綿城市建設，加強城市精細化管理。

會議強調，要認真開展系列調研，及時研究貫徹落實的措施和籌備好南寧市城市工作會議的相關工作。堅持問題導向，出抬政策和措施，推動城市規劃建設管理相關問題的解決。

【分析】

這一則會議紀要導言部分介紹了會議時間、召開單位、會議主題、主持人。正文部分用「會議指出……」「會議強調……」等提起每段開頭，層次清晰。

項目十　事務管理文書寫作實訓

一、實訓目標

知識目標：掌握事務文書如計劃、總結、簡報、規章制度等各文種的含義、特點、種類、結構。

能力目標：撰寫的文書能根據實際情況，做到觀點正確、鮮明；材料真實、典型；結構完整、層次清楚、段落分明、邏輯嚴謹；語言準確、簡明、平實、得體。

二、適用課程

商務文書寫作及實訓課程。

三、實訓內容

任務一　撰寫計劃文書

【實訓情景】
根據本人的實際情況，撰寫下學期個人計劃，要求包含學習、生活等多個方面。

【實訓重點】
掌握計劃的寫作特點和寫作要求。尤其注意掌握計劃的可行性與預見性。

【實訓步驟】
1. 復習計劃的寫作知識。
2. 每位同學撰寫個人下學期計劃。
3. 學生根據教師的評講修改文稿。

任務二　撰寫總結文書

【實訓情景】
以班委會名義根據班級實際情況撰寫本學年班級工作總結。

【實訓重點】
掌握總結的寫作特點和寫作要求。

【實訓步驟】
1. 復習總結的寫作知識。集體討論本學年班級的工作情況。
2. 每位同學獨立以班委會名義撰寫本學年班級的工作總結。
3. 根據教師的講評修改文稿。

任務三　撰寫簡報

【實訓情景】
從校園網選取內容，以校宣傳部的名義撰寫本校本月工作簡報。
【實訓重點】
能夠選取恰當的材料，用正確的格式編寫簡報。
【實訓步驟】
1. 復習簡報寫作知識。集體討論如何選取材料。
2. 每位同學獨立編寫一則簡報。
3. 學生根據教師的講評修改文稿。

任務四　規章制度的寫作

【實訓情景】
根據實際情況制定本人居住的集體宿舍的宿舍公約。
【實訓重點】
注意公約的可操作性。
【實訓步驟】
1. 復習規章制度的寫作知識，集體討論宿舍公約的內容。
2. 學生撰寫宿舍公約。
3. 學生根據教師的講評修改文稿。

四、實訓設備

（一）知識準備

1. 計劃

（1）計劃的含義

計劃是為完成一定時期的任務而事前擬訂目標、措施和要求的事務文書。

（2）計劃的分類

計劃按形式可分為條文計劃、表格式計劃和條文表格結合式計劃。

計劃按內容、時間、成熟程度可分為規劃、要點、安排、方案、打算、設想等。

（3）計劃的特點

①預見性。

②針對性。

③可行性。

④約束性。

（4）計劃的基本結構

計劃由標題、正文和結尾三個部分組成。

①標題：由單位名稱、期限、內容範圍、文種組成。內容範圍和文種不能省略，單位

名稱和期限可根據需要取捨。

②正文一般由開頭、主體和結尾三個部分組成。

開頭，或闡述依據，或概述情況，或直述目的，要寫得簡明扼要。

主體，即計劃的核心內容，闡述「做什麼」（目標、任務）、「做到什麼程度」（要求）和「怎樣做」（措施辦法）三項內容。

結尾，或突出重點，或強調有關事項，或提出簡短號召，當然也可不寫結尾。

2. 總結

（1）總結的含義

總結是對過去某一階段的實踐情況的回顧、檢查、分析和研究，找出經驗教訓和規律性的認識，以指導今后工作的應用文書。常用的小結、體會也是總結。

（2）總結的特點

說理性。總結不僅要陳述工作情況，更要揭示理性認識。能否進行理性分析，能否找出帶有規律性的東西，是衡量一篇總結寫得好壞的重要標準。

指導性。找出帶有規律性的東西，用以指導今后的工作，這就是總結的實質。

客觀性。總結是以自身的實踐活動為依據，所列舉的事例和數據必須完全可靠、確鑿無誤，任何誇大或縮小、隨意杜撰、歪曲事實的做法都會使總結失去應有的價值。

簡明性。總結往往作概括敘述，而不必具體描寫；作簡要說明，而不必旁徵博引；作直接議論，而不必多方論證。

（3）總結的種類

總結按內容可分為工作總結、學習總結、生產總結和思想總結。

總結按性質可以分為綜合性總結和專題性總結。

總結按範圍可以分為單位總結、部門總結和個人總結等。

總結按時間可以分為年度總結、季度總結、月總結等。

以上是根據不同的標準把總結分成若幹種類，事實上，同一篇總結往往同時具有上述幾類總結的屬性。

（4）總結的結構

總結一般由標題、正文和落款構成。

標題主要有以下兩種：

①公文式標題，一般由位名稱、時限、內容、文種構成。其中，文種不能省略，其他有時可以省略。

②文章式標題。文章式標題有以下兩種：

單標題。此類標題主要是揭示觀點，概括內容，靈活自擬，如「走好三步棋，選好『一把手』」「深層的反思」「面向國際市場，立足適銷對路」等。

雙標題。正標題一般概括主要內容或揭示主題，副標題是對正標題的補充、說明、完善，如「售后服務是企業的命根子」「××服務中心 2003 年工作總結」。

正文。總結的正文分為開頭、主體、結尾三部分。

①開頭。總結的開頭主要用來概述基本情況，包括單位名稱、工作性質、主要任務、時代背景、指導思想，以及總結目的、主要內容提示等。開頭要簡明扼要。

②主體。這是總結的主要部分，內容包括成績和做法、經驗和教訓、今后打算等方面。這部分篇幅大、內容多，要特別注意層次分明、條理清楚。

主體部分常見的結構形態有以下三種：

第一，縱式結構，就是按照事物或實踐活動的過程安排內容。寫作時，把總結所包括的時間劃分為幾個階段，按時間順序分別敘述每個階段的成績、做法、經驗、體會。這種寫法的好處是事物發展或社會活動的全過程清楚明白。

第二，橫式結構，按事實性質和規律的不同分門別類地依次展開內容，使各層之間呈現相互並列的態勢。這種寫法的優點是各層次的內容鮮明集中。

第三，縱橫式結構。安排內容時，即考慮到時間的先后順序，體現事物的發展過程，又注意內容的邏輯聯繫，從幾個方面總結出經驗教訓。這種寫法多數是先採用縱式結構，寫事物發展的各個階段的情況或問題，然后用橫式結構總結經驗或教訓。

主體部分的外部形式，有貫通式、小標題式、序數式三種情況。

貫通式適用於篇幅短小、內容單純的總結。它像一篇短文，全文之中不用外部標誌來顯示層次。

小標題式將主體部分分為若干層次，每層加一個概括核心內容的小標題，重心突出，條理清楚。

序數式也將主體分為若干層次，各層用「一、二、三……」的序號排列，層次一目了然。

③結尾。結尾是正文的收束，應在總結經驗教訓的基礎上，提出今后的方向、任務和措施，表明決心，展望前景。這段內容要與開頭相照應，篇幅不應過長。有些總結在主體部分已將這些內容表達過了，就不必再寫結尾。

3. 簡報

（1）簡報的含義

簡報是黨政機關、群眾團體、企事業單位編發的反應情況、傳播信息、交流經驗、指導工作的一種摘要性的內部文件，也叫作「情況反應」「情況交流」「簡訊」「動態」「內部參考」等。簡報主要用於下情上傳、上情下達、同級機關之間互通情況。

（2）簡報的特點

快——時效強，報送及時。

簡——形式短，簡明扼要。

新——內容新鮮，觀點新穎。

密——傳閱範圍有限。

（3）簡報的種類

簡報按內容分為工作簡報、動態簡報、會議簡報。

簡報按編寫方式分為專題式、綜合式、信息報送式、經驗總結式、轉發式。

（4）簡報的基本結構

簡報從結構上一般分為報頭、報核、報尾三個部分。

報頭。報頭第一行，用套紅大號粗體字寫出名稱「××簡報」，約占全頁三分之一的位置。第二行，簡報的下面寫簡報的期數，有的還註明總期數。第三行，左邊寫編發單位名稱，右邊對稱寫出報日期。在單位和日期下面有橫隔線與報核分開。

密級和份數序號用得較少，若有，分別位於報頭左右上方。

報核。刊登簡報文稿的部分稱為「報核」，是簡報的核心部分。它一般由目錄、按語、標題、正文、作者五項組成。

目錄。綜合性簡報和內容較多的簡報，往往在第一頁報頭之下編排簡報。只有一篇文章的簡報，不必排目錄。

按語。按語是由簡報編發部門加寫的說明性或評論性材料。目的是表示發文單位對本期所反應的情況和提出的問題的傾向性意見，幫助讀者加深對簡報內容的認識和理解。不是所有簡報都需要加按語，有的簡報需要加編者按語。按語寫在標題上面，字體比正文字體稍小，兩側各向中間縮進兩字，有的周圍還加上花邊，以示區別。

標題。標題力求準確、鮮明、簡短，使人一看就瞭解文章的主題。有時在標題下使用副標題。標題表達文章的主旨，副標題交代報導對象及範圍，起補充說明作用。

正文。正文一般包括開頭、主體和結尾三個部分。

簡報的開頭也叫導語。要求用簡明的文字把全文的中心和主要事實概括出來。它可以是幾句話或一個自然段，起「篇首相其目」的作用。導語通常有四種表達方式：一是描寫式，以簡要的描述引出主要內容；二是結論式，開門見山地道出結論，然后作具體陳述；三是敘述式，用陳述的語氣把全文中心和主要事實概括出來；四是提問式，先提出問題，然后作答——表達中心內容。有的簡報內容不複雜，篇幅不長，讀者一看就能抓住中心，可以不用導語。

主體是簡報闡述其中心思想的部分。它主要是對導語中交代的問題用典型的或有說服力的材料詳細地進行解釋，使導語中所概括的內容具體化。這一部分主要著力陳述基本情況，介紹取得成績的具體做法，總結帶有規律性的經驗，提出存在的問題和解決措施。

正文之結尾的寫法有號召式、激勵式、小結式、隨主體寫完而自然結束等。

落款。落款指的是供稿單位的名稱，可寫在正文的右下方，用圓括號括起。

報尾。報尾在正文的下面，一般畫兩條平行橫線，在這兩條橫線內註明發放範圍，印發份數。第二條橫線之下寫編輯姓名。

4. 規章制度

（1）規章制度的含義

規章制度是國家機關、企事業單位、社會團體為了建立正常的工作、學習、生活秩序，依照法律、法令、政策而制定的，具有法規性、指導性和約束力的應用文。它是各種行政法規、章程、制度、公約的總稱。規章制度具有約束性、權威性、穩定性。

（2）規章制度的種類

規章制度大致可以分為行政法規、章程、制度、公約四大類。

（3）規章制度的結構

規章制度一般由標題、正文和落款三個部分組成。

標題。規章制度的標題主要有以下幾種形式：

由制發單位、規章制度內容和文種組成。

由適用對象、規章制度內容和文種組成。

由適用對象和規章制度種類組成。

由規章制度內容和文種組成。

由制發單位和文種組成。

正文。內容簡單的規章制度直接羅列規章條款即可。內容複雜的規章制度大致可以分為開頭、主體、結尾三個部分。正文的形式有分章列條式和條款式。

署名、日期。在正文的右下方寫明訂立該規章制度的單位名稱和日期。如果在標題中

或在標題下已經註明的，可以不再寫。

(二) 材料準備

電腦若干臺。

五、建議學時

48課時。

六、實訓工具箱

【案例1】南寧市文化新聞出版局2015年工作計劃

2015年是全面深化改革的關鍵之年，是全面推進依法治國的開局之年，是全面完成「十二五」規劃的收官之年。我局工作總的思路是：高舉中國特色社會主義偉大旗幟，全面貫徹黨的十八大和十八屆三中、四中全會精神，全面貫徹習近平總書記系列重要講話特別是文藝工作座談會重要講話精神，堅持「文化立局、精品亮局、產業興局、人才強局」，以體制改革、文化創新為動力，以事業發展、產業優化為重點，以強化管理、提升素質為保障，加快推進「公共文化服務體系、文化遺產保護體系、現代文化傳媒體系、文化產業發展體系、文化行業治理體系」五大建設，深入實施「文化服務提質、文化傳承示範、文化傳媒融合、文化產業拓展、文化人才領軍、文化管理創新」六項工程，為全力開創首府文化新聞出版廣播影視發展新局面，奮力提升首府南寧在廣西經濟社會發展中的首位度，譜寫中國夢南寧篇章提供更加堅強的思想保證、精神動力、輿論支持和文化條件！

2015，我局將集中精力突出抓好10項工作：

(1) 突出抓好文化體制機制改革工作。深化局屬事業單位人事、分配、社保、經費等制度改革，進一步激發系統內生活力。

(2) 突出抓好重大文化惠民工程工作。全力實施村級公共服務中心建設等為民辦實事項目，加快推進廣西文化藝術中心等重大文化項目建設，確保南寧博物館新館年底前開館。

(3) 突出抓好主流媒體輿論引導工作。繼續加大對「中國夢」、社會主義核心價值觀、「花樣南寧」等重大主題新聞宣傳，重點策劃好紀念抗戰勝利70周年「血鑄河山」大型直播報導活動，加快打造「動中通」應急新聞採訪車，推動《向人民承諾——電視問政》等品牌欄目的改版升級！

(4) 突出抓好公共文化產品配送工作。紮實開展「深入生活、扎根人民」主題實踐活動，重點打造「百姓大舞臺・想秀你就來——南寧民歌湖周周演百場群眾文化活動」品牌。

(5) 突出抓好區域特色精品打造工作。重點推出大型現代方言音樂話劇《水街》，組織舉辦第三屆中國—東盟（南寧）戲劇周，進一步擴大南寧城市文化影響。

(6) 突出抓好文化遺產保護利用。重點實施開展鎮寧炮臺近代國防歷史陳列館建設工作，著力推進壯族歌圩文化生態保護區申報為自治區級文化生態保護區，策劃推出《文化南寧》廣播電視節目。

(7) 突出抓好「五個一批」人才培訓工作。舉辦「四名」人才、藝術專業人才、經營管理人才、黨政人才、技術人才培訓班，提升業務水平。

(8) 突出抓好文化產業拓展升級工作。優化產業佈局，編製產業規劃，著力打造演藝娛樂、影視製作等8大重點文化產業。

(9) 突出抓好文化行業環境治理工作。繼續清理現有行政許可項目，深入開展掃黃打非行動，全面推進上網服務行業轉型升級，淨化社會文化環境。

(10) 突出抓好為員工辦實事項目工作。加緊完成局綜合樓建設和停車場改造工作。

【分析】

這是一則條文式計劃。標題由單位名稱、計劃時限、計劃內容和文種構成，屬於要素齊全的完整式計劃標題。導言部分交代了制訂本計劃的背景及總體工作思路，正文部分則分條列項地寫出了來年要辦的10件事。語言準確，目標具體。

【案例2】××××年鄉鎮政府糾風工作總結

今年，我鎮按照構建社會主義和諧社會，全域建設中國幸福家園的要求，以鄧小平理論、「三個代表」重要思想和科學發展觀為指導，認真貫徹落實上級政府廉政工作會議精神，緊緊圍繞建設社會主義新農村的目標，按照執政為民的要求，堅持「糾建並舉，綜合治理」的方針和「誰主管，誰負責」的原則，明確任務，突出重點，紮實有效地開展糾風工作。現將我鎮××年糾風工作總結如下：

一、××年糾風工作重點

（一）開展糾風專項治理工作

1. 加強督促檢查

我鎮紀檢部門切實履行職能，把糾風工作作為重要工作任務，認真擔負起責任，定期分析研究本鎮糾風廉政建設的形勢，主動協助黨委、政府研究制定加強糾風整治工作的具體實施方案，加大組織協調和監督檢查力度。同時，我鎮紀檢部門重視結合建設社會主義新農村和全域建設中國幸福家園的新形勢、新任務，不斷創新基層黨風廉政建設的方式、方法；還建立了信息綜合反饋機制，及時解決了工作中出現的新問題。我鎮紀檢部門注意適時和推廣工作中好的做法和經驗，對損害群眾利益造成不良後果的，堅決追究責任。

2. 建立工作聯繫點

我鎮確定了一批黨風廉政建設工作聯繫點，切實加強對聯繫點工作的組織、協調和指導。經常走訪幹部群眾，真實掌握幹部群眾對加強黨風廉政建設的意見和建議。從老黨員、人大代表、政協委員中選聘了一定數量的黨風廉政建設信息員，並注意發揮信息員的作用。

3. 進一步完善黨風廉政建設責任制

我鎮堅持黨委統一領導、黨政齊抓共管、紀委組織協調、部門各負其責、依靠群眾參與和支持的反腐敗體制和工作機制，形成做好黨風廉政建設工作的整體合力。黨委書記和社區（村）黨支部書記是黨風廉政建設的第一責任人，要增強責任意識，務必把這項工作抓緊、抓好、抓出成效。

（二）加強政風行風熱線建設，完善糾風工作平臺

繼續堅持以「政風行風熱線」為依託，推進糾風工作不斷深入。把「政風行風熱線」建設作為反腐倡廉、建設服務型政府和構建和諧社會的一項重要舉措，不斷改進和完善功能。一是建立和完善「政風行風熱線」考核、管理和操作制度，形成用制度管人、用制度謀事的工作機制，提高解決損害群眾利益問題的能力。二是找出群眾關注的熱點難點問題，提出糾風建議和意見，有針對性地開展專項治理，把矛盾消滅在萌芽狀態中，從源頭上預防不正之風問題的發生。

鎮紀委把握好自己的角色，充分發揮在糾風工作中的主導作用，紀委書記直接抓好糾

風工作的落實,親自部署,親自組織協調,督促檢查糾風工作。各有關部門,特別是教育、計生、民政、國土、派出所等部門積極配合,確保本部門不出現不正之風。

二、糾風工作開展情況

(一) 加強領導,狠抓落實

為使我鎮的糾風工作各項任務落到實處,成立了以鎮長為組長,紀委書記為副組長,相關成員單位負責人為組員的「萬安鎮糾風工作領導小組」,具體落實糾風工作各項任務。領導小組下設辦公室,辦公室設在鎮黨政辦公室,負責抓好全鎮的日常糾風工作。

(二) 大力開展反腐倡廉工作

鎮村反腐倡廉突出重點,與落實黨的××大精神相結合,與建設社會主義新農村歷史進程相應。在對黨員、幹部普遍進行理想信念、黨的宗旨和黨風廉政建設的同時,以鎮、村領導班子成員和站所負責人為重點,加強其對科學發展觀、社會主義榮辱觀、政策法規和黨紀條規的認識。組織黨員幹部認真學習實踐鄧小平理論和「三個代表」重要思想,增強黨員幹部的黨性修養、群眾觀念、法紀意識和廉潔從政的自律性。

在形式上,採取輪訓、主題、集中、形勢報告會、講黨課等形式,發揮遠程的作用,增強實效性。大力宣傳優秀鎮村幹部的先進事跡,發揮正面示範作用。努力推進廉政文化進村組、進家庭,採取豐富多彩的形式,開展生動活潑、喜聞樂見的廉政文化活動,形成以廉為榮、以貪為恥的良好社會氛圍。

把反腐倡廉納入黨員、幹部培訓計劃。以培訓班形式對鎮、村領導班子成員和站所幹部進行紀律和廉政培訓。

(三) 規範黨員、幹部行為

黨員、幹部要廉潔奉公、忠於職守,嚴格執行「十不準」規定。①不準違反程序和規定擅自處置集體資金、資產、資源;②不準利用職務挪用、侵占、截留扶貧、救災資金和實物,不得侵害集體和群眾利益;③不準用公款大吃大喝、請客送禮、參與營業性場所娛樂活動和變相公款旅遊;④不準借婚喪嫁娶事宜大操大辦,聚錢斂財或利用職權借用公款逾期不還;⑤不準參與宗族宗派等非組織活動;⑥不準利用職務之便為本人、配偶、子女、其他親屬謀取不正當利益;⑦不準拉票賄選和在入黨、提干方面搞權錢交易;⑧不準虛報浮誇、弄虛作假騙取榮譽和其他利益;⑨不準以任何理由和形式違反規定向農民亂集資、亂攤派,違反農民意願超範圍、超標準向農民籌資籌勞和強行以資代勞,變相加重農民負擔;⑩不準參與封建迷信活動、賭博等。農村基層黨員幹部要嚴格對照「十不準」要求,年初作出公開承諾,年末述廉,接受群眾評議。

(四) 加強對村級財務的監督和管理

積極推行「村財民理鎮監管」制度,嚴格村財務收支審批程序,嚴把財務收支關。切實發揮民主理財小組和村民監督作用,建立完善村委會向村民會議報告財務管理情況並接受村民質詢制度。

(五) 加強對鎮村幹部的監督

認真落實鎮黨委和村黨支部組織生活會制度;逐步將任前廉政談話、廉政承諾、誡勉談話和重大事項報告、民主生活會、述廉、民主評議等黨內監督制度向村一級延伸;積極開展構建懲防體系工作;加大從源頭上治腐工作力度。按照科學發展觀和正確政績觀要求,健全農村基層幹部政績考核機制。

（六）做好政務、社區（村）務公開、辦事公開和黨務公開

完善鎮村公開機制，規範公開內容和重點。重點公開貫徹落實中央、省、市有關農村工作政策、惠農政策情況，各類專項資金、財政轉移支付資金使用等情況。社區（村）務公開要以財務收支為重點，以村集體土地徵用、計劃生育指標分配、宅基地審批、機動地發包、社區（村）公益事業等為主要內容，並及時公開糧食直補、退耕還林、退田還湖補助資金兌現、扶貧款物發放等農民群眾關注的熱點內容。大力推行辦事公開制度，切實糾正和解決少數站所工作人員工作方法簡單粗暴、辦事效率低下、與民爭利等問題。黨務公開上重點公開村黨支部的工作目標、決策內容和程序、幹部選拔任用、違法問題的處理、黨內組織活動等內容。堅決防止和糾正不公開、假公開、不及時公開等問題。切實保障農民群眾的知情權、參與權、管理權和監督權。

（七）抓好惠農政策落實情況的監督檢查

認真做好減輕農民負擔工作，重點抓好惠農政策「九個落實」。對直接補貼農民的資金和政策，實行公示制。

（八）嚴肅查處黨員幹部違紀違法案件

重點查處利用職權謀取非法利益案件，巧立名目亂收費、亂罰款和強行集資攤派案件，截留、挪用、侵占、貪污支農資金、徵地補償費和社保資金案件，侵占集體資金、資產、資源案件，賄選、參與賭博案件，以及欺辱群眾、辦事不公、作風粗暴等影響農村和諧社會建設的問題。綜合運用各種手段，打擊腐敗分子，不斷提高查辦案件的綜合效果。

（九）切實做好群眾來信來訪工作

進一步暢通信訪舉報渠道，主動瞭解和解決農民群眾的合理訴求，認真辦理群眾信訪舉報事項，對實名舉報或線索比較具體的舉報、投訴，要做到件件有著落、事事有回音，努力把矛盾化解在基層，將問題消滅在萌芽狀態，維護全鎮大局和諧穩定。

三、糾風工作存在的問題

（1）少部分村組幹部對「三公開」工作認識不足，重視不夠，缺乏主動性，部分群眾民主管理意識不強，監督不力。

（2）政風行風的社會監督工作有待加強。

（3）少部分幹部職工的工作作風有待進一步轉變。

總的來說，一年來，通過紮實的工作，深入實際，深入基層，我鎮糾風工作達到了如期效果。各部門和行業切實做實做到了行為規範、運轉協調、公正嚴明、廉潔高效的要求，促進了部門和行業的風氣明顯好轉，為我鎮的經濟建設和社會各項事業的健康、協調發展創造了良好環境。

【分析】

這是一份橫式結構的專項工作總結。標題由單位名稱、總結時限、總結內容和文種構成，屬於要素齊全的完整式總結標題。導言部分交代了本總結的工作總體思路及基本情況，正文部分則分別從三個方面談了工作的重點成績及問題。文章重點突出，材料翔實，有成績有問題。

【案例3】自治區黨委常委、自治區人民政府相關領導到我校調研

4月20日上午，自治區黨委常委、自治區人民政府相關領導蒞臨我校調研指導工作。學校相關領導陪同視察調研。

自治區黨委常委、自治區人民政府相關領導一行深入我校相思湖校區實驗教學中心和大學生活動中心，實地察看了我校國家級實驗教學示範中心——經濟與管理實驗教學中心、現代金融投資實驗室、建築 BIM 工程技術中心、創新創業學院、財稅實驗室等重點實驗室和學校易班工作站，認真聽取了學校領導和相關部門負責同志的工作匯報。自治區黨委常委、自治區人民政府相關領導對我校建設發展所取得的成就表示肯定，並希望學校進一步明確辦學定位，立足廣西，辦出特色，不斷提高教育教學質量，為全區和經濟社會發展培養出更多高素質的創新型人才。

【分析】

這是一則工作簡報。開頭部分交代了時間、人物以及工作內容。第二部分則是對調研工作內容的具體展開。全文層次分明，語言簡潔。

【案例4】南寧市檔案管理辦法

第一章 總 則

第一條 為了加強檔案管理，有效地保護和利用檔案，為國民經濟和社會發展服務，根據《中華人民共和國檔案法》《中華人民共和國檔案法實施辦法》《廣西壯族自治區檔案管理條例》以及相關法律法規，結合本市實際，制定本辦法。

第二條 本辦法所稱檔案，是指過去和現在的國家機關、社會組織以及個人從事政治、軍事、經濟、科學、技術、文化、宗教等活動直接形成的對國家和社會有保存、利用價值的各種文字、圖表、聲像（錄音、錄像、照片、影片、唱片、磁盤、光盤）、電子文件、實物（獎牌、獎狀、獎杯、獎章、牌匾、錦旗、證書、字畫、印章、紀念品、宣傳品、各種捐贈品）等不同形式的歷史記錄。

第三條 本市行政區域內各級國家機關及其派出機構、團體、企事業單位、村（居）委會以及社會組織和個人應當遵守本辦法。

第四條 市、縣（區）黨委和人民政府應當加強對檔案工作的領導，將檔案事業納入各個時期國民經濟和社會發展規劃，統籌制定檔案事業發展專項規劃。將檔案管理經費納入同級財政預算，並將檔案工作納入年度績效考評體系。

第五條 市、縣（區）檔案行政管理部門應當對本行政區域內的國家機關及其派出機構、團體、企事業單位、村（居）委會以及社會組織的檔案工作進行監督和指導。

第六條 本市行政區域內各級國家機關及其派出機構、團體、企事業單位、村（居）委會以及社會組織，應當將檔案工作納入本單位年度工作計劃，保障工作經費，並指定專人負責。

第二章 檔案機構及其職責

第七條 各級各類檔案室負責監督和指導所屬機構依法做好檔案工作，集中統一管理本單位本部門的檔案。

第八條 各級國家檔案館依法集中接收保管本級國家機關及其派出機構、團體、企業、事業單位以及社會組織到期的各類檔案，逐步擴大接收本級各單位所屬機構的檔案。

市、縣（區）黨委和人民政府應當按照國家標準和規範建設本級國家檔案館。

具備條件的國家級開發區應當按照有關標準和規範建立檔案館，接收開發區各單位永久和長期保存的各種門類檔案及有關資料。

第九條 各級國家機關及其派出機構、團體、企事業單位、村（居）委會以及社會組織

應當按照有關規定設置檔案機構，配備專（兼）職檔案人員，依法做好本單位檔案管理工作。

鄉鎮機關檔案室集中統一保管村（居）委會檔案，實行「村檔鎮管村用」模式，確保村（居）委會檔案的安全保管和有效利用。

第十條 各級國家機關及其派出機構、團體、企事業單位、村（居）委會以及社會組織應當配備具備檔案專業或者與之適應的專（兼）職工作人員。新任人員應當經檔案行政管理部門進行崗位培訓，且在檔案管理崗位工作時間不得少於 2 年。

各級黨委和人民政府開展專項工作成立的臨時機構，應當指定專人負責檔案工作，按規範要求做好檔案的收集、整理、保管和移交。

第十一條 從事檔案仲介服務的機構或者個人，應當嚴格按照檔案管理業務規範和標準開展仲介服務活動，自覺接受檔案行政管理部門的監督和指導。

檔案仲介服務機構和個人在開展仲介服務活動中，應當遵守有關保密制度和規定，並與服務對象簽訂保密協議。

第三章 檔案的管理

第十二條 各級各類檔案館（室）應當建立健全檔案接收、歸檔、整理、保密、保護、鑒定、銷毀、統計、查（借）閱、庫房管理、設備管理等制度，制定檔案人員以及分管領導崗位責任制和檔案安全應急預案，並嚴格遵守。

第十三條 各級國家機關及其派出機構、團體、企事業單位和社會組織及其工作人員在公務活動中形成的檔案資料，應當定期移交本單位檔案機構集中統一管理，任何個人不得拒絕歸檔、據為已有和自行銷毀。

第十四條 移交檔案資料，應當遵守下列規定：

（一）列入市、縣國家檔案館接收範圍的檔案，自檔案形成之日起滿 5 年向市、縣國家檔案館移交；

（二）列入城區國家檔案館接收範圍的檔案，直屬單位自檔案形成之日起滿 1 年、鄉鎮或者街道辦自檔案形成之日起滿 5 年向城區國家檔案館移交；

（三）列入城建檔案館接收範圍的檔案，自工程竣工驗收后 3 個月內向城建檔案管理機構移交；

（四）列入房產、國土檔案館或者企業檔案館接收範圍的檔案，自檔案形成的次年 6 月 30 日前向所屬的檔案館移交；

（五）列入各級政府信息公開的現行文件，應當在公布后 1 個月內，由各級政府信息公開工作機構統一收集、整理和編目，並向同級國家檔案館移交；

（六）已撤銷單位的檔案或者因保管條件惡劣可能導致檔案不安全或者嚴重損毀的，應當提前向同級國家檔案館移交。

向檔案館移交檔案時，應當同時移交相關的電子文件。

因特殊情況需要延長檔案移交期限的，應當經同級檔案行政管理部門同意。

第十五條 各級國家檔案館應當向社會徵集、收購反應本地政治、經濟、科學、文化等活動及著名人士、名勝古跡、風土民情、地理地貌和歷史上的重大事件以及對國家和社會具有保存價值的史志、家（族）譜等不同載體的檔案。

鼓勵單位和個人自願向國家檔案館捐贈或者寄存檔案。

徵集、收購和捐贈的檔案歸國家所有。

第十六條 市、縣（區）檔案行政管理部門應當加強非物質文化遺產檔案管理工作，監督和指導有關職能部門做好非物質文化遺產檔案的收集、整理和移交工作。

第十七條 各級各類檔案館（室）應當配置安全監控、自動報警、消防、溫度濕度測量及調控、防磁和防有害生物、檔案信息化管理等必需的設施設備，使用符合國家標準規範的檔案裝具。

第十八條 各級各類檔案館（室）應當加強對電子文件的歸檔管理，有效維護電子文件的真實性、完整性、安全性和可識別性。

第十九條 各級各類檔案館（室）對保密檔案的管理和利用，密級的變更和解密，應當依照《中華人民共和國保守國家秘密法》的規定執行。

第二十條 凡涉及本轄區下列重大活動、重大事件，承辦單位應當指定專人及時收集、整理相關文件資料（含題詞、照片、錄音、錄像、實物等），在活動結束或者事件處理完畢后60日內向同級國家檔案館移交：

（一）黨和國家領導人在本地的公務活動；

（二）自治區領導在本地的重要公務活動；

（三）市主要領導的重要公務活動；

（四）外國元首、政府首腦、政黨領袖或者國際組織負責人、著名外國社會活動家在本地的參觀訪問以及友好城市與本市重要往來活動；

（五）在本市、縣（區）召開的國際性、全國性、地區性的重要會議及全市性重大活動；

（六）地震、洪水等重大自然災害和按照國家規定確定的重大事故、特大事故；

（七）在全市具有重大影響的政治、經濟、科學、技術、文化、宗教活動或者公益性活動；

（八）在重大活動或者重大事件中，授予或者贈送市、縣（區）人民政府的獎牌、獎杯、獎狀、錦旗、榮譽證、公務禮品等具有保存價值的實物。

第二十一條 有下列情形之一的，有關單位應當做好檔案收集工作，並通知同級檔案行政管理部門對檔案工作進行監督和指導：

（一）行政區劃變動的；

（二）機構設立、變更或者撤銷的；

（三）各級人民政府確定的重點建設項目（工程）、重大科學技術研究項目以及普查活動的；

（四）各單位舉辦或者承辦具有重大影響活動的。

第二十二條 市、縣（區）重大建設項目檔案，由同級檔案行政管理部門會同有關主管部門進行驗收。國家、自治區確定的項目，其檔案的驗收按照國家、自治區有關規定執行。

各單位的建設工程、科學技術研究、技術改造和重要設備更新等項目進行鑒定或者驗收時，應當由該項目主管部門的檔案機構對其檔案管理進行指導，並對檔案進行驗收。

第二十三條 各級國家機關及其派出機構、團體、企業、事業單位以及社會組織發生變更，其檔案移交按照下列規定執行：

（一）機關、團體、企業、事業單位撤銷、終止的，其全部檔案60日內向同級國家檔案館移交；

（二）機關、團體、事業單位合併的，其全部檔案可以向同級國家檔案館移交，或者徵

得同級檔案行政管理部門同意，與合併后的單位單列全宗保管；

（三）機關、團體、事業單位分立的，其全部檔案可以向同級國家檔案館移交，或者徵得同級檔案行政管理部門同意，由分立后承擔原單位主要職能的單位單列全宗保管；

（四）未列入國家檔案館接收範圍的組織（機構）撤銷或者合併時，其檔案可由主管部門代管，也可向國家檔案館申請代管或者寄存。

第二十四條 國有企業發生改制、拍賣等資產與產權變動或者依法破產時，應當依照《國有企業資產與產權變動檔案處置暫行辦法》做好檔案移交工作。

中外合資（合作）經營企業、外資企業終止或者解散后，其檔案的處置應當依照《外商投資企業檔案管理暫行規定》辦理。

第二十五條 各級各類檔案館（室）應當建立健全檔案鑒定領導小組，對保管期限已滿的檔案進行鑒定，對失去保存價值的檔案列出銷毀清冊，經檔案鑒定小組批准后予以銷毀。禁止擅自銷毀檔案。

第二十六條 各級各類檔案館（室）要嚴格按照國家檔案局制定的《全國檔案事業統計年報制度》，切實做好檔案統計上報工作。

第四章 檔案的利用和公布

第二十七條 各級各類檔案館（室）可以利用館（室）藏檔案資源編纂出版檔案史料，舉辦陳列、展覽等活動，實現檔案資源社會化服務，拓寬檔案館（室）的服務功能。

第二十八條 市、縣（區）國家檔案館是同級人民政府公開信息的查閱場所，應當配置必需的設施設備，滿足公眾查閱利用的需要。

第二十九條 中華人民共和國公民和組織持合法有效證件或者證明，可以利用檔案館已開放的檔案；利用未開放檔案的，應當經保存該檔案的檔案館批准，批准前檔案館應當徵求檔案形成單位的意見；利用涉及知識產權保護期內檔案的，按照國家知識產權保護的有關規定執行。

第三十條 檔案的公布依照《中華人民共和國檔案法》和《中華人民共和國檔案法實施辦法》有關條款執行。

第五章 附 則

第三十一條 本辦法具體應用中的問題由市檔案行政管理部門負責解釋。

第三十二條 本辦法自印發之日起施行。

【分析】

本辦法第一條闡述了發文目的、依據。第二條定義了本法所指的檔案。第三條明確了本法適用單位。第四條至第三十條為規範條款。第三十一條、三十二條為說明條款，分別說明了本辦法的解釋權、實施時間。

項目十一　商務服務文書寫作實訓

一、實訓目標

知識目標：掌握商務服務類文書，如合同協議書、招標書、推銷函、報價函、索賠信、致歉信等各文種的基本特點、作用、寫作技巧與注意事項。

能力目標：培養學生自主完成商務服務類文書各文種寫作的能力，打好商務寫作的基礎，為順利完成商務服務工作做準備。

二、適用課程

商務文書寫作。

三、實訓內容

任務一　撰寫合同協議書

【實訓情景】

小張是陽光水果批發公司辦公室的文秘人員，負責公司合同協議書的擬寫工作。根據工作需要，現須擬寫一份與果農簽訂的關於購進20噸紅富士蘋果的合同協議書。

【實訓重點】

合同協議書的基本格式與主要條款、注意事項。

【實訓步驟】

1. 結合理論知識，明確合同協議書的基本格式和主要條款，注意合同協議書的寫作要點。
2. 通過查詢相關資料，進一步明確關於標的物的具體要求，應盡可能具體、明確。
3. 通過模擬情景，明確違約責任的具體細則。

任務二　撰寫招標書

【實訓情景】

某學校食堂想通過招標的形式實現對學校食堂的承包經營。假設你是該校後勤處的工作人員，請代為擬寫一份招標書。

【實訓重點】

搜集資料，掌握招標書的寫作方法和基本要求。

【實訓步驟】

1. 多種渠道收集擬寫招標書所需的相關信息。

2. 加工處理信息，擬寫招標書。
3. 同學之間互相交流，三人一組，相互找出各自擬寫的招標書的優點與不足，並進行討論。

任務三　撰寫推銷函

【實訓情景】
假設你是某工藝品公司的銷售人員，現需要推銷你們公司的工藝品，請寫一份推銷函。
【實訓重點】
收集重點信息，對信息進行加工處理，編寫信息。
【實訓步驟】
1. 通過各種媒體收集與工藝品公司相關的信息。
2. 篩選重點信息，加工處理信息，擬寫推銷函。

任務四　撰寫報價函

【實訓情景】
假設你是某茶葉公司的銷售人員，現需要向沃爾瑪商場推銷你們公司的茶葉，對方需要你們出一份報價函，以便最終決策。
【實訓重點】
收集報價函寫作的相關信息，對信息進行加工處理，擬寫一份完整的報價函。
【實訓步驟】
1. 瞭解報價函的基本內容、格式和注意事項。
2. 參考範文，擬寫報價函。
3. 學生互評，發現擬寫的報價函的優缺點。

任務五　撰寫索賠信

【實訓情景】
北京藍天有限責任公司委託北京瀚海貨運有限責任公司托運機器設備，結果機器設備到貨時發現有缺損，故藍天公司向瀚海貨運公司發出索賠信，要求其賠償因設備損壞帶來的經濟損失。請代藍天公司擬寫索賠信。
【實訓重點】
收集信息，擬寫索賠信。
【實訓步驟】
1. 做好知識準備，明確索賠信的基本格式和寫法。
2. 收集材料，撰寫索賠信。
3. 學生互評，教師講解。

任務六　撰寫致歉信

【實訓情景】

某印刷公司在印製秦皇島旅遊年票一卡通宣傳資料時，擅自將秦皇島旅遊年票一卡通票版樣式中發行商「秦皇島易城通科技有限公司」的名稱替換為「北戴河海生活文化傳播有限公司」，給廣大遊客造成了混淆，給秦皇島易城通科技有限公司造成了傷害，造成了不良的后果。請代為某印刷公司向秦皇島易城通科技有限公司寫一封致歉信。

【實訓重點】

收集信息，擬寫致歉信。

【實訓步驟】

1. 做好知識準備，明確致歉信的基本格式和寫法。
2. 收集材料，撰寫索賠信。
3. 學生互評，教師選取優秀作品進項講解。

四、實訓準備

(一) 知識準備

 1. 合同寫作的注意事項

 (1) 合法

訂立合同，必須依法辦事。

 (2) 合理

合同必須貫徹平等互利、協商一致、等價有償的原則。任何一方都不得把自己的意願強加給對方。

 (3) 合格

即合乎合同的一般寫作格式和必備的主要條款。

 (4) 完善、明確

不僅格式和主要條款要完善，每一條款的內容也要盡量周密嚴謹，避免發生漏洞。

 (5) 做好調查研究

一份合同能否成立、有效，能否全面履行，必須滿足基本的有效條件：

首先要調查對方屬於何種身分。

其次要調查對方履行合同的能力，可以通過檢閱證明文件、當面洽談、現場考察、從旁調查等多種途徑瞭解。

再次要核查本單位履約的能力。簽訂合同還必須從己方實際出發，才能保證全面履行合同，否則就會招致違約而負違約責任。

此外，簽訂合同前還要對社會、市場進行調查，多掌握一些情況，盡可能使合同訂得切合實際，以確保質量。

 2. 報價函的寫作規範

 (1) 標題

標題即件名或主題，在第一行居中用較大字體標註，指出信函的主要內容，可以直接

書寫「報價函」「報價信」等字樣。

細節提示：標註件名或主題的目的是使收信者一打開信函就知道其內容，也方便對方分發或歸檔時參考。件名或主題要根據需要而用，不是說每函必有，可以酌情省略。

（2）稱謂

在標題之下另起一行或直接在第一行頂格書寫受信者的名稱。稱謂后加冒號。

細節提示：由於報價函是針對詢價函的，所以稱謂項應該根據詢價函而寫上具體的對方的單位或部門名稱、個人姓名等。個人姓名前可以加上「尊敬的」等敬語，姓名后應當加上「先生」「女士」「經理」「主任」等稱呼。

（3）正文

在稱謂之下另起一行空兩格開始書寫正文，一般首先簡要說一句感謝對方的詢價，然后具體答覆價格及相關信息，如產品的質量、規格、包裝、交貨方式、優惠政策等，最后禮貌地寫上「歡迎再詢」等關切的話。

細節提示：不要以為是報價函，就只回答報價問題，報價離不開產品的質地、規格、包裝等問題。

（4）結語

在正文之下另起一行空兩格書寫「此致」「順祝」等表示恭謹之意的詞語，再另起一行頂格書寫「敬禮」「商祺」等表示祝願的話，后面不必加標點符號。

細節提示：常見的結語還有「祝——紅運永在」「恭祝——商安」等。

結語也可以酌情書寫一句禮貌性的應酬語，后面加句號。

結語還可以酌情省略。

（5）落款

在正文或結語的右下方署上寫信者的名稱。在署名的下方寫上寫信的日期。

細節提示：

寫信者的名稱可以是單位或部門名稱，也可以是個人姓名。

如果寫信者的名稱是單位或部門名稱，應當書寫其全稱或規範化簡稱。

如果寫信者的名稱是個人姓名，前面可以標示其單位或部門名稱。

3. 索賠函的基本寫法

（1）含義

索賠函是指買賣中的任何一方，以雙方簽訂的合同條款為根據，具體指出對方違反合同的事實，提出要求賠償損失或維護其他權利的書面材料。

（2）索賠函的理由

質量低劣、數量短缺、包裝不善、運輸拖欠。

（3）索賠函正文的寫法

1）緣起：提出引起爭議的合同及其爭議的原因。

2）索賠理由：具體指出合同項下的違約事實及根據。

3）索賠要求和意見：根據合同及有關國家的商法、慣例，向違約方提出要求賠償的意見或其他權利。

（4）附件

為解決爭議，以有關的說明材料、證明材料、來往的函電作為附件。

(5) 簽署

要寫明索賠者所在地和全稱及致函的日期。

(二) 材料準備

實訓設備：辦公桌椅、辦公電腦、打印機、文件櫃。

實訓軟件：Office 辦公軟件。

五、建議學時

12 學時。（其中：教師指導學時為 2 學時；學生操作學時為 10 學時）

六、實訓成果展示及匯編要求

實訓完成後提交《合同協議書》《招標書》《致歉信》等實訓作業，並提交與作業相關的材料。

七、實訓工具箱

(一) 案例分析

【案例1】合同的糾紛

王倩，17 歲，高二學生。一天，王倩到商場為自己買了一個價值 15 元的文具盒。后來，她來到服裝區，一眼就看中了一件價值 8,000 元的裘皮大衣。王倩很喜歡，但因當時沒有帶足錢，只好借了同學身上的 1,000 元作為定金。雙方說好了第二天王倩再把其餘的錢補上。王倩回到家裡把這件事告訴了自己的父母。父母非常生氣，以王倩是未成年人為理由要求退給商場文具盒，並要求商場歸還自己的 1,000 元定金。如果你是該商場負責人，應該怎麼辦？

【分析】

在本案中，王倩與商場一共簽訂了兩個合同：文具盒和裘皮大衣。合同法規定，未成年人簽訂的合同的有效性必須經過其監護人的確認才能有效。作為一名 17 歲的高二學生，顯然屬於未成年人，因此，她與商場簽訂的合同必須經過其監護人的確認才會有效。但是，作為一名接近成年的限制民事行為能力人，王倩對自己是否需要購買一個 15 塊錢的文具盒能做出正確判斷，因此，王倩與商場簽訂的購買文具盒的合同是成立的，但購買裘皮大衣的數額過大，必須經過其監護人的確認才會有效。

【案例2】招標書的公平性

網友提問：招標時，錯把貨物的總價寫成了單價，就是本來一件貨物是 2 套，結果我按一套貨物的價格寫的總價。結果開標時，我的價格低別人一半，但這個價格我要是中標了，我肯定是虧大了。我現在該怎麼辦？

【分析】

招標書應體現公平、公正原則，如出現這種情況，需找第三方權威機構仲裁，可以給你一個澄清的機會。如果專家認為低於成本價，有可能會導致此標作廢。

【案例3】 報價函寫錯了

小張給客戶發了一份報價函，該函發出后，卻發現給客戶報錯價格了，單價應該是 2,200 元/只，卻寫成了 220 元/只。現在客人要求賠償 10 萬元。小張該怎麼辦？

【分析】

報價函如果出現報價失誤，顯示屬於低級錯誤，從個人來講，暴露了員工個人工作態度的不認真，從公司來講，會損害公司名譽，甚至會造成不可避免的經濟損失。因此，首先應寫一封致歉信，說明錯誤所在，態度一定要誠懇。在取得客戶諒解的情況下，再補發一封新的報價函。

【案例4】 真假結婚

小王，未婚先孕。其男友不願承擔責任，失蹤了。小王為了孩子，花 3,000 元雇用了本村的一單身男人，雙方簽訂了假結婚協議，規定婚期為一年，一年以後，孩子出生，兩人的協議即解除。隨后，兩人到民政部門登了記。一年以後，小王要和自己的假丈夫解除婚約時，遭到了對方反對。對方認為，既然兩人登記結婚了，就是夫妻，假結婚協議是無效的。

【分析】

合同的合法性應包括合同內容。不受法律保護的合同內容同樣不適合合同法。案例中小王與假丈夫簽訂的合同因其內容違法，故合同無效。兩人的婚姻關係卻因為到民政部門登記而合法成立，因此，小王與其假丈夫的婚姻關係是成立的，要想解除婚姻關係，必須到民政部門辦理離婚手續。

【案例5】 假一罰十

甲手機專賣店門口立有一塊木板，上書「假一罰十」4 個醒目大字。乙從該店買了一部手機，后經有關部門鑒定，該手機屬於假冒產品，乙遂要求甲履行其「假一罰十」的承諾。

【分析】

「假一罰十」是甲自願作出的真實意思表示，應當認定其為有效。

（二）拓展訓練

【情景1】 綠色化妝品有多「綠」「純天然」誇大其詞

夏季是女性使用化妝品最多的季節，如今，「返璞歸真」成為人們追求的時尚，以純天然植物成分為主的「綠色化妝品」已成潮流。但也有不少消費者懷疑：這些綠色化妝品真的是綠色無害的嗎？

眾品牌紛打「綠色」牌

昨日，記者走訪三鎮化妝品市場發現，無論是熙熙攘攘的大商場，還是環境幽雅的美容院，琳琅滿目的「綠色」化妝品隨處可見。維生素C、蘆薈、木瓜……各種與「天然」挨上邊的物質，都被用到了化妝品上。

在漢口解放大道一家大商場的化妝品專區內，10 餘個品牌的化妝品專櫃中，就有 7 個品牌推出了自己的含天然成分的「綠色化妝用品」，其中還有 2 個品牌稱「所有用品都是純

天然綠色原料」。

一化妝品櫃臺銷售員介紹，過去的化妝品以化學成分為主，很多會對皮膚有刺激作用，現在許多品牌中都加入了對肌膚無害的天然植物成分，比起傳統產品更受顧客歡迎。

「綠色化妝品」難見「綠色標示」

記者在江漢路一商場的天然化妝品專櫃內看到，各種「綠色」產品一應俱全———櫻桃洗發水、李子洗足液、青瓜人參護手霜、杏子呵護磨砂膏、藍莓洗面奶……品種之多讓人眼花繚亂。推銷員也極力推薦自己的產品「絕對不含任何化學添加劑」，對皮膚不會有任何刺激。

但記者發現，除了推廣書和說明上標明產品成分中含有某天然物質以外，產品沒有任何國家有關部門的綠色認證標示，其中虛實實在讓人摸不透。

「純天然」有點誇大其詞

「無論是哪種化妝品都含有一定的化學成分，不可能達到『純天然』。」武漢市質監局日用化工產品質檢站一張姓負責人介紹，「目前市場上的部分化妝品中的確加入了天然成分，但所有化妝品都摻和了一些化學成分。」

此外，中國目前在化妝品的成分檢測上，只檢測其中鉛等部分化學成分是否超標，對於其「綠色成分」還沒有一個正式的檢測標準，所謂「綠色」「純天然」不過是商家的一面之詞。

另據環保專家介紹，真正的綠色化妝品除原料「天然」外，還應使用可生物降解和可再生利用的包裝材料。而能做到這一點的化妝品，目前市場上並不多。

【任務】

從上述材料中選取有效信息，撰寫一篇推銷函。

【指導】

學生在撰寫推銷函時務必注意對產品的介紹應符合實際，切忌誇大其詞。

【情景2】索賠函

××啤酒股份有限公司：

我公司於本月15日從貴公司購買了200箱6,000罐××牌純生啤酒，等級為一級品。但到貨後，我方質檢人員發現該批貨中大約有6箱啤酒的質量明顯低於貴公司提供的樣品標準。經四川省成都市××質量監督局抽樣檢驗，這6箱啤酒中含有明顯的沉澱物，而且部分抽檢樣品中大腸杆菌超標，屬於不合格產品。隨函寄上我公司出具的質檢報告。

現特向貴公司提出這6箱不符合質量標準的啤酒按照《中華人民共和國食品衛生法》的有關規定作銷毀處理，同時貴公司需對我公司造成的損失作全部賠償。

附件：成都市××質量監督局質量檢驗報告

成都市某連鎖超市有限公司

2016年6月1日

【任務】

指出上述索賠函的不足。

【指導】

索賠函應寫明索賠的要求和意見，應根據合同及有關國家的商法、慣例，向違約方提出要求賠償的意見或其他權利。上述材料並沒有提出具體的索賠要求。

（三）拓展閱讀

【閱讀1】參股合同

甲方：××公司

乙方：××公司

根據《中華人民共和國公司法》及國家有關法律法規的規定，甲方就參股乙方經營的相關事宜，在平等協商的基礎上，雙方達成如下協議：

第1條　協議雙方基本情況

甲方：（簡介）公司地點：××法定代表人：××總經理電話：××郵編：××

乙方：_____公司，（簡介）公司地點：××法定代表人：××董事長電話：××郵政編碼：××公司大股東情況及持股比例：股東（1）股東（2）股東（3）

第2條　協議中名詞解釋本協議內除為了配合文字所需而要另作解釋或有其他定義外，下列的字句應作以下解釋：違約方，指沒有履行或沒有完全履行其按照本協議所應承擔的義務以及違反了其在本協議所作的承諾或保證的任何一方。非違約方，指根據本協議所規定的責任和義務以及各方所做的承諾與保證，發生了一方沒有履行或沒有完全履行協議義務，以及違反了其在本協議所作的承諾或保證事件時，本協議其餘各方。書面及書面形式，指信（函）件和數據電文（包括電報、電傳、傳真和電子郵件）。本協議，指本協議或對本協議進行協商修訂、補充或更新的協議或文件，同時包括對本協議或任何其他相關協議的任何條款進行修訂、予以放棄、進行補充或更改的任何文件，或根據本協議或任何其他相關協議（合同）或文件的條款而簽訂的任何文件。本協議中的標題是為方便閱讀而加入的，解釋本合同時應不予理會。

第3條　參股方案。方案內容：①（乙方主要資產內容）。②甲方以現金××萬元對乙方進行增資擴股。③乙方註冊資本人民幣_____萬元。對方案的說明：①各方確認，增資擴股前乙方的整體資產、負債全部轉歸增資擴股后的乙方；增資擴股前乙方淨資產為_____萬元。關於增資擴股前乙方淨資產現值的界定詳見《_____資產評估報告書》、_____會計師事務所的《專項審計報告書》及《驗資報告》。②各方一致認同增資擴股后乙方仍承繼增資擴股前乙方的業務，以_____為主業。

第4條　公司股東變更情況。根據協議規定，由甲方享有股東的權利，履行股東的義務。2.變更后的股權結構如下表所示：本協議簽訂后，乙方應重新修改公司章程，並依法到工商註冊部門辦理變更登記。

變更后的股權結構

	股東名稱（姓名）	出資額（萬元）	出資比例（％）
甲方			
乙方			
合計			

第5條　甲方的權利義務。甲方依法享有資產收益權、參與重大事項的決策權、查閱權（章程、股東大會記錄、董事會決議、監事會決議、財務會計報告）、對公司的經營提出建議或質詢等權利。甲方按照《中華人民共和國公司法》和《公司章程》的規定履行股東的義務。

第6條　特別約定。甲方出資繳納后，乙方應在三日內給甲方出具股票。乙方在不影響公司正常營運資金需求的前提下，對各股東分紅不低於當年可分配利潤的50％。本協議簽訂后60日內，各方須通力配合，完成股東及股權變動的工商變更登記手續等。逾期不能完成，視為本合同自動解除。其他特別約定事項。

第7條　陳述、承諾及保證本協議任何一方向本協議其他各方陳述如下：①其有完全的民事權利能力和民事行為能力參與、訂立及執行本協議，或具有簽署與履行本協議所需的一切必要權力與授權。本合同簽署前，乙方股東已召開股東會審議通過了本協議所述內容。②簽署並履行本協議項下的各項義務並不會侵犯任何第三方的權利。本協議任何一方向本協議其他各方作出承諾和保證如下：①本協議一經簽署即對其構成合法有效、具有約束力的合同；②其在協議內的陳述以及承諾的內容均是真實、完整且無誤導性的；③其根據本協議進行的合作具有排他性，在未經各方一致同意的情況下，任何一方均不能與任何第三方簽訂類似的合作協議及（或）進行類似的合作；否則，違約方所得利益和權利由非違約方無償取得或享有。

第8條　違約事項。各方均有義務誠信、全面遵守本協議。任何一方如果沒有全面履行其按照本合同應承擔的責任與義務，應當賠償由此而給非違約方造成的一切經濟損失。

第9條　合同生效。本協議於各方蓋章和授權代表簽字之日起生效。

第10條　協議的效力。本合同作為解釋乙方股東之間權利和義務的依據，長期有效，除非各方達成書面協議修改；本協議在不與乙方修改后章程明文衝突的情況下，視為對乙方股東權利和義務的解釋並具有最高效力。

第11條　爭議解決。凡是因本協議引起的或與本協議有關的任何爭議應通過友好協商解決。在無法達成互諒的爭議解決方案的情況下，任何一方均可將爭議提交××市仲裁。××市仲裁委員會做出的裁決是終局的，對各方均具有法律約束力。

第12條　協議文本。本協議一式四份，每份文本經簽署並交付后均為正本。所有文本應為同一內容及樣式，甲乙各執兩份。

甲方：　　　　　　　　　　　　　　　　乙方：
授權代表：　　　　　　　　　　　　　　簽訂日期：
簽訂日期：　　　　　　　　　　　　　　授權代表：

【閱讀2】　學校食堂承包經營招標書

招標單位：××學校
招標項目：承包校區師生食堂供餐經營
招標形式：公開招標

為搞好××學校師生食堂的供餐服務，經學校研究決定，以招標的形式向社會招聘合法經營、資質信譽好、業績優良的餐飲企業和個人，經營師生食堂的餐飲工作。現就有關事宜說明如下：

本次招標食堂為：××學校師生食堂

一、招標食堂簡介

1.××學校設一個師生食堂，共有約1,050個餐位，學生餐廳分一、二兩層，可同時容納950人就餐，教師餐廳設在二層，可同時容納94人就餐。現師生總人數為1,900人，全校每天中午就餐人數為1,400~1,600人（須翻桌就餐），全校住校生人數約40人，早、晚

就餐主要以住校生為主。

2. 人員配備要求：包括面食人員：×人，廚師×人，營養師×人，切配×人，勤雜工×人，消毒工×人，採購人員×人等。食堂從業人員人數必須達到22人以上。

3. 食堂配置：

（1）學校食堂：水、電、鍋爐房、粗加工間、主副食加工間、主副食倉庫、消毒間等房間齊全。

（2）學校食堂有貨梯、售飯間、小型操作間、冷藏室、麵包房等，並按烹調區、切配區、粗加工區、洗碗間、售賣區、抽排系統等規範配置了相關的不銹鋼廚具。

4. 食堂現有設備（略）。

5. 餐桌、餐椅等食堂主要設備由校方負責配置，具體佈局由校方與承包方共同商定。

二、招標原則

1. 公平、公正、公開、擇優錄用的原則。

2. 實事求是的原則。

三、投標方須知

1. 具有獨立的法人資格（有相應的證件）。

2. 具有工商局註冊的餐飲企業法人營業執照，有企業代碼證。

3. 具有獨立的衛生許可證。

4. 具有經營食堂或餐飲業三年以上的經驗並有一定規模和操作隊伍，經營優勢明顯、實力強，能承擔民事、法律責任。

5. 投標方代表如果不是企業法人，須持有「法人代表授權書」。

6. 參加投標時須攜帶如下書面文件：公司概況、經營餐飲業的資質以及相關證件及副本或者複印件。

7. 制訂食堂經營方案的原材料。方案內容主要包括以下幾點：

①人員配備，②規章制度，③實施措施，③經營方略，④方式及品種，⑤經營內容（包括原料的採購、衛生保障、飯菜價位的制定等各方面）。

四、招標文件的編製

1. 投標文件的組成

（1）有企業概況、闡述投標食堂經營方案、服務承諾、經營優勢和近兩年的餐飲經營業績及經營保證條件的說明。

（2）法人代表授權書。

（3）餐飲企業營業執照複印件。

（4）衛生許可證以及企業代碼證複印件。

2. 投標文件要求

（1）投標書應打印，不得加行、塗抹或修改。

（2）投標書必須在規定的時間內送達招標單位指定地點，投標書送達後，不得撤回或修改。

五、招標項目內容與經營要求

1. 餐廳僅由一家餐飲企業或個人負責全面經營。

2. 承包經營者不得將食堂私自轉讓或委託他人經營，更不能利用校有資產搞不法經營。一經發現，招標方有權取消其承包資格，並給予經濟處罰或訴諸法律。

3. 餐廳、操作間、室外樓梯均屬於承包者管理範圍。食堂工作人員主要由承包者自行安排（部分人員由學校推薦並經得承包人同意錄用），人員經費自理。工作人員要遵守餐飲法規以及校紀、校規，要有良好的服務態度，不能與師生發生爭吵或衝突，如發現違規者，學校有權視情節提出處理意見。

4. 衛生檢疫、工作人員體檢、傷殘疾病等費用均由承包者自理，因經營者的管理不善造成師生食物中毒，由經營方負全部責任。

5. 整個食堂的衛生防疫、就餐環境必須達到縣衛生局、縣教育局制定的標準。經營方須規範經營，校方有權監督，並定時檢查。

6. 保證一日三餐正點、足量（註：每份學生飯菜數量）、優質（質量保證體系）、品種多樣化（列出供用品種）、飯菜價格優惠，能適應不同經濟狀況和口味的師生就餐。不準出售變質、變味以及剩飯菜，學校膳食管理委員會將定期或不定期在師生中調查飯菜質量、數量、價格及服務情況，並將有關信息通知經營者，承包方應虛心聽取意見，採取措施及時解決不良現象。

7. 學校有義務配合經營者共同管理食堂，對食堂的財務狀況、經營狀況、成本、利潤、服務質量、飯菜價格進行監督檢查。

8. 餐廳內水、電、暖費用由承包者負責。操作間、竈具等主要用具由學校解決，一般性用具由承包者自行解決。

9. 操作間的平面布置、設施及裝修等費用由承包者自行解決，但必須達到衛生檢疫的要求。

10. 承包者須繳納 10 萬元的風險抵押金。

11. 經營費為每年×萬元以上。

12. 每次承包期為一年，經過就餐師生評定，各方面優者將優先續簽承包合同。

六、發標、投標、開標、評標的時間和地點

1. 發標時間：2016 年 12 月 1 日。
2. 發標地點：××學校總校后勤處。
3. 投標時間：2016 年 12 月 15 日，截至上午 9 點。
4. 開標時間：2016 年 12 月 25 日下午 2：30 唱標。
5. 開標地點：××學校會議室。
6. 評標：招標方組成評標委員會，對投標文書進行評估及對考察結果進行比較。
7. 投標方需繳納 500 元的投標費。中標者如放棄，其費用不再退還。非中標者，校方將退還 500 元。

七、評標原則

1. 評標按照招標要求和條件進行，整體衡量投標方的規模、經營信譽。
2. 資金保障的可靠性。
3. 技術力量（現成的員工隊伍）及后續經營的穩定性。
4. 按時開業的可信性。

八、中標通知

經招標委員會審查、考察、論證后，將在開標后五天內以雙方簽訂合同的方式確定中標者，中標者須繳納風險保證金 10 萬元。

××學校
××××年×月×日

【閱讀 3】 推銷函

尊敬的領導：

您好！

我是河南「××花園」別墅區的銷售部經理××。

眾所周知，歷史悠久、環境優美、服務完善的三所（黃河××館），是全國著名的度假會議中心，也是國家領導人經常下榻的地方。

現在，在××高爾夫球場對面，「三所」特批的 86,667 平方米畝森林別墅區——「××花園」內，您的單位也可以擁有自己的「小三所」了！

為了滿足客戶的需求，在河南省最高檔的別墅區「××花園」內，特現房供應 6 棟豪華商務別墅，用於企業辦公、召開保密會議、員工度假療養、大客戶接待等重要商務活動。

××花園別墅區同「三所」之間密不可分。擁有這裡的商務別墅，您會享受到「三所」的一切便利條件：優美的環境、清潔的空氣和水源、全套的娛樂生活設施及服務等。甚至，由於是××花園的高級業主，您還能在「三所」內享受特殊待遇，如大比例娛樂消費折扣、××高爾夫俱樂部會員證、單位會議折扣等。

想像一下，擁有一棟這樣的高級商務別墅，您企業的重要會議將在絕密的條件下順利完成；您的大客戶會因別墅的奢華大氣，而對貴單位的實力欽佩不已；企業的重要合同，也會在毫無干擾的情況下，順利簽訂；而在如此高貴幽靜的御花園裡療養度假，最挑剔的人也會流連忘返。

如果您希望擁有這樣的商務別墅，我保證您能享受到最優惠的價格和最方便經濟的付款方式。另外，每棟別墅我們都有免費的超大花園（667 平方米以上）和花園綠化相贈，花園的大小將取決於您訂房時間的先後。

現在，就請您打電話（××—××××）給我們的售樓顧問，她們每天 8：00 到 20：00 隨時恭候您的問詢或來訪。

祝商祺！

××花園別墅區銷售部經理 ××

2016/4/3

【閱讀 4】 茶葉報價函

沃爾瑪超級商場：

貴方×月×日詢價信收悉，謝謝。茲就貴方要求，報價詳述如下：

商品：君山毛尖茶。

規格：一級。

容量：每包 100 克。

單價：每包×元（含包裝費）。

包裝：標準紙箱，每箱 100 包。

結算方式：商業匯票。

交貨方式：自提。

交貨日期：收到訂單 10 日內發貨。

我方所報價格極具競爭力，如果貴方訂貨量在 1,000 包以上，我方可按 95%的折扣收

款。如貴方認為我們的報價符合貴公司的要求，請早日訂購。

××茶葉廠
××××年×月×日

【閱讀 5】旅行拉杆箱報價函

尊敬的宋經理：

您好！

由衷感謝貴公司來函詢價，現將我公司最大號皮質旅行拉杆箱的有關信息提供如下：

產品編號：NP-F3552/32。

產品質量：一級牛皮。

產品規格：80 厘米×50 厘米×30 厘米。

產品包裝：標準硬紙箱。

產品價格：220 元/只。

產品結算方式：商業匯票。

交貨方式：送貨上門。

送貨日期：本市收到訂單 3 日。

優惠價格：訂單達 20 只按 9 折計價。

如有問題，歡迎再詢，我們期待為您服務。

恭祝

商安！

××箱包公司
××××年×月×日

【閱讀 6】索賠信

北京××貨運有限責任公司：

200×年×月××日，我公司委託貴公司將回流焊設備一臺，通過公路運輸至深圳，交付給收貨人劉×（以下簡稱收貨人）。深圳收貨人驗收時發現設備已經破損而拒絕接收。設備於 200×年×月×日退回我公司，經貴公司和我公司雙方查驗，貴公司運輸、裝卸不當，造成設備和包裝破損。

此次事件，不但使我公司設備損壞，遭受二次緊急調運設備的運費損失，而且使我公司對客戶逾期交貨，信譽受損並要承擔逾期交貨的違約責任。我公司向貴公司鄭重要求立即賠償以下設備修理費用和運輸費損失：

破損部位及程度	費用（元）
上罩：兩合頁部分螺絲穿孔，嚴重掉漆	1,300.00
溫室：合頁部分及四個邊角破裂	1,900.00
橫梁：中間部分壓損	800.00
電機上罩	50.00
包裝箱	450.00
修理設備運輸費	400.00
設備修理人工費	1,200.00

费用合计　　　　　　　　　　　　　　6,100.00

　　以上是我公司的最低要求，請貴公司於7日內支付上述賠償金額，或者貴公司自己將設備送去經我公司認可、有相應技術能力和修理設施、設備完善的修理廠修理，貴公司承擔全部修理費用。7日后如果貴公司不支付賠償金，又不將損壞設備送去修理，恢復設備完好，我公司將自己委託修理廠修理，並通過法律途徑追償全部損失，不再通知。

　　順祝商祺！

北京××有限責任公司
2016年5月1日

【閱讀7】索賠函

　　茲有我司於____年____月____日委託義烏市申通快遞有限公司郵寄發往_____的一票快件，價值：_____元。現經貴司客服人員_____號線核實確認，由於貴司工作管理不當已經造成快件_____。

快件詳情如下：

快件單號：_____，運費：_____。

索賠金額_____，快件是否保價_____。

快件名稱_____，內件物品數量：_____。

快件物品說明：

(例：品名、數量、尺碼、顏色、型號、重量、內包裝、外包裝等具體特徵必填)

(註1：索賠資料必須提供快件物品價值證明，否則我司在無法核實快件價值的情況下，將以所收取的運費作為賠償依據。易碎品、違禁品我司不予賠付)

(註2：我司遺失件索賠時效為3個月，延誤件索賠時效為7天，破損件索賠時效為12天，逾期不予受理)

現向貴司提出索賠！望盡快處理！謝謝！

索賠人/申請單位：_____

聯繫電話：_____

＊銀行打款帳號：_____（請務必填寫正確）（銀行帳號務必註明開戶行、開戶名、開戶地）

____年____月____日

　　備註：快遞索賠一定要附帶索賠函、寄件運單的複印件、索賠人身分證複印件、所寄物品的交易記錄或購買發票，並簽名、蓋章。

【閱讀8】公司致歉信

尊敬的秦皇島易城通科技有限公司、尊敬的廣大顧客：

　　由於我公司法律觀念淡薄，在印製秦皇島旅遊年票一卡通宣傳資料時，擅自將秦皇島旅遊年票一卡通票版樣式中發行商「秦皇島易城通科技有限公司」的名稱替換為「北戴河海生活文化傳播有限公司」，給廣大遊客造成了混淆，給秦皇島易城通科技有限公司造成了傷害，在此鄭重向秦皇島易城通科技有限公司、公司全體人員，以及廣大遊客，致以深深的歉意。我們對自己的無知給各位造成的影響深感不安，請求各位原諒我們。鑒於已經產生的傷害事實，我們決定採取以下措施，彌補已經造成的損失：

1. 發布道歉信，向秦皇島易城通科技有限公司和廣大顧客道歉，使廣大遊客清晰明白秦皇島易城通科技有限公司是秦皇島旅遊年票一卡通的唯一發行商，北戴河海生活公司只是經銷商之一，並非秦皇島旅遊年票一卡通的發行單位。

2. 在北戴河海生活公司為推廣旅遊年票而設立的網站的顯要位置對致歉信進行連結，時間至少一個月。

3. 在網站的顯要位置展示秦皇島旅遊年票一卡通真實樣版（標註有秦皇島易城通科技有限公司名稱）。

4. 收回全部還未發出的宣傳資料，並焚毀。

5. 新印製宣傳資料必須經秦皇島易城通科技有限公司認可才可印製。我們再次為自己的無知道歉，並自願承擔因此對秦皇島易城通科技有限公司造成的損失。

秦皇島某印刷公司

2016 年 6 月 1 日

項目十二　公關禮儀文書寫作實訓

一、實訓目標

知識目標：鞏固公關禮儀文書，如請柬、邀請信、開幕詞、公司簡介、聲明、賀信、祝酒詞等各文種的基本步驟與方法，掌握其寫作技巧，並通過結合生動實用的案例，讓學生進行課堂演練，將課堂知識與實際應用結合起來，以便更好地為日後的寫作活動奠定基礎。

能力目標：學生熟練掌握公關禮儀文書類各文種的寫作技巧，更好地滿足人與人之間、單位與單位之間溝通感情、表達意願、改善關係、增進友誼等實際工作的需要。

二、適用課程

商務文書寫作、商務文書寫作實訓。

三、實訓內容

任務一　撰寫請柬

【實訓情景】

小張的爺爺奶奶要過結婚 50 周年的金婚紀念日了，小張一家想邀請親朋好友一起慶賀。請柬由小張擬寫。假設你是小張，請擬寫一份請柬。

【實訓重點】

請柬的基本寫法。

【實訓步驟】

1. 查閱相關資料，明確請柬的基本寫法和注意事項。
2. 擬寫請柬，注意致敬語、時間、地點等細節信息。
3. 學生兩兩互評，找出對方的不足。
4. 教師結合優秀範文給予指導。

任務二　撰寫邀請信

【實訓情景】

某學院欲邀請國內某科研領域的頂尖專家來校講學，假設你是該學院辦公室的工作人員，請擬寫一封邀請信。

【實訓重點】

邀請信的基本結構和寫法。

【實訓步驟】
1. 查閱相關資料，瞭解邀請信的基本結構和寫法。
2. 擬寫邀請信，注意用語與措辭。
3. 學生兩兩互評，找出對方的不足。
4. 教師結合優秀範文給予指導。

任務三　撰寫開幕詞

【實訓情景】
假設你是某大學的校長，現學校準備召開以2016級新生為對象的動員大會，請擬寫一份有引導性和鼓動性的開幕詞。

【實訓重點】
開幕詞的基本結構和寫法。

【實訓步驟】
1. 查閱相關資料，瞭解開幕詞的基本結構和寫法。
2. 擬寫開頭，要富有吸引力。
3. 擬寫內容要有文採，給人留下深刻印象。
4. 學生分組互評，找出對方的不足。
5. 教師結合優秀範文給予指導。

任務四　撰寫公司簡介

【實訓情景】
小張是新饒網站公司的一名工作人員，為了更好地擴展業務，招聘人才，領導決定讓他為公司寫一份公司簡介。假設你是小張，請簡述一下擬寫公司簡介的注意事項。

【實訓重點】
擬寫公司簡介的注意事項。

【實訓步驟】
1. 瞭解公司簡介寫作的基本寫法。
2. 從基本寫法中概括總結出注意事項。
3. 學生兩兩互評，找出對方的不足。
4. 教師結合優秀範文給予指導。

任務五　撰寫聲明

【實訓情景】
某市地名委員會辦公室發現有單位假冒自己名義，非法承攬地名標誌廣告業務，請代為其擬寫一份聲明。

【實訓重點】
擬寫聲明的注意事項。
【實訓步驟】
1. 瞭解聲明寫作的基本寫法。
2. 從基本寫法中概括總結出注意事項。
3. 學生兩兩互評，找出對方的不足。
4. 教師結合優秀範文給予指導。

任務六　撰寫賀信

【實訓情景】
假設你是江蘇工業學院的一名學生，請為母校成立 30 周年校慶寫一封賀信。
【實訓重點】
擬寫賀信的基本技巧與方法。
【實訓步驟】
1. 瞭解賀信寫作的基本寫法。
2. 從基本寫法中概括總結出注意事項。
3. 學生兩兩互評，找出對方的不足。
4. 教師結合優秀範文給予指導。

任務七　撰寫祝酒詞

【實訓情景】
一年一度的三八國際婦女節就要到了，請為慶祝三八節晚會寫一篇祝酒詞。
【實訓重點】
擬寫祝酒詞的基本技巧與方法。
【實訓步驟】
1. 瞭解祝酒詞的基本寫法。
2. 擬寫祝酒詞。
3. 學生兩兩互評，找出對方的不足。
4. 教師結合優秀範文給予指導。

四、實訓準備

(一) 知識準備

請柬寫作的注意事項：
1. 從內容上看，請柬的用語一定要得體，符合自己在此情此境中的身分：
(1) 看對象，明稱謂
要充分考慮對方的性別、年齡、職業、身分、文化、性格、氣質、愛好甚至禁忌等，對象不同，措辭也應有所不同。如稱自己父親「老爸」「daddy」等口語化的稱謂則顯得不

倫不類，不像請柬用語，但稱「家父」「家嚴」「家尊」「家君」等則顯得莊重而得體。這就要求我們在日常生活中要注意尊稱、謙稱和習慣用語。稱呼對方親屬時多用「令」字冠首。如：對方的父親稱「令尊」，母親稱「令堂」，兄弟稱「令兄」「令弟」，對方的兒女稱「令郎」「令愛」。謙稱自己的親屬，比自己大的多用「家」字冠首，如「家父」「家慈」「家兄」；比自己小的冠「舍」，如「舍弟」「舍妹」「舍侄」。這就叫「家」大「舍」小「令」外人。

2. 結婚請柬的措辭

正規的請柬遵循一套固定的用辭格式。婚禮辦得越體面正式，結婚請柬就越應遵循正規的請柬套用模式。

（1）姓名用全稱：不能用任何小名、昵稱或姓名的縮寫。

（2）家庭成員的順序要寫清。

（3）「和」字要出現。

（4）日期、星期、時間要寫清。

（5）年份不必出現在請帖上。

（6）在請帖一角附上婚宴的地點、時間等或在卡裡另附一頁加以說明。

公司簡介的基本內容：

一份較為詳盡的公司簡介的基本內容應包括如下內容：

（1）公司概況：這裡面可以包括註冊時間、註冊資本、公司性質、技術力量、規模、員工人數、員工素質等；

（2）公司發展狀況：公司的發展速度、有何成績、有何榮譽稱號等；

（3）公司文化：公司的目標、理念、宗旨、使命、願景、寄語等；

（4）公司主要產品：性能、特色、創新、超前；

（5）銷售業績及網路：銷售量、各地銷售點等；

（6）售后服務：主要是公司售后服務的承諾。

賀信的寫法指要：

（1）標題：在第一行正中寫上「賀信」二字。

（2）內容：可以慶賀家庭、個人婚嫁祝壽一類的喜事，可以慶賀重大的會議或重要的紀念活動、某工程竣工、某科研項目成功、某人物任職等。

（3）結尾：常寫一些表示祝願的話語，如「祝取得更大的成績」「祝福如東海，壽比南山」等。

寫作須知：

（1）內容要緊扣慶賀對象和慶賀事情，抓住重點，善於概括，充分揭示祝賀內容的意義。

（2）感情要熱烈而真誠，富有鼓舞人心的力量。

（3）結語要視不同情況而寫。

(二) 材料準備

實訓設備：辦公桌椅、辦公電腦、打印機、文件櫃。

實訓軟件：Office 辦公軟件。

五、建議學時

12 學時。（其中：教師指導學時為 2 學時；學生操作學時為 10 學時）

六、實訓成果展示及匯編要求

實訓完成后提交「請柬」「開幕詞」「賀信」等實訓作業，並提交與作業相關的材料。

七、實訓工具箱

（一）案例分析

【案例 1】 二○一五年全國普通高校評卷教師邀請書

××中學××老師：

經研究，決定邀請你參加今年全國普通高考語文科評卷工作。如果你不需要迴避，無直系親屬參加今年普通高考，請於七月十一日到××師範大學閱卷場報到。（請開具介紹信，並帶工作證）

此致

敬禮！

全國普通高考××師大閱卷場辦公室
2015 年 6 月 28 日

【分析】

這份邀請信因是邀請評卷，因而措辭帶有體現工作性質的嚴肅性和莊重性，還具有類似於行政公文的指令性特徵，可作為邀請信的特例。這說明邀請書的用語，也並不完全是禮貌、典雅、恭敬，而是得考慮邀請對方參與的工作或活動內容的性質，並與之相統一。

【案例 2】 慶功宴祝酒詞

有兩家公司在一個合作項目上進行了漫長而艱難的談判，最后達成了一致意見。在慶賀宴席上 A 公司董事長致祝酒詞，其文如下：

各位朋友、各位來賓、先生們、女士們：

大家晚上好！

我們 A 公司和尊敬的 B 公司為了共同發展，就 01 工廠的合作進行了反覆的磋商、談判，今天總算達成了一致意見。剛才我和 B 公司的趙董事長正式在合同上簽了字。「路漫漫其修遠兮，吾將上下而求索」，今天，我們的求索終於有了令人高興的結果，這是值得慶賀的喜事。回顧漫長的談判歷程，應該說雙方都表現出了極大的誠意，特別是我們 A 公司為了顧全大局，著眼長遠，不惜做出了重大犧牲和讓步。我們認為，通過合作，能夠交上 B 公司這樣尊貴的朋友，我們的犧牲是值得的。

今天的簽約只是雙方合作的起點，我希望在今后的合作中，雙方能夠相互信任，相互尊重，相互體諒，把我們共同的事業不斷向前推進。「酒逢知己千杯少」，借此機會，請允許我提議，為雙方的愉快合作，為各位朋友的信任和友誼，為大家的身體健康，特別為趙董事長的身體健康，干杯！

【分析】

祝酒詞是在宴會開始之前，宴會主人發表的簡短演講，目的是為宴會增添喜慶氣氛，溝通各方感情。但是這篇祝酒詞中提到了兩處不該提及的地方，一是漫長而曲折的談判歷程，這是雙方都不願意回顧的事情，在宴會這種場合下，應該迴避，而這裡不但沒有迴避，反而引用屈原詩句加以渲染，這是不合時宜的。二是聲稱自己一方為了顧全大局、著眼長遠，不惜做出了重大犧牲和讓步，聽起來似乎對方占了便宜。即使果真如此，在這樣的場合下也應該不提。此外在稱呼上，也欠妥當，女士優先是通常的禮貌原則，而這裡先稱呼先生，后稱呼女士，有失禮貌。

【案例3】 擬寫聲明

河南省輝煌煤焦化總公司負責人王一，與藍天科技市場簽訂了一份為期一年的租房協議。現已超過租用期限，該公司負責人一直以各種理由為借口，延遲辦理相關續租手續，已經嚴重影響到了市場的正常工作。請代為藍天科技市場寫一份登報聲明，要求其十日內必須到市場辦公室辦理相關手續。

【分析】

聲明的寫作應根據具體情況選擇措辭語氣，盡量做到用語得體、不卑不亢。

【案例4】 擬寫賀信

假設你的朋友因孤寡老人獲得了2015年感動中國人物稱號，請為他寫一封賀信。

【分析】

寫給個人的賀信應注意評價中肯得體，可以適當拔高，但不宜言過其實。

(二) 拓展閱讀

【閱讀1】 喬遷請柬格式範文（橫式）

送呈王永年先生臺啓

謹訂於公曆2016年8月1日（星期二）（陰歷2016年七月初二）舉行新居落成並喬遷之慶，屆時恭請王永年全家光臨。席設：釀圖網大酒店五層東廳。開席時間：18：00。

邀請者：張三

公元：2011年7月1日

【閱讀2】 關於邀請出席專業建設指導委員會財務會計專業崗位能力與課程體系改革研討會的函

尊敬的××公司財務總監張××女士：

經我系推薦、學院批准，擬聘請您擔任經濟管理系專業建設指導委員會專家委員，並請您出席「財務會計」專業崗位能力與課程體系改革研討會。

一、會議目的

為使我系的專業定位更加準確，課程設置、教學計劃更加符合職業崗位的要求，突出高職特色，特舉辦本次研討會。煩請您對我系「財務會計」專業的培養目標、專業定位、崗位能力的分解及課程設置提前準備好指導意見。

二、會議主要內容
（一）成立專業建設指導委員會，並由學院領導為專家委員頒發聘書。
（二）專業崗位能力與課程體系改革研討。
三、會議時間、地點
時間：2016年6月30日（周四）上午8：30～11：30。
地點：××職業技術學院經管系206會議室。
四、聯繫人
耿浩 電話：123456789
敬請莅臨！

××職業技術學院經濟管理系
2016年6月26日

【閱讀3】英文邀請信常見格式

1. Dear sir/madam,

I'm delighted that you have accepted our invitation to speak at the Conference in [city] on [date].

As we agreed, you'll be speaking on the topic… from [time] to [time]. There will be an additional minutes for questions.

Would you please tell me what kind of audio-visual equipment you'll need. If you could let me know your specific requirements by [date], I'll have plenty of time to make sure that the hotel provides you with what you need.

Thank you again for agreeing to speak. I look forward to hearing from you.

Sincerely yours,

[name]

[title]

2. Dear sir/madam,

Thank you for your letter of [date]. I'm glad that you are also going to [place] next month. It would be a great pleasure to meet you at the [exhibition/trade fair].

Our company is having a reception at [hotel] on the evening of [date] and I would be very pleased if you could attend.

I look forward to hearing from you soon.

Yours sincerely,

[name]

[title]

3. Dear sir/madam,

[organization] would very much like to have someone from your company speak at our conference on [topic].

As you may be aware, the mission of our association is to promote. Many of our members are interested in the achievements your company has made in.

Enclosed is our preliminary schedule for the conference which will be reviewed in weeks. I'll call you [date] to see who from your company would be willing to speak to us. I can assure you that well make everything convenient to the speaker.

Sincerely yours,

[name]

[title]

4. Dear sir/madam,

We would like to invite you to an exclusive presentation of our new [product]. The presentation will take place at [location], at [time] on [date]. There will also be a reception at [time]. We hope you and your colleagues will be able to attend.

[company] is a leading producer of high-quality . As you well know, recent technological advances have made increasingly affordable to the public. Our new models offer superb quality and sophistication with economy, and their new features give them distinct advantages over similar products from other manufacturers.

We look forward to seeing you on [date]. Just call our office at [phone number] and we will be glad to secure a place for you.

Sincerely yours,

[name]

[title]

5. Dear sir/madam,

On [date], we will host an evening of celebration in honor of the retirement of [name], President of [company]. You are cordially invited to attend the celebration at [hotel], [location], on [date] from to p. m.

[name] has been the President of [company] since [year]. During this period, [company] expanded its business from to . Now its our opportunity to thank him for his years of exemplary leadership and wish him well for a happy retirement. Please join us to say Good-bye to [name].

See you on [date].

Yours sincerely,

[name]

[Title]

【閱讀4】婚禮晚會開幕詞

尊敬的各位來賓，各位朋友：

大家晚上好！

洋溢在喜悅的天堂，披著閃閃月光，在這美麗的時節，我們共同迎來，我的好友——××先生和××小姐的新婚之喜。首先在這裡讓我代表所有來賓向一對新人送上我們最真摯的祝福！願你們相親相愛幸福久，同德同心歡樂長。

在此我也受新郎官的委託，擔任今晚的主持人，代表一對新人向所有到場的朋友，表示最真摯的感謝和熱烈的歡迎！

美麗的鮮花、醉人的美酒、朋友的深情、家人的問候都在向一對新人表達一個共同的心聲：志同道合，結成一對幸福伴侶，共同前進，擁有兩顆相愛的心！

為了給一對新人帶來今生最美的回憶！今晚我們請來了，扶餘縣民間藝術團的所有演員，為大家帶來一臺精彩的演出。首先讓我們共同欣賞大型舞蹈×××！

　　都說男人是船，女人是帆，家庭是港灣，今晚歌聲將我們的心連在一起！音樂就是我們熱情的脈搏。讓我們繼續欣賞歌曲×××！

　　陽光照，小鳥叫，花含笑，喜事到。天作美，珠聯璧合；人和美，永沐愛河。今天是你們大喜的日子，恭祝佳偶天成，花好月圓，永結同心。

　　朋友們，從今天開始，從這裡開始，兩位新人就要踏上人生新的旅程了，前方的道路可能有雨雪，也可能有塵埃，我想更多的是陽光為他們照耀，鮮花為他們盛開。朋友們，讓我們把最真誠的祝福和祈禱化做熱烈的掌聲吧，祝願他們的人生一步一步輝煌、一步一步精彩！

　　最后祝大家晚安！再見！

【閱讀 5】新饒網站公司簡介

　　公司概況：主營業務為網站策劃，公司成立於 2007 年，註冊資金為 80 萬元，員工 12 名。本公司擁有專業的設計策劃團隊，是一家大學生創業公司。

　　發展狀況：主要面向長沙中小企業，已經為上百家企業提供了網站策劃服務。

　　公司文化：公司以「專注網站，用心服務」為核心價值，一切以用戶需求為中心，希望通過專業水平和不懈努力，重塑企業網路形象，為企業產品推廣文化發展提供服務指導。

　　公司主要產品：主要為企業提供網站策劃、網站設計製作、網站推廣優化等服務。

　　銷售業績以及網路：為中小企業提供網站策劃服務，現階段主要面向長沙地區。

　　售後服務：新饒網站策劃有詳細的售後服務體系，提供終生策劃指導服務。

　　以上就是關於新饒網站策劃的一個分類詳細說明，整理成公司簡介如下：

　　新饒網站策劃股份有限公司成立於 2007 年，註冊資金 80 萬元，是湖南長沙一家專業的網站策劃公司。公司主要服務於中小企業，提供網站策劃、網站設計製作建設、網路推廣營銷於一體的專業服務。公司以「專注網站，用心服務」為核心價值，希望通過專業水平和不懈努力，重塑中小企業網路形象，為企業產品推廣、文化建設傳播提供服務指導。

　　三年來，新饒網站策劃一直秉承以用戶需求為核心，在專注長沙本地市場開拓的同時，為超過一百家中小企業提供網站策劃服務，優質、用心的服務贏得了眾多企業的信賴和好評，在長沙地區逐漸樹立起公司的良好品牌。公司不僅提供專業的網站策劃服務，而且建立了完善的售後服務體系，為企業發展中遇到的問題和困難提供指導幫助。

【閱讀 6】2014 年中英氣候變化聯合聲明

　　中華人民共和國和大不列顛及北愛爾蘭聯合王國認識到，氣候變化所帶來的威脅是我們面臨的最大全球挑戰之一。政府間氣候變化專門委員會第五次評估報告的發布已確認，氣候變化已在發生，而且很大程度上是由人類活動所導致的。威脅人類生命財產的極端天氣事件的頻率正在增加。海平面在上升，冰層正在融化，其速度比我們預期更快。報告明確提出，除非我們現在就開始行動，否則氣候變化的影響將在未來幾十年更加惡化。此外，化石能源燃燒造成嚴重的大氣污染，影響了千百萬人的生活質量。雙方認識到氣候變化和大氣污染在很多方面同根同源，許多解決方法也是共通的。這需要我們立即採取行動。

　　中英兩國認識到必須共同努力來建立氣候變化行動的全球框架，這將支持我們本國為實現低碳轉型努力。兩國特別認識到，2015 年的《聯合國氣候變化框架公約》巴黎締約方大會為這一全球努力提供了一個至關重要的契機。我們必須加倍努力建立全球共識，以在

巴黎通過一個在公約下適用於所有締約方的議定書、其他法律文書或具有法律效力的議定成果。雙方強調，所有國家按照華沙會議決定，在第21次締約方會議前通報他們的國家自主決定貢獻十分重要。

聯合國秘書長於2014年9月召開的領導人峰會是一個重要的里程碑。為此，中英兩國承諾共同努力，支持聯合國秘書長的工作，並維持這一強勁勢頭直至2015年巴黎會議。中英兩國均已採取切實行動實施了控制或減少排放、推動低碳發展的政策。我們歡迎雙方已有的在低碳合作方面的緊密關係，這也將鞏固我們的國際努力。雙方同意，通過中英氣候變化工作組加強雙邊政策對話和務實合作。

【閱讀7】公司宴會祝酒詞

尊敬的各位領導、各位來賓，女士們、先生們：

今晚，我們歡聚一堂，共同祝賀中國民營企業商務發展高級研討會勝利召開。值此良辰美景，請允許我代表中共義烏市委、義烏市人民政府，向出席宴會的各位領導、各位來賓表示熱烈的歡迎！

近年來，義烏經濟社會快速發展，市場繁榮，經濟發達，社會安定，人民富裕，2010年經濟社會發展綜合水平位居全國縣市第17位，綜合競爭力列浙江省縣級市第1名。一年一度的小商品博覽會已連續舉辦9屆，先后被評為2009年度中國會展業十大新聞事件和2010年度中國十大新星會展，展會規模和外商參會人數躍居國內經貿類展會第三位。這些成就的取得，與在座諸位長期以來的關心、支持和參與是密不可分的。借此機會，我謹代表全市人民向大家表示衷心的感謝！

商務部在這裡舉辦民營企業商務發展高級研討會，必將為民營經濟的發展和提高起到極大的推動和促進作用。衷心希望蒞臨大會的各位領導、各位專家在會議期間多到義烏走走、看看，深入瞭解義烏，瞭解義博會，為義烏的發展獻計獻策。

現在，我提議：

為中國民營企業商務發展高級研討會和全國民營企業出口促進工作會議的圓滿成功，為各位領導、各位來賓的身體健康、事業順利，干杯！

【閱讀9】校慶賀詞

憶往昔，桃李不言，自有風雨話滄桑；看今朝，厚德載物，更續輝煌譽五洲。欣聞母校三十周年校慶，懷著喜悅的心情，寫了這封信，以表達我們對母校由衷的祝賀！

飲水思源，作為曾經的校友，我們深切感謝母校的栽培，也密切關注著母校的建設和發展。值此學校三十年華誕之際，預祝校慶活動圓滿成功！祝願母校積歷史之厚蘊，宏圖更展！再譜華章！

憶往昔，博學石旁，母校的一草一木，老師的一顰一笑，仍記憶猶新。綠色的校園裡，我們手握春光爛漫的年華，編織著人生的七彩之夢。

三十年的風雨兼程，母校幾經滄桑，奮發圖強，贏得桃李滿天下，為祖國培養了數萬計的各類人才。回顧過去，我們無比自豪，展望未來，我們信心十足。我們相信，母校的三十年華誕將成為承前啓後、繼往開來、開拓創新和再創輝煌的新起點。

在這特殊的日子裡，我們向母校致以最誠摯的祝福，願母校永遠年青，永遠充滿生機！

此致

敬禮

項目十三　宣傳推廣文書寫作實訓

一、實訓目標

知識目標：瞭解宣傳推廣文書的主要文種，掌握軟文、產品說明書、營銷策劃書、商品計劃書等主要文種的寫作方法、格式規範、內容要素等。

能力目標：培養學生在宣傳推廣寫作中的創新意識、品牌意識與綜合寫作能力。要求學生掌握並運用宣傳推廣文書的主要寫作方法，並能將各種策劃案與實際宣傳推廣工作結合起來。

二、適用課程

商務秘書寫作、秘書寫作綜合實訓。

三、實訓內容

任務一　軟文寫作

【實訓情景】

韓國愛茉莉太平洋集團公司旗下品牌「蘭芝」推出了一套針對 25~45 歲女性皮膚衰老問題的產品「致寵凝時」護膚系列。請從不同角度為這套護膚產品撰寫三篇軟文（新聞式軟文、故事式軟文、情感式軟文）。

1. 韓國愛茉莉太平洋集團公司簡介（略）。
2. 蘭芝「致寵凝時」系列護膚產品介紹（略）。

【實訓重點】

理解不同軟文之間的區別和聯繫。在撰寫不同類型軟文的過程中需注意考慮三篇軟文的連續性營銷效果，以及對產品特徵的統一介紹，同時又能保證切入角度的多樣化。

【實訓步驟】

1. 信息整理。收集與寫作主題相關的各種有效信息，對信息進行分析處理，以確定品牌的特徵以及宣傳的目標。
2. 擬寫提綱。綜合利用各方信息之後，重新確定主題，並在主題的指導下擬寫軟文。
3. 撰稿成文。根據提綱內容，充實材料與數據，完善細節，最終完成三種類型的軟文寫作。

任務二　產品說明書寫作

【實訓情景】

廣東志高空調有限公司（http://www.china-chigo.com/cn/）於 2014 年 10 月推出新品 NEW-GD12T8H3。請為該產品撰寫一份產品說明書。

1. 廣東志高空調有限公司簡介（略）。

2. 產品基本參數（略）。

【實訓重點】

請以產品在與同類產品對比中所凸顯的優勢作為介紹的重點，在說明書中體現其優點與特徵。

【實訓步驟】

1. 信息整理。收集與寫作主題相關的各種有效信息，對信息進行分析處理，以確定品牌的特徵以及宣傳的目標。

2. 擬寫提綱。綜合利用各方信息之後，重新確定主題，並在主題的指導下擬寫說明書。

3. 撰稿成文。根據提綱內容，充實材料與數據，完善細節，最終完成產品說明書的寫作。

任務三　營銷策劃寫作

【實訓情景】

巧克力著名品牌「德芙」將在近期推出新品：抹茶曲奇白巧克力，請為這一新品進行營銷策劃，並撰寫營銷策劃書。

1. 與德芙巧克力創始人有關的愛情故事（略）。

2. 視頻：近五年德芙巧克力投放的廣告集錦。

【實訓重點】

1. 策劃書應對目標用戶群有充分的瞭解，其文案內容有一定的針對性與煽動性。

2. 策劃書應對營銷效果有一定程度的預估，對策劃實施過程中的反饋應及時吸收並修正文案。

【實訓步驟】

1. 信息整理。收集與寫作主題相關的各種有效信息，對信息進行分析處理，以確定品牌的特徵以及宣傳的目標。

2. 擬寫提綱。綜合利用各方信息之后，重新確定主題，並在主題的指導下擬寫策劃書等重要文種。

3. 撰稿成文。根據提綱內容，充實材料與數據，完善細節，最終完成策劃書的寫作。

任務四　商品計劃書寫作

【實訓情景】
　　某投資人將在大學城商業街上開一家名為「雕刻時光」的咖啡店，請撰寫該咖啡店的商品計劃書。
　　1. 美國連鎖咖啡品牌「星巴克」發展歷程（略）。
　　2. 視頻：咖啡館經營指南。

【實訓重點】
　　1. 計劃書應對目標用戶群有充分的瞭解，文案內容應具有實際操作性與預期盈利目標。
　　2. 計劃書應對經營難度有一定程度的預估，對試營運過程中的反饋應及時吸收並修正文案。

【實訓步驟】
　　1. 信息整理。收集與寫作主題相關的各種有效信息，對信息進行分析處理，以確定品牌的特徵以及宣傳的目標。
　　2. 擬寫提綱。綜合利用各方信息之后，重新確定主題，並在主題的指導下擬寫計劃書等重要文種。
　　3. 撰稿成文。根據提綱內容，充實材料與數據，完善細節，最終完成計劃書的寫作。

四、實訓準備

（一）知識準備

　　1. 軟文寫作知識
　　（1）定義
　　軟文的定義有兩種，一種是狹義的，另一種是廣義的。
　　1）狹義的軟文指企業花錢在報紙或雜誌等宣傳載體上刊登的純文字性的廣告。這種定義是早期的一種定義，也就是所謂的付費文字廣告。
　　2）廣義的軟文指企業通過策劃在報紙、雜誌或網路等宣傳載體上刊登的可以提升企業品牌形象和知名度，或可以促進企業銷售的一些宣傳性、闡釋性文章，包括特定的新聞報導、深度文章、付費短文廣告、案例分析等。
　　（2）種類
　　1）新聞式軟文
　　新聞式軟文，也稱事件新聞體，就是為宣傳尋找一個由頭，以新聞事件的手法去寫，讓讀者認為就仿佛是昨天剛剛發生的事件。這樣的文體有對企業本身技術力量的體現，但是，要結合企業的自身條件，多與策劃溝通，不要天馬行空地寫，否則，多數會造成負面影響。
　　2）故事式軟文
　　故事式軟文通過講一個完整的故事帶出產品，使產品的「光環效應」和「神祕性」對消費者心理造成強暗示，使銷售成為必然。講故事不是目的，故事背后的產品線索是文章的關鍵。聽故事是人類最古老的知識接受方式，所以故事的知識性、趣味性、合理性是軟

文成功的關鍵。

3) 情感式軟文

情感一直是廣告的一個重要媒介，軟文的情感表達由於信息傳達量大、針對性強，當然更可以叫人心靈相通。情感最大的特色就是容易打動人，容易走進消費者的內心，所以「情感營銷」一直是營銷百試不爽的靈丹妙藥。

(3) 撰寫步驟

撰寫廣告軟文之前必須按以下三步去理清自己的思路：

1) 瞭解消費者對廣告軟文的接受過程，明確推廣概念主題。只有主題明確，才能有的放矢，達到預期的廣告效應。

2) 必須要有新穎、富有創意的標題與銷售推廣文案。

3) 選擇與文案相匹配的表現形式。

(4) 軟文營銷步驟

第一步 市場背景分析

軟文營銷是營銷行為，做市場分析是十分必要的，只有瞭解了企業面對的用戶特點，才能準確地策劃軟文話題，才能選擇正確的媒體策略。

第二步 軟文話題策劃

如上所述，軟文話題的策劃要準確把握用戶群的特點。再者就是根據營銷的導向性來策劃話題。如果是電商企業營運起始，應該注重用戶信任的建立；如果是成熟的電子商務企業，應該側重活動和特色產品的推廣，用以直接帶動商城的銷售；如果是品牌推廣，文章話題應側重企業的公關傳播，突出企業的社會責任感。總之，軟文話題是可以包羅萬象，多寫多想便能策劃出好的軟文，其中的奧妙只可意會而難以言傳。

第三步 軟文媒體策劃

軟文媒體策劃，就是軟文傳播的媒體策略，直白一些就是媒體選擇。這一步完全決定於前兩步。如果市場策略和話題都已確定，有一位熟悉媒體的媒介經理，很輕鬆就可以做好媒體策劃這一步。但是企業往往是重發布、輕策劃，最后還倒說軟文營銷的效果看不出來，怪軟文發布商不給力，這個不是問題的根源。

第四步 軟文寫作

軟文寫作，按照軟文策劃案編撰軟文文案即可。具體的軟文寫作方法本書不再贅述。

第五步 軟文發布

軟文發布是將上一步編撰好的文稿發布到策劃好的目標媒體上。

第六步 軟文效果評估

軟文營銷的效果其實是企業最關心的問題，但是如何評價軟文營銷的效果呢？我們應該綜合品牌和銷售情況、網站流量、電話諮詢來考慮。一般來講，以發布之後幾天網站的銷售和流量提升考核不是合理的，軟文自身的優勢在於網路口碑與推廣的持續效果。

2. 產品說明書寫作知識

(1) 產品說明書的基本含義

產品說明書是對產品的結構、性能、規格、用途、使用方法、維修保養等的說明性文字。

(2) 產品說明書的寫作要點

1) 產品概況（產品名稱與型號）。

2）產品的性能和特點。
3）產品的使用方法。
4）產品的保養與維護。
5）其他注意事項。

3. 營銷策劃書

（1）營銷策劃書寫作的要素

1）前言。
2）市場分析。
3）營銷戰略或廣告重點。
4）營銷對象或營銷訴求。
5）營銷地區或訴求地區。
6）營銷策略。
7）營銷預算及分配。
8）營銷效果預測。

（2）營銷策劃書的寫作要求

1）計劃書應能凸顯產品特徵，對產品的經營規模、經營範圍、商業目標等各項特徵能有較簡介的概括。

2）計劃書應細化商品生產與推廣的措施與細節，具備實操性與可行性。

4. 商品計劃書

（1）商品計劃書的寫作要素

1）計劃摘要。
2）產品介紹。
3）人員組織。
4）市場預測。
5）營銷策略。
6）製造計劃。
7）財務規劃。
8）商業構架。
9）公司戰略。
10）等級評價。

（2）商品計劃書的寫作要求

1）計劃書應能凸顯產品特徵，對產品的經營規模、經營範圍、商業目標等各項特徵能有較簡介的概括。

2）計劃書應對目標用戶群有充分的瞭解，文案內容應具有實際操作性與預期盈利目標。

3）計劃書應對經營難度有一定程度的預估，對試營運過程中的反饋應及時吸收並修正文案。

(二) 材料準備

實訓設備：滿足一般性辦公需求的電腦設備。

實訓軟件：與實訓任務相關的文字、視頻資料等。

五、建議學時

32 學時。（其中：教師指導學時為 8 學時；學生操作學時為 24 學時）

六、實訓成果展示

實訓完成，提交紙質或電子文本。

七、實訓工具箱

（一）案例分析

【案例1】軟文

曝光「洗之朗」熱銷背後

如何改變人們的便后清潔方式？如何實現以洗代擦？一種名為「洗之朗」的產品在西安悄然興起。

據悉，「洗之朗」學名「智能化便后清洗器」，是一種安裝在馬桶上用於便后用溫水清洗的家用電器。「洗之朗」最早源於日本，如今在日本家庭的普及率已高達90%以上。這種電器能夠在人們方便之后，通過按鍵實現溫水沖洗下身，代替了傳統的紙擦方式，更衛生，更科學。

記者採訪了家住紫薇花園的牛先生。談到使用體會時，他說：「起初孩子說日本人都使用這個產品，要往家裡的馬桶上安裝『洗之朗』。我曾堅決反對，總以為不習慣。但幾天下來對使用后的效果不得不折服。我有痔瘡，而且家中還有高齡老人，對洗之朗的使用體驗都感到很滿意！」

某商場導購向記者說：「洗之朗」上市之初，只有一些經常出國的人一看就知道「洗之朗」是什麼，而且購買時也毫不猶豫，因為他們在國外時就普遍使用過，對它的使用效果有貼身體會。導購還告訴記者：「購買『洗之朗』的人，不僅僅是前衛的時尚人士，普通市民也越來越多，大家已經認識到了『洗之朗』對生活的重要性。」

據商場負責人講，「洗之朗」上櫃以來很受顧客喜歡，總是能吸引好多客人，這是我們上櫃當初沒有預料到的，而且銷量也在迅速上升。這個產品前景非常不錯，將來肯定會成為家用電器的消費熱點。某建材、潔具銷售商也對記者說：「銷售『洗之朗』，我並沒有要求一開始就能賣多少臺。我做代理銷售十幾年了，對一個產品的市場前景非常重視。『洗之朗』雖然是個新產品，但將來肯定會是家喻戶曉、家庭必備的電器。現今在西安已經達到了家喻戶曉，3~5 年內肯定會迅速普及，成為城市家庭的必需品。」

記者在家居超市採訪的短短幾十分鐘裡，洗之朗竟然賣出了 5 臺，消費者對這個剛上市的新產品為什麼如此青睞？

在開元商城一次購買 2 臺「洗之朗」的王女士對記者說：「我在日本留學時一直用『洗之朗』，已經習慣了便后水洗，洗比擦不但乾淨衛生，而且很舒服，很方便，是女性預防病菌感染的好產品。」王女士的先生搶過話頭說：「她一聽說『洗之朗』在西安上市，就嚷嚷著買，順便也給老人買一臺。反正也不貴，才一兩千塊錢，比國外產品便宜了好幾千塊錢。」

據調查，在 1995 年至 1998 年間，一臺進口的「洗之朗」產品在北京和上海售價一般

在 15,000 元左右，國產的「洗之朗」也普遍賣 6,000 元上下，雖然有過漫長的市場培育，但其昂貴的價格讓普通老百姓望而卻步，能夠購買者也多為當時的「有錢人」。當然，人們對衛生習慣與身體健康沒有足夠認識，也是推廣的另一障礙。2003 年前的兩年內市場普遍降價 50%左右，最早賣五六千元的產品如今僅賣到不足 3,000 元。

良治「洗之朗」生產廠家的營銷副總肖軍告訴記者：我們很重視市場需求，雖然現今我們的工作重點是生產研發，但是我們對「洗之朗」的市場前景非常看好，我們將憑藉科學有效的營銷手段、精工的日本技術、優勢的價格推廣市場。我們的定位就是以高品質產品設計滿足廣大消費者的潛在需求。

截至記者發稿前，良治「洗之朗」安裝預約已經排滿三個工作日，熱銷局面還在不斷升溫。

【分析】

該軟文對產品的功能有深入的體察，角度新穎、奪人眼目。本文在營銷策略上抓住了消費者的心理因素，能夠打動消費者，達到引導產品銷售的目的。

【案例2】 產品說明書

雙黃連口服液產品說明書

基本信息
·規格
每支裝 10 毫升。
·劑型
合劑。
·藥品類型
中藥。
·主要功效
清熱解毒。用於風熱感冒發熱，咳嗽，咽痛。
·用法用量
口服，一次 10 毫升（1 支），一日 3 次。小兒酌減或遵醫囑。
·化學成分
金銀花、黃芩、連翹；輔料為蔗糖、香精。
·藥物相互作用
如與其他藥物同時使用可能會發生藥物相互作用，詳情請諮詢醫師或藥師。
·藥理作用
1. 雙黃連口服液主要有抑菌、抗病毒、增強免疫力的作用。
2. 雙黃連口服液對多種病菌起抑製作用，如鏈球菌、肺炎雙球菌、金葡球菌、傷寒杆菌、副傷寒杆菌、大腸杆菌、綠膿杆菌、福氏杆菌、宋內氏杆菌、志賀氏杆菌、鮑氏杆菌、革蘭陰性菌、革蘭氏陽性菌、小腸結腸炎耶氏菌等。抑制病毒作用有流感病毒甲、乙型、上呼吸道合胞病毒、腺病毒、柯薩奇病毒、艾可病毒、流行性腮腺炎病毒、帶狀疱疹病毒等。還具有消炎、解熱、鎮痛作用。還具有提高細胞免疫作用，調節和增強機體的多種免疫功能。此外還具有解熱和消炎作用。

·其他信息

【儲存】

藥品陰涼貯存區（20℃以下）。

【有效期】

36個月。

【生產企業】

企業名稱：哈藥集團三精製藥股份有限公司。

生產地址：黑龍江省哈爾濱市動力區哈平路233號。

·不良反應

尚不明確。

·藥品禁忌

尚不明確。

·注意事項

1. 忌菸、酒及辛辣、生冷、油膩食物。

2. 不宜在服藥期間同時服用滋補性中成藥。

3. 風寒感冒者不適用。

4. 糖尿病患者、高血壓、心臟糖尿病患者及肝病、腎病等慢性病嚴重者應在醫師指導下服用。

5. 兒童、孕婦、哺乳期婦女、年老體弱及脾虛便溏者應在醫師指導下服用。

6. 發熱體溫超過38.5°C的患者，應去醫院就診。

7. 服藥3天症狀無緩解者，應去醫院就診。

8. 對本品過敏者禁用，過敏體質者慎用。

9. 本品性狀發生改變時禁止使用。

10. 兒童必須在成人監護下使用。

11. 請將本品放在兒童不能接觸的地方。

12. 如正在服用其他藥品，使用本品前請諮詢醫師或藥師。

【分析】

該說明書充分抓住了產品特徵，對產品的性能、功效、用法都有詳細的描述，突出了說明書全面性、科學性、實用性的特徵。

【案例3】營銷策劃書

紅牛維生素功能飲料的營銷策劃書

客戶名稱：紅牛維生素飲料有限公司

品牌名稱：紅牛維生素功能飲料

一、行業現狀

1. 行業概述

20世紀90年代初，功能飲料剛起步時僅有不到20億美元的銷售額。2000年，世界功能飲料市場的銷售額已達138.6億美元，平均年增長率為兩位數。中國功能飲料市場，從2000年之前紅牛的一枝獨秀到2005后的脈動、激活、他+她水的群雄爭霸，功能飲料的銷售額從2000年的8.4億元，激增到2005年的30億元，實現了每年兩位數的高速增長。

2004 年在功能飲料市場，樂百氏的「脈動」掀起一股狂風巨浪，取得了 7 億元的銷售成績；娃哈哈收拾了 2003 年「康有利」沒有利的鬱悶，緊跟其後推出「激活」，也取得 3 億元的銷售業績；匯源推出「他+她」水，養生堂推出「尖叫」。功能飲料市場好不熱鬧，飲料廠家紛紛推出自己的功能飲料，以期分得功能飲料一杯羹。2005 年準備不足的本土品牌紛紛淡出江湖，如「他+她」「尖叫」等，娃哈哈的「激活」慘淡經營，只有被國際飲料巨頭完全掌控的樂百氏的「脈動」后勁十足。國際品牌憑藉先進的管理水平、雄厚的資金以及在功能飲料方面的經驗，成了目前功能飲料市場最大的贏家。2006 年年初，北京市場排名前五名中只有具有法國血統的脈動是中國品牌。

2. 行業特徵

目前功能飲料市場基本上呈現出以下幾點特徵：

（1）功能飲料正處於市場起步階段。從 1984 年健力寶推出「魔水」到泰國「紅牛」在中國大陸市場現身，再到目前樂百氏的「脈動」，娃哈哈的「激活」以及匯源的「他+她」水等，功能飲料市場一時間好不熱鬧。功能飲料正邁著輕盈的步伐一路向我們走來，並逐步為消費者所瞭解。但所有這些繁華假象，都不能掩蓋功能飲料處於市場發展初期的現實。中國飲料工業協會副理事長兼秘書長趙亞利指出，功能飲料正處於一個加速發展期，上市品種不斷增加，品類進一步豐富，消費者認可度穩步提升，銷售量增長迅速，行業呈現出良好的發展勢頭。

據一份對中國 30 個城市 15~64 歲城鎮居民調查顯示，直到 2005 年下半年，功能飲料的市場滲透率才 27.1%，而同期的碳酸飲料為 70%、飲用水為 75.7%，果蔬汁也達到了 50.4%。這份調查充分說明了功能飲料正處在發展的起步階段。

（2）功能飲料的目標客戶群狹窄。相對於飲用水、碳酸飲料、果汁、茶飲料等大眾性飲料，功能飲料的客戶群就顯得較為狹窄。功能飲料是針對特定的顧客需求，在飲料中添加了一定的功能因子，並不適合所有人群。如：為補充運動中隨汗液流失掉的鹽分而添加鹽的運動飲料，不適合兒童、老年人長期飲用，也不適合成年人非運動狀態下飲用，否則容易造成健康隱患；咖啡因具有降血脂功能，因此含有咖啡因等刺激中樞神經成分的抗疲勞功能飲料，兒童不適合經常飲用。目前北京市消費者協會已經發布消費警示：兒童、老年人及患有血壓高和心臟疾病的人應當慎喝功能飲料，普通人長期飲用也對健康不利。

「紅牛」在瑞典喝死人事件，說明了功能飲料是針對特殊人群的飲料，也向中國飲料企業敲響了警鐘：功能飲料不是「大眾飲料」。

（3）品牌忠誠度低。中國功能飲料市場品牌種類繁多，既有本土品牌激活、脈動、苗條淑女等，也有洋品牌紅牛、佳得樂等。除了中國消費者接觸較早的紅牛外，其他不管是本土的還是洋品牌，對全國消費者來說或多或少都有些陌生，很難談得上對某個品牌的絕對忠誠。雖然某些國際品牌在國際市場上擁有不錯的口碑，但要在中國市場建立自己的「不倒長城」，還有很長的路要走。

（4）產品同質化嚴重。目前，從整個行業來講，功能飲料產品同質化現象較為嚴重。從產品檔次上看，功能飲料主要集中在 3~5 元的價格區間。除了 5 元以上的「紅牛」，目前市場上具有代表性的功能飲料產品如樂百氏的「脈動」、娃哈哈的「激活」，以及百事可樂剛推出的「佳得樂」等產品基本上都在這一價格區間。從功能上看，功能飲料的功能單一，基本上就是補充水分、緩解疲勞；從口味上來講，基本集中在青檸味和橘子味等幾種口味上。

消費者的需求是多樣化的，較為單一的產品滿足不了消費者的需求。行業的發展和企業逐利的本能促使著功能飲料將會在不久的將來進行產品結構升級，向著多樣化的方向發展。

【分析】

該營銷策劃書對市場的分析非常細緻，對產品特徵的把握較為準確，營銷分類合理，覆蓋面廣，對不同人群有多樣化的營銷方式。

【案例4】 商品計劃書

「女郎絲襪」商品計劃書

一、形成商品的概念

1. 商品命名

two 女郎絲襪。

2. 商品品種

連褲襪、緊口長筒襪、厚襪、中筒襪、短襪、吊帶襪、連身型絲襪、商務型絲襪、美體型絲襪、晚裝型絲襪、魚網狀絲襪、全時裝絲襪、齊膝襪、涼鞋頭絲襪、通體薄絲襪、露趾絲襪、九分絲襪17種絲襪。

二、目標市場

廣大女性消費者。

三、競爭商品

緊身褲、棉襪。

四、商品的市場定位

目前，仍有許多紡織品類被籠罩在金融危機的陰影下，襪子卻一枝獨秀。義烏、大唐與遼源襪業作為中國襪業集群的三大代表，經歷過價格戰、產品同質化、產品檔次低等發展階段，發展到目前的產品定位精準、品質穩定、品牌性強的階段。不難看出，產業升級是整個行業向前發展的有利推手。

各大集群整合各自的集群優勢，打造全產業鏈環境，堅持國內、國際市場兩手抓的方針，從產業結構、科技水平及人力資源等方面升級、調整，使得整個行業的抗風險能力也不斷增強。

不論是2011年的第十二屆中國（義烏）國際襪子、針織及染整機械展覽會還是第十屆中國國際襪博會，提供的不僅是一個行業內高效整合和對接的平臺，也是展示整個行業發展盛況的機會。襪業集群之間的良性競爭與合作推動了整個行業的轉型升級，與此同時也帶動了相關行業的提升。未來，我們的襪子會更有可能走向國際市場。

五、顧客化基本戰略：

通過微博、QQ、海報、電視播出的廣告、派傳單、在街邊搞促銷，貼近社會生活，讓顧客們瞭解併購買。

六、產品的基本功能

我們的絲襪不但考慮裝扮雙腿，更考慮到健康問題，具有優良的使用性能。我們的絲襪首先具有透氣功能，即使在夏天也能排出悶熱的濕氣，讓你不再有汗水粘膩皮膚的煩惱，讓肌膚和空氣自由接觸；再者，我們的絲襪所具有的彈性不但能收緊腿部贅肉，使腿部線條更優美，還能有效地防止靜脈曲張，腹部的彈性更強，幫助收緊小腹，塑造完美體形；

我們的絲襪具有極強的黏附性，與肌膚緊密貼合，即使在膝蓋處也不見一絲皺褶，宛如第二層肌膚，並且絲襪顏色透明均一，遮蓋力強，使肌膚看上去更細膩、有光澤，而劣質絲襪穿在身上會感覺不服帖。它經過熱的延伸處理，更牢固耐磨不易抽絲，加熱的絲更具有防靜電的功效，不吸塵土還能避免出現吸附裙子的尷尬。我們絲襪還具有維持正常體溫、保持身體清潔的作用。

七、產品用途

1. 使用場所

工作、出行、參加宴會。

2. 使用方法

重要提示：穿著連褲襪或是褲襪絕對不能像平常穿褲子那樣穿著。應按如下正確方法穿著：

（1）將手指甲打磨光滑，否則會刮壞絲襪。絲襪是很輕薄的，即使再防鉤絲的襪子，如果指甲上有鉤刺，就有可能把絲襪鉤壞。

（2）將腳指甲打磨光滑，並保持足部皮膚的光滑。最好手和腳都摸上護膚霜。

（3）把絲襪從包裝中取出，對好前後開始穿襪。最好是坐在床上或椅子上穿，應避免站著穿。

（4）將絲襪從腰帶到腳尖用手平展地卷起，直至腳尖的正確位置。把絲襪穿到腳上，從腳尖開始，一點一點放開，不要松，穿至腳踝。

（5）調整襪尖與足根，使襪子與腿帖服，舒適。

（6）同一步驟，換穿另一只襪筒，另一只腳也穿至腳踝；然后兩邊交替慢慢向上邊拉邊放，這樣可以防止鉤破襪絲。

（7）將絲襪穿至膝部，穿襪時不要著急，勻速地穿，這會防止穿完后腿上的顏色不均。

（8）站起來，慢慢地兩邊交替邊拉邊放穿至大腿根。

（9）將絲襪均勻穿至腰部，確定絲襪與腿部緊貼無間隔后，以雙手將褲身部分撐開，並將其拉上至腰間。

（10）將襪腿部分稍作調整，如襪子有紋路則要對齊圖案。

（11）穿著完畢后，輕拉腳尖部分，使彈性分佈更均勻，穿著更舒適。如果覺得褲襠不夠長，應退下重穿，切勿一味往上拉。

（12）絲襪與裙子產生靜電時，可在穿著絲襪的大腿上抹一點油質營養霜，裙子就不會黏在襪子上了。

八、營銷渠道

各大小商鋪皆可售賣，可以在淘寶上賣。

九、市場導入策略

絲襪是女人的第二層皮膚，也是每個女性必備的單品，無論年輕女孩的彩色絲襪，還是成熟女性的性感絲襪，在每個女孩的衣櫥裡都可以找到她的身影。絲襪能修飾腿型，防曬、防止靜脈曲張、防止水腫、防寒保暖、防止出汗時長褲黏身。各種材質、厚度、色調、種類、性能的絲襪應有盡有，所以絲襪沒有淡季、旺季之分。不管春夏秋冬，熱愛絲襪的女孩們總能找到自己滿意的絲襪。

十、廣告計劃

拍一個小短片以及一些模特照片，採訪廣大女性消費者使用後的感想，以此爭取更多

的消費者。

十一、價格

絲襪的成本一般為一雙絲襪十幾塊錢。

賣出的價格：薄的一雙都是二三十塊錢，厚的一雙都是五六十塊錢。

十二、開發推進

絲襪的原材料：中國襪都——諸暨大唐，這裡匯集了大小襪子企業5,000多家。據統計，這裡有70,000多臺襪機，這裡更是襪子的海洋。全球每三雙襪子有一雙就是這裡生產的，目前大唐的襪子產量占世界的1/3，占中國的65%。可以這麼講，這裡是中國乃至全球的襪子生產基地。義烏又是全世界的小商品集散中心，這裡配套了發達的物流，又保障了貨物發放一步到位。

【分析】

該商品計劃書內容翔實、步驟清晰。對市場的調查與定位都非常準確，為商品的生產與推廣奠定了基礎。本文具有實用性、邏輯性的特徵。

(二) 拓展閱讀

【閱讀1】 商業計劃書的「要」與「不要」

七要

(1) 力求表述清楚簡潔。

(2) 關注市場，用事實和數據說話。

(3) 解釋潛在顧客為什麼會掏錢買你的產品或服務。

(4) 站在顧客的角度考慮問題，提出引導他們進入你的銷售體系的策略。

(5) 在頭腦中要形成一個相對比較成熟的投資退出策略。

(6) 充分說明為什麼你和你的團隊最合適做這件事。

(7) 要聲明公司的目標。

七不要

(1) 對產品/服務的前景過分樂觀，令人產生不信任感。

(2) 數據沒有說服力，比如拿出一些與產業標準相去甚遠的數據。

(3) 導向是產品或服務，而不是市場。

(4) 對競爭沒有清醒的認識，忽視競爭威脅。

(5) 選擇進入的是一個擁塞的市場，企圖后來居上。

(6) 忌用含糊不清或無確實根據的陳述或結算表。比如，不要僅粗略說「銷售在未來兩年會翻兩番」又或是在沒有細則陳述的情況下就說「要增加生產線」等。

(7) 沒有仔細挑選最有可能的投資者，而是濫發材料。

【閱讀2】 企業營銷策劃的多種要素

企業營銷策劃方案法則一：確定業務目標

業務目標必須明確以下問題：一是確定目標市場。即企業服務的顧客是哪一類？在什麼地方？市場規模有多大？顧客有什麼需求等問題。這是制訂營銷策劃方案的基礎情報。二是對企業營銷效果的確定。這裡的效果不僅包括企業的獲利能力指標，而且包括其他一些企業追求的目標，如企業知名度、企業信譽等。

企業營銷策劃方案法則二：營銷策劃方式設計的多樣性

企業營銷策劃方案產生的途徑是多種多樣的。常用的方法有：

（1）自己企業的經驗。在長期的營銷活動中，每一個企業都累積了一定的市場營銷經驗，這是企業無形的財富。借鑑過去營銷活動成功的經驗，分析當前的營銷環境，產生新的營銷策劃方案。

（2）向競爭對手學習。本企業的競爭對手特別是市場領袖的企業，掌握著大量的市場信息資料，所進行的活動很值得企業研究。認真分析競爭對手，不僅可以發現競爭對手的弱點，還可以利用他們的經驗，取他人之長，補自己之短。

（3）創新。企業在產品設計、服務方式、價格、銷售、促銷等各方面採取新措施，使得營銷效果更好。

對於各種營銷活動方案的評價是優選的基礎。評價一個活動方案的優劣，一般從以下幾個方面進行：

（1）方案的期望收益，即比較各種方案的營銷效益目標。如盈利指標有銷售利潤率、成本利潤率、利潤總額，市場發展目標有市場佔有率、開拓目標市場層次與範圍等。

（2）方案的預算成本，即比較各個方案投入費用的大小，包括固定投資和流動費用。

策劃原則

所有的技術、渠道都只是實施手段，唯有獨到的創意、細緻的分析、精準的定位、出色的策劃，才是策劃服務中的精髓，也是真正對客戶具有至關重要意義的環節。堅決摒棄華而不實的推廣方式，以及只有數據沒有實際效果的單純技術手段，秉持「創意獨到、軟性營銷、特色炒作、共鳴性傳播」的要點，以潤物細無聲的方式對目標群體進行巧妙滲透，並同時注重廣度宣傳與深度滲透。

系統性原則

網路營銷是以網路為工具的系統性的企業經營活動，是在網路環境下對市場營銷的信息流、商流、製造流、物流、資金流和服務流進行管理。因此，網路營銷方案的策劃，是一項複雜的系統工程。策劃人員必須以系統論為指導，對企業網路營銷活動的各種要素進行整合和優化，使「六流」皆備，相得益彰。

創新性原則

網路為顧客對不同企業的產品和服務所帶來的效用和價值進行比較帶來了極大的便利。在個性化消費需求日益明顯的網路營銷環境中，通過創新，創造和顧客的個性化需求相適應的產品特色和服務特色，是提高效用和價值的關鍵。特別的奉獻才能換來特別的回報。創新帶來特色，特色不僅意味著與眾不同，而且意味著額外的價值。在網路營銷方案的策劃過程中，必須在深入瞭解網路營銷環境尤其是顧客需求和競爭者動向的基礎上，努力營造旨在增加顧客價值和效用、為顧客所歡迎的產品特色和服務特色。

操作性原則

網路營銷策劃的第一個結果是形成網路營銷方案。網路營銷方案必須具有可操作性，否則毫無價值可言。這種可操作性，表現為在網路營銷方案中，策劃者根據企業網路營銷的目標和環境條件，就企業在未來的網路營銷活動中做什麼、何時做、何地做、何人做、如何做的問題進行了周密的部署、詳細的闡述和具體的安排。也就是說，網路營銷方案是一系列具體的、明確的、直接的、相互聯繫的行動計劃的指令，一旦付諸實施，企業的每一個部門、每一個員工都能明確自己的目標、任務、責任以及完成任務的途徑和方法，並

懂得如何與其他部門或員工相互協作。

經濟性原則

經濟性原則要求必須以經濟效益為核心。網路營銷策劃不僅本身消耗一定的資源，而且通過網路營銷方案的實施，改變了企業經營資源的配置狀態和利用效率。網路營銷策劃的經濟效益，是策劃所帶來的經濟收益與策劃和方案實施成本之間的比率。成功的網路營銷策劃，應當是在策劃和方案實施成本既定的情況下取得最大的經濟收益，或花費最小的策劃和方案實施成本取得目標經濟收益。

全局性

營銷策劃要具有整體意識，從企業發展出發，明確重點，統籌兼顧，處理好局部利益與整體利益的關係，酌情制訂出正確的營銷策劃方案。

戰略性

營銷策劃是一種戰略決策，將對未來一段時間的企業營銷起指導作用。

穩定性

營銷策劃作為一種戰略行為，應具有相對的穩定性，一般情況下不能隨意變動。如果策劃方案缺乏穩定性，朝令夕改，不僅會導致企業營銷資源的巨大浪費，而且會嚴重影響企業的發展。

權宜性

任何一個營銷策劃都是在一定的市場環境下制訂的，因而營銷方案與市場環境存在一定的相互對應的關係。當市場環境發生了變化，原來的營銷方案的適用條件也許就不復存在了。

可行性

無法在實際中操作執行的營銷策劃方案沒有任何價值。營銷策劃首先要滿足經濟性，即執行營銷方案得到的收益大於方案本身所要求的成本。其次，營銷策劃方案必須與企業的實力相適應，即企業能夠正確地執行營銷方案，使其具有實現的可能性。

注意事項

（1）告訴訪客我們是做什麼的、方案（產品）要解決的問題是什麼，執行方案后要實現多大的價值。即 What。

（2）針對產品/品牌推廣的問題在哪裡？執行營銷方案時，要涉及哪些單位或地方？即 Where。

（3）為什麼要提出這樣的策劃方案？為什麼要這樣執行？即 Why。

（4）誰負責創意和編製？總執行者是誰？各個實施部分由誰負責？即 Who。

（5）時間安排如何進行？營銷方案執行過程需要花費多長時間？即 When。

（6）各系列活動如何操作？操作過程中遇到的新問題如何及時處理解決？即 How。

項目十四　文書檔案管理工作實訓

一、實訓目標

知識目標：本門課程屬於本科文秘專業的實踐教學課程。通過本門課程的學習，學生要深化對檔案分類、整理、檢索工具的編製、計算機管理的理解，掌握新世紀的檔案工作在理論和實踐中出現的新情況、新問題，掌握檔案分類、整理、檔案著錄、計算機管理檔案工作的基本方法和程序，從而提高全方位的業務基礎知識，為將來從事文秘工作打下堅實的基礎。

能力目標：通過典型案例，給學生提供真實的檔案工作情景，要求學生利用所掌握的理論知識與操作技能，完成相應情景中的檔案工作，掌握分類方案的制訂、檔案分類與鑒定、檔案整理、檔案編研、檔案管理軟件的應用等技能。

二、適用課程

檔案管理模擬實訓。

三、實訓內容

任務一　檔案整理分類方案的評價與完善

【實訓情景】

秘書李雯在日常對檔案資料查找中，感到檔案類目設置混亂，檔案資料難以查找。因此她向領導建議：對本單位的檔案整理分類方案進行優化，以解決分類混亂的問題。

【實訓重點】

1. 檔案類目的設置。
2. 檔案分類層次的選擇。
3. 分類方法的選擇。

【實訓步驟】

1. 閱讀教材「檔案整理」中的「檔案分類方案」，重溫分類方案的含義、內容和適用範圍。
2. 網上查找並下載政府機關、企事業單位或高校（任選其一）的檔案分類方案。
3. 定典型機關的分類方案，進行全面分析，看它是否完整、規範、有無錯漏，寫出評價報告。
4. 以分類方案的評價報告為基礎，設計最為優化的分類方案。
5. 提交分類方案的評價與設計報告，小組交換評議。

任務二　檔案的分類與鑒定

【實訓情景】

李雯所在的單位，近年來檔案管理工作處於癱瘓狀態，很多文件都隨意放置，沒有整理。最近上級主管部門準備到單位開展檔案管理工作的檢查、評估，為此領導要求秘書李雯對文件進行分類整理。

【實訓重點】

1. 文書檔案的分類。
2. 科技檔案的分類。
3. 檔案保管期限的鑒定。

【實訓步驟】

1. 準備 100 份文件，請對這些文件進行分類，組成案卷，然后填寫歸檔文件目錄、卷內備考表。
2. 對「科技檔案案卷文件清單」上面的文件進行分類，組成案卷，然后填寫全引目錄、卷內備考表、案卷封面、案卷目錄表。

任務三　歸檔文件整理

【實訓情景】

秘書李雯今天接到了單位檔案室的電話，要求她在一週內盡快整理好本部門的應歸檔的文書檔案，並盡快向檔案室歸檔。

【實訓重點】

按「件」整理歸檔文件。具體內容如下：每 3 人為一組，每組從實訓室所存資料中提取一套（30 份）文件，按《歸檔文件整理規則》完成整理任務，有規律分裝成若幹盒。

【實訓步驟】

裝訂成件→分類→盒內排列→編號→編目→裝盒。

任務四　檔案管理軟件操作技能訓練

【實訓情景】

根據上級指示精神，檔案管理要推行文檔一體化管理制度，為此公司購買了 GD2000 檔案管理軟件。這天行政部秘書李雯在試用 GD2000 檔案管理軟件。她今天的工作主要是進行系統安裝與維護，並完成檔案的計算機著錄與檢索。

【實訓重點】

1. 系統安裝與維護。
2. 檔案的計算機著錄與檢索。
3. 數據的整理、備份與恢復。

【實訓步驟】
(一) 系統安裝與維護
　　1. 安裝方法
　　首先運行 SETUP．EXE 安裝程序，系統將自動開始安裝。在安裝過程中，可根據自己的需要修改安裝目錄路徑，按照安裝向導完成軟件安裝。
　　2. 系統運行方法
　　雙擊「C：\ gdtry」下的地球儀圖標，即可運行系統。
　　3. 系統設置
　　點擊「系統維護」，進行「圖像控件註冊」，然后進行「用戶密碼」及權限設置（修改用戶名、密碼，進行圖像控件註冊），即可使用軟件。
(二) 檔案的計算機著錄與檢索
　　1. 實驗方式
　　(1) 分組進行，每組 2 人。
　　(2) 各自在計算機上進行著錄。
　　(3) 輪流擔任檔案管理者和利用者進行檢索。
　　2. 實驗步驟
　　(1) 學習「歸檔管理模塊」功能，掌握「歸檔文件管理」著錄方法，為「文書檔案」著錄。
　　(2) 學習「企事業管理模塊」功能，掌握案卷級和文件級的著錄方法。
　　為「課題檔案」和「基建檔案」著錄。
　　(3) 自行進行計算機信息查找，按照不同檢索條件查找，然后兩人輪流擔任檔案管理者和利用者進行檢索。
(三) 數據的整理、備份與恢復
　　數據的整理：數據的整理→確定→選擇「排序方法」「排序模式」→確定。
　　數據備份：歸檔文件數據→確定→選定→確定。
　　數據恢復：歸檔文件數據→確定→選定→確定。

任務五　檔案的編研

【實訓情景】
　　秘書李雯今天接到了領導交代的一個任務，要根據檔案資料編寫《某某單位 2007 年大事記》和《某系某某會議簡介》，以應對上級主管部門的評估檢查。
【實訓重點】
　　1. 大事記的編寫方法。
　　2. 會議簡介的編寫方法。
【實訓步驟】
　　1. 根據某校 2007 年各期會議簡報編寫《某某單位 2007 年大事記》（2 學時）。
　　2. 閱讀學代會材料匯編，並據此編寫《某系某某會議簡介》（2 學時）。

任務六　練習填寫各種檔案登記表

【實訓情景】
情景一：行政部秘書李雯到檔案室移交上一年度本部門的檔案，在履行交接手續時，她應該填寫相關的表格。請你以秘書李雯身分填寫《檔案移交登記簿》《檔案交接文據》《檔案收進登記簿》。

情景二：檔案室管理員小王正在上班，這時來了一位客人借閱檔案。請你以利用者身分填寫《檔案借閱登記簿》。

情景三：檔案室管理員小王清理出了到期的無保存價值的案卷進行銷毀。請你以他的身分填寫《檔案材料銷毀清冊》。

【實訓重點】
各種檔案登記表的填寫方法及其注意事項。

【實訓步驟】
（一）填寫檔案登記表
根據實驗三的材料內容和「舜宇集團檔案利用效果實例」，在GD2000「全宗卷管理」模塊中填寫各種表格。

（1）對實驗三的所有材料進行移交，移交方為我校檔案室，接收方為區檔案館，填寫《檔案交接文據》《檔案移交登記簿》和《檔案收進登記簿》。

（2）選擇兩份檔案，填寫《檔案借閱登記簿》。

（3）對實驗三的10年期文件進行銷毀，填寫「檔案銷毀清冊」。

（4）根據「舜宇集團檔案利用效果實例」，選擇2個典型事例，分別填寫2張《檔案利用效果登記簿》。

（二）選擇相應表格，分組演示檔案的移交、銷毀、借閱程序（略）

（三）填寫本周的實訓報告（略）

任務七　公文的發文處理

【實訓情景】
1. 2015年8月29日，某大學辦公室王主任將秘書李雯叫到辦公室，讓她以學校名義寫一份通知給各學院，布置學生教材的發放、領取工作。其中要求：由班長或學習委員按預訂計劃統一到教材科書庫打印書單、交費和領取教材。學生以班級為單位領取教材，請各班嚴格按預訂計劃領取，優先發放給預訂的同學，因實習等原因沒有預訂書的同學請隨同班級領教材時一起辦理預訂手續，逾期不再辦理。

秘書李雯用記事本將王主任的話記錄下來，回到自己的辦公室，立即開始擬寫通知。請演示領導交擬和秘書撰寫通知的過程，並請製作出通知的初稿。

2. 初稿完成後，秘書李雯將這份通知寫在統一的發文稿紙上，拿給王主任審核，王主任看過后簽字同意發出。請演示領導審核簽發過程。

3. 秘書李雯將這份通知編上發文字號，即「×財院〔2015〕36號」，寫在發文稿紙的

相應欄內，再檢查一遍通知的正文內容，確定無誤后，把這份文稿拿到文印室，交給打字員小郭打印成正稿，打印份數為 30 份。小郭讓秘書李雯明天下午 2：00 來取。請演示秘書編號印製文件的過程。

4. 5 月 13 日下午 2：30，秘書李雯將打印好的通知正稿從文印室取回，逐一蓋章，並在發文登記簿上填寫好內容，再分別將每份通知用信封套好，封上口。請演示秘書編號發文登記和裝封的過程。

【實訓重點】
1. 通知的擬寫。
2. 稿件的審核、簽發。
3. 填寫發文稿紙。
4. 填寫發文登記簿。

【實訓步驟】
1. 通知的擬寫。
2. 稿件的審核、簽發和填寫發文稿紙。
3. 文件編號和填寫發文稿紙。
4. 蓋章，填寫發文登記簿和裝封。

任務八　公文的收文處理

【實訓情景】
1. 某校 2010 年 9 月 15 日收到了區教育廳《關於做好 2010 年下半年公共機構節能降耗工作的通知》（桂教基〔2010〕76 號）。秘書李雯拆啓后，將文件取出，核對好份數、日期后，將文件的內容登記在收文登記簿上。請演示秘書收啓文件和收文登記的過程。

2. 秘書李雯取出文件處理單，填上內容，提出初步辦理意見，擬辦意見為「呈李副院長閱示，后勤處、建設處閱辦」。辦公室王主任同意了秘書擬辦意見。秘書李雯再將文件處理單夾在通知原件上，拿到李偉副院長辦公室。李偉副院長看后，指明此份通知的事項具體應由后勤處、建設處負責辦理。於是他批示：「請后勤處、建設處按照通知要求辦理。」請演示秘書擬辦、領導批辦文件的過程。

3. 秘書李雯將這份通知和辦理意見，交給后勤處、建設處負責人，請他們負責辦理。后勤處、建設處接此通知后，做了如下處理：
用水方面：開展設施檢修，堅決杜絕跑、冒、滴、漏和長流水現象，花園、草坪要節約用水。
用電方面：
（1）嚴格按規定設置空調溫度，下班前一小時關閉空調，當室外溫度降到 8℃ 以下，才可使用空調制熱，且最高溫度設置不得超過 20℃。空調運行期間嚴禁打開門窗。
（2）嚴格執行辦公樓 3 樓（含 3 樓）以下一律停開電梯的規定，高層電梯錯層使用。除上下班高峰期外，使用兩部電梯以上的辦公樓，減半開啟電梯。
用車方面：嚴格執行公務車使用規定，鼓勵乘坐公共交通工具或騎自行車。辦事範圍在 2 千米內或公交車站 4 站內不派遣公務車。給王總經理批示。請演示秘書擬辦文件的過程。

事情辦完后，后勤處秘書陳×××在文件處理單上，填好辦理結果、方式和日期，然後和通知原件一起，交還給秘書李雯。請演示註辦文件的過程，並填寫文件辦理簽。

【實訓重點】

1. 收啓文件和收文登記。
2. 秘書擬辦、領導批辦文件。
3. 註辦。

【實訓步驟】

1. 請演示秘書收啓文件和收文登記的過程。
2. 請演示秘書擬辦、領導批辦文件的過程。
3. 請演示註辦文件的過程，並填寫文件辦理簽。

四、實訓準備

(一) 知識準備

知識點一：

1. 文書檔案的分類

（1）分年度

按文件的形成時間區分文件的所屬年度。

（2）分機構（問題）

將同年度的文件按《高等學校分類方案》進行分類。

（3）劃分保管期限

按照「學校保管期限表」的規定，準確地判定每份文件或每組文件的價值，劃定保管期限為永久、30年、10年三種。

1）永久：凡是反應組織主要職能活動和基本歷史面貌的，對本機關、國家建設和歷史研究有長遠利用價值的文件材料列入永久保管。

2）30年：反應本機關一般工作活動，在較長時間內對本機關有查考利用價值的文件材料劃為長期保管，年限一般為30年左右。

3）10年：在較短時間內對本機關有參考利用價值的文件材料列為短期保管，年限一般為10年以下。

2. 科技檔案的分類

科技檔案的種類有很多，因此可運用的分類標準或進行分類的方法也是較多的：

（1）工程項目分類法。它適用於對基本建設工程檔案的分類，就是在本單位全部基建檔案範圍內，以工程項目為分類單元，劃分科技檔案的類別。

（2）型號分類法。它適用於產品檔案和設備檔案的分類，就是以各個型號的產品或設備為分類單元，劃分科技檔案的類別。

（3）課題分類法。它適用於對科研檔案的分類，以各個獨立的研究課題為分類單元，劃分科技檔案的類別。

（4）專業特徵分類法。它按照科技檔案所反應的專業性質劃分科研檔案的類別。

（5）地域特徵分類法。它根據科技檔案內容所反應的地域特徵劃分科技檔案的類別。

（6）時間特徵分類法。它按科技檔案內容所反應的時間特徵劃分科技檔案的類別。

以上幾種基本方法，在實際應用時，可根據具體情況，結合其中幾種靈活運用。基本

建設檔案的分類，具體到不同單位和不同基建項目，其檔案主要有性質——工程項目分類法、流域——工程項目分類法。產品檔案的分類，由於產品種類繁多，各種產品代號也不盡相同，因此在型號分類法的基礎上，派生出了許多具體的分類方法。比較常用的有使用性質——型號分類法、系列——型號分類法。設備檔案的分類，根據組織形式和設備類型的不同，設備檔案具體的分類主要有性質——型號分類法、工序——型號分類法。科研檔案的分類方法主要有學科——課題分類法、專業——課題分類法。

3. 科研檔案案卷標題的擬法

主持人+科研項目名稱+文件材料名稱

例1：張××主持的「廣西與東盟文化交流合作對策研究」工作總結、科研報告、論文專著等文件材料。

例2：王××主持的「肝移植的臨床應用」開題報告、方案論證和協議書。

知識點二：

1. 裝訂成件

將單份文件經過初步整理裝訂以達到「件」的要求。

（1）一般以每份文件為一件，文件正本與定稿為一件，正文與附件為一件，附件為兩件以上並可單獨成文的可分別計算件數，原件與複製件為一件，轉發文與被轉發文為一件，報表、名冊、圖冊、會議記錄等一冊（本）為一件，來文與復文可為一件，重要文件的草稿各為一件。

（2）歸檔文件應齊全完整。破損的文件應予以修整；字跡模糊的文件應予以複製，複製件附於原件后一併歸檔。

（3）歸檔文件應按件裝訂。裝訂時：正本在前，定稿在后；正文在前，附件在后；原件在前，複製件在后；轉發文在前，被轉發文在后；來文與復文為一件時，復文在前，來文在后。

（4）每一件歸檔文件應有完整連貫的總頁號。對自身有頁號的文件不再編頁號；對自身無頁號的文件材料要補編頁號，文件中有圖文的頁面為一頁；如果一份文件材料的頁號由幾部分組成（如正文、附件各自編頁號），那麼此類文件材料的頁號要重編。

2. 分類

（1）分年度

即按文件的形成時間區分文件的所屬年度。

（2）劃分保管期限

即按有關的保管期限表將文件劃分為永久、30年、10年三種。

（3）分機構/（問題）

即按《歸檔文件整理規則》的要求結合實驗文件材料所屬機關的具體情況分類。本實驗按《高等學校檔案實體分類法》分類。

3. 盒內排列、編號

在每個小類下面的所有文件按時間先后順序排列，給每小類排列好的文件編上件號，均各自從1開始編製到最后一份為止。在文件上方空白處蓋上歸檔章。

4. 手工編寫文件目錄（或計算機著錄）

將文件級條目錄入計算機，編寫文件目錄。錄入后打印出一套目錄保存。目錄可一年裝訂一本，也可一年內按保管期限或類別分開裝訂成若幹本，根據目錄量多少自己掌握。

每一本目錄應加一張封面，並在封面把相關內容填寫好，保管期限、機構（問題）可根據需要選擇填寫或不填寫。

5. 裝盒

把文件裝入檔案盒內。裝盒時不同年度、不同期限、不同類別的文件不得裝在同一盒內。裝好后在背脊上相關欄目填上相關內容，盒號暫不填寫（待將來檔案館接收檔案進館時根據需要統一填寫）。盒內放備考表，以說明盒內文件情況；無情況說明的填上整理人、檢查人、整理時間，以示負責。

知識點三：

大事記的寫作

1. 大事的範圍

（1）有關路線、方針、政策規章制度的制定、貫徹和實施。

（2）有關重要會議和重大政治活動。

（3）組織沿革。

（4）重大變革和成就。

（5）外事和外貿。

（6）重大事故和特殊事件。

2. 大事記的結構

（1）標題

有兩種寫法：

①綜合性大事記，標題由單位名稱、時間加「大事記」構成，如「××學院2005年大事記」。

②專題性大事記，標題則由單位名稱、內容項目加「大事記」構成，如「××總公司商品營銷大事記」等。

（2）正文

正文由大事時間和大事內容兩部分組成。（誰、什麼時間、做了什麼）

例如：

17日

市規劃局省一級檔案綜合管理達標評審會於今日在我市檔案館召開。

香港歷史檔案處朱××等4人到市檔案館參觀。

18日

……

3. 會議簡介的結構

（1）題名

會議名稱+會議簡介。如「第十一屆科博會會議簡介」「廣西財經學院第一次學代會會議簡介」

（2）正文

會議的時間、地點、主持人、參加會議的人員、會議的主要議程和內容。（敘述五要素）

知識點四：

公文處理程序：

（1）公文的收文是文書管理的實施生效階段。其環節如下：簽收→拆封→登記→分發→傳閱→擬辦→批辦→承辦→催辦→註辦→歸檔。

（2）公文的發文是公文的產生和形成階段，也是決定公文質量的程序其主要環節如下：（草擬）→（核稿）→（簽發/會簽）→復核→登記（也叫註發）→繕印→（校對）→（用印）→核發（檢查、發文登記、分發）。

（二）材料準備

實訓設備：可聯網的計算機、桌子。

實訓軟件：檔案管理軟件 GD2000。

五、建議學時

任務一　教師指導學時為 0.5 學時；學生操作學時為 3.5 學時。

任務二　教師指導學時為 1 學時；學生操作學時為 3 學時。

任務三　教師指導學時為 1 學時；學生操作學時為 3 學時。

任務四　教師指導學時為 0.5 學時；學生操作學時為 3.5 學時。

任務五　教師指導學時為 1 學時；學生操作學時為 3 學時。

任務六　教師指導學時為 1 學時；學生操作學時為 3 學時。

任務七　教師指導學時為 0.5 學時；學生操作學時為 1.5 學時。

任務八　教師指導學時為 0.5 學時；學生操作學時為 1.5 學時。

六、實訓成果展示及匯編要求

實訓完成，提交整理好的檔案材料。

七、實訓工具箱

（一）案例分析

【案例】內部管理不容忽視

某市一家機械廠於×月份與市機械研究所合作研製×型裝載機。正當技術人員為試製生產設計、曬圖、做生產技術準備時，廠辦公室秘書王×利用工作之便，乘檔案員李×將鑰匙放在桌子上，用鉛筆將檔案室門上的鑰匙壓在事先準備好的一塊膠泥上並配製鑰匙成功。該廠沒有及時發現圖紙被盜一事，將此產品作為拳頭產品還在研製時，外廠已照圖紙投入生產，給該企業造成嚴重的經濟損失。

請問在這個案例中，我們應該吸取什麼教訓？

【分析】

這一案件提醒我們，必須強化檔案室的內部管理：一是要制定出配套的安全保衛規章制度，並嚴格執行，有檢查措施，不可令規章制度形同虛設；二是要重視對檔案人員的職業道德教育。一些檔案人員責任心不強，在一些熟人、朋友面前喪失原則，給犯罪人員以可乘之機。常言道：「家賊難防。」那些內部管理不嚴的單位，應從該廠圖紙被盜案中，吸取教訓，在內部管理上切切實實下一番功夫。

（二）拓展訓練

【情景】

年終歸檔的時間又到了，辦公室主任要求秘書李雯把今年收到的文件進行歸檔，以便及時向檔案部門移交。李雯找出了今年收到或制發的全部文件，準備對文件進行鑑別，以確定歸檔範圍。

【任務】

對文件內容進行鑑別，確定歸檔與不歸檔範圍。

【指導】

1. 瞭解並掌握「文書檔案保管期限表」。
2. 學習教材關於「鑑定檔案價值的標準」內容。
3. 是否歸檔需考慮的三個原則：職能、來源（以我為主）、參考價值。

（三）拓展閱讀

【閱讀1】高等學校檔案實體分類法（摘錄）

根據高等學校檔案產生的領域範疇，結合檔案記述的內容性質，確定為十個一級類目，其名稱、標示符號和主要內容如下：DQ　黨群、XZ　行政、JX　教學、KY　科學研究、CP　產品生產與科技開發、JJ　基本建設、SB　儀器設備、CB　出版、WS　外事、CK　財會。

第二章主表

DQ 黨群

11 黨務綜合

分黨委、總支、直屬支部綜合材料入此。

12 紀檢

13 組織

14 宣傳教育

15 統戰

民主黨派材料入此。

16 工會

婦女工作材料入此。

17 團委

學生社團材料入此。

XZ 行政

11 綜合

教職工代表大會和院、系、所等單位綜合材料入此。

12 人事

師資培養材料入此。

13 監察審計

14 武裝保衛

15 總務
16 檔案、圖書、文博
JX 教學工作
11 綜合
學生運動會、教學評估、優秀教學評獎材料入此。
12 學科與實驗室建設 專業設置入此。
13 招生
14 學籍管理
學生獎懲材料入此。
15 課堂教學與教學實踐
16 學位
17 畢業生
畢業生信息反饋工作入此。
18 教材
註：此類二級類目的劃分，也可以來用以下分類方法：
11 綜合
12 研究生教育
13 全日制本、專科教育
14 成人教育
KY 科學研究
11 綜合
科研經費管理、學術活動材料入此。
［12］按學科或專業或項目設置類目
CP 產品生產與科技開發
11 綜合
［12］按產品種類或項目設置類目
JJ 基本建設
11 綜合
［12］按單項工程設置類目
SB 儀器設備
11 綜合
［12］按儀器設備種類或型號設置類目
CB 出版
11 綜合
12 報紙
13 刊物
14 書稿
15 音像
WS 外事
11 綜合

12 出國（境）

國際合作與會議材料入 WS 14。

13 來校

外國留學生工作材料入 WS15，國際合作與會議材料入 WS11。

14 國際合作與會議

15 外國留學生工作

CK 財會

11 綜合

12 會計報表

13 會計帳簿

14 會計憑證

15 工資清冊

獎金、助學金入此。

註：「［］」代表隨機符號

附：

SX 聲像

12 照片

13 錄音帶

14 錄像帶

15 幻燈片

16 磁盤

17 影視膠片

18 縮微膠片

【閱讀 2】 工業企業檔案分類試行規則

為深化企業檔案業務管理，提高現代化科學管理水平，促進企業檔案工作的整體建設，更好地服務於企業生產、經營管理和技術進步，特制定本規則。

第一條 本規則規定了工業企業檔案的分類原則、分類方法和類目設置及其所含基本範圍。

第二條 本規則適用於全國工業企業檔案的分類整理、組織案卷和排架管理。交通、郵電、建築施工、農林和商業服務等企業亦可參照執行。

第三條 工業企業檔案分類原則是以全部檔案為對象，依據企業管理職能，結合檔案內容及其形成特點，保持檔案之間的有機聯繫，便於科學管理與開發利用。

第四條 工業企業檔案分類設置十個一級類目，即黨群工作類、行政管理類、經營管理類、生產技術管理類、產品類、科學技術研究類、基本建設類、設備儀器類、會計檔案類、幹部職工檔案類。特大型企業或生產程序特殊的企業，有些檔案難以歸入上述十大類目時，可根據實際需要增設一級類目。

第五條 工業企業檔案分類二級類目按照企業管理職能和檔案特點設置（詳見附表），附表中設置的二級類目是工業企業檔案分類的基本二級類目，企業可結合實際需要增設或減少二級類目。

第六條 工業企業檔案分類二級以下類目設置，參照附表中的基本範圍，結合行業特點和企業實際確定。工業企業檔案分類層次不宜過多。

第七條 工業企業檔案分類二級及二級以下類目的設置方法如下：

1. 黨群工作、行政管理、經營管理、生產技術管理類的二級及二級以下類目一般按問題或組織機構設置；

2. 產品、設備儀器類的二級及二級以下類目按產品和設備儀器種類或型號設置；

3. 科學技術研究類的二級及二級以下類目按課題性質或課題設置；

4. 基本建設類的二級及二級以下類目按工程性質或建築項目設置。

5. 會計檔案類的二級及二級以下類目按文件形式（名稱）設置；

6. 幹部職工檔案類的二級及二級以下類目按幹部、工人分別設置、幹部檔案類目設置按《幹部檔案工作條例》有關規定執行。

第八條 工業企業檔案分類中的類目標示符號不作統一規定。

第九條 聲像、照片或其他非紙質載體形式的檔案，其形成、反應的內容和作用與紙質載體檔案有著不可分割的聯繫，一般不單獨設置類目，可視其內容特徵同紙質檔案對應分類編號。考慮其載體形式和保管要求不同，應分庫保管，其他則不作統一規定。

第十條 本規則於1992年起執行，這之前形成的檔案，已經整理組卷的維持不動。

第十一條 各地區、各部門可結合各自的實際情況，制定實施細則和分類編號方案。

第十二條 本試行規則由國家檔案局負責解釋。

工業企業檔案分類表見表1。

表1　　　　　　　　　　　**工業企業檔案分類表**

工業企業檔案分類表

一級類目名　稱	二級類目名稱	基本範圍
黨群工作類	黨務工作	黨委綜合性工作、黨員代表大會或黨委其他有關會議，黨委辦公室其他事務性工作等
	組織工作	組織建設、整黨建黨、黨員和黨員幹部管理、黨費管理等
	宣傳工作	理論教育、各種工作活動宣傳、政治思想工作與精神文明建設等
	統戰工作	民主黨派工作、無黨派人事工作、港澳臺民主黨派工作、無黨派人事工作、港澳臺工作、華僑工作、民族事務、宗教事務等
	紀檢工作	黨風治理、黨紀檢查、案件審理、信訪工作等
	工會工作	職工代表大會、職工民主管理、勞動競賽、勞保福利、女工工作、文化藝術和體育活動等
	共青團工作	組織建設、政治思想教育、團員大會、團員管理、團費管理、青少年工作等
	協會工作	各專業學會、協會工作，各群眾團體活動等

表1(續)

一級類目名稱	二級類目名稱	基本範圍
行政管理類	行政事務	企業綜合性行政事務工作、廠務會議、廠長（經理）辦公室工作、文秘工作、機要保密工作等
	公安保衛	社會治安、武裝保衛、槍支彈藥管理、民兵工作、消防、交通管理、刑事案件審理、人防工作等
	法紀監察	法律事務、政紀監察、違紀案件審理等
	審計工作	各專項審計工作活動等
	人事管理	幹部管理，工人招聘、錄用、調配工作，企業勞務出口工作等
	教育工作	普通教育、中專和職業教育、高等教育、職工在職培訓、幼兒教育等
	醫療衛生	衛生監督與管理、職工防病治病、計劃生育工作等
	后勤福利	職工生活福利、食堂、商店、幼兒園、農牧副業、職工住房、企業第三產業等
	外事工作	企業涉外活動
經營管理類	經營決策	企業改革，重大經營戰略性決策，企業發展規劃，方針目標管理等
	計劃工作	企業中、長期計劃，年（季）度計劃，各項專企業中、長期計劃，年（季）度計劃，各項專業發展計劃，全面計劃管理工作等
	統計工作	各種統計報表，企業綜合性統計分析工作等
	財務管理	資金管理，價格管理，會計管理，資金流通等
	物資管理	物資供應，倉庫管理，廢舊物資回收與修舊利廢等
	產品銷售	市場分析，用戶調查，產品銷售，廣告宣傳，市場分析，用戶調查，產品銷售，廣告宣傳，售后服務工作等
	企業管理	企業普查，企業整頓和企業升級，經濟責任制管理，企業管理現代化工作等

表1(續)

一級類目名稱	二級類目名稱	基本範圍
生產管理類	生產調度	生產組織，調度指揮工作等
	質量管理	企業全面質量管理，產品質量檢測和質量控制工作等
	勞動管理	勞動定額、定員、勞動調配、勞動工資、勞動保護等
	能源管理	能源消耗定額管理，節能降耗工作等
	安全管理	安全生產，工傷事故處理，職工安全教育等
	科技管理	新產品開發，科技成果管理，技術引進，技術革新和採用新技術，合理化建議等
	環境保護	環境保護檢測與控制，污染治理等
	計量工作	各種計量檢測工作
	標準化工作	企業標準化管理工作，各種標準檔案
	檔案和信息管理	企業檔案工作，各類數據管理，電子計算機系統，情報工作，圖書資料工作等
產品類	產品檔案二級類目按產品種類或型號設置	同一產品型號內，包含產品從開發、設計、工藝、工裝、加工製造、檢驗、包裝、商標工藝、工裝、加工製造、檢驗、包裝、商標廣告和產品評優的全過程
科學技術研究類	科研檔案二級類目按課題設置	同一科研項目內，包含課題立項、研究準備、研究試驗、總結鑒定、成果報獎、推廣應用等項目研究和管理的全過程
基本建設類	基本建設檔案二級類目按工程項目或建築項目設置	同一工程項目內包含工程的勘探測繪、設計、施工、竣工驗收和工程創優的全過程
設備儀器類	設備儀器檔案二級類目按設備種類或型號設置	同一設備儀器內，含設備購置、安裝調試、運行、維護修理和設備管理等全過程
會計檔案類	憑證	各種會計憑證
	帳簿	各種財務帳簿
	報表	各種財務報表
	其他	
幹部職工檔案類	幹部檔案	
	工人檔案	
	離退休職工檔案	
	死亡職工檔案	

【閱讀3】《科技檔案案卷文件清單》（見表2）

表2　　　　　　　　　　　　　　科技檔案卷文件清單

檔號	類目	項目名稱	責任者	題名	日期	頁數	保管期限
1	90-49-01	KY12 憲政視野下的隱私權與新聞自由	張軍	學校基金項目結題申請表（張軍）	20070703	1	永久
2	90-38-07	KY12 精制白糖生產技術研究與開發	孫衛東	關於「精制白糖生產技術研究與開發」項目的延期申請	20040628	46	永久
3	90-38-07	KY12 精制白糖生產技術研究與開發	廣西大學	投標單位承諾函（孫衛東）	20020418	22	永久
4	90-38-07	KY12 精制白糖生產技術研究與開發	孫衛東	「十五」廣西科技攻關項目（精制白糖技術研究與開發）執行情況	20040113	40	永久
5	90-49-01	KY12 憲政視野下的隱私權與新聞自由	張軍	廣西大學科研基金項目申請書（張軍）	20061128	3	永久
6	90-38-07	KY12 精制白糖生產技術研究與開發	廣西大學	投標單位資格聲明函（孫衛東）	20020418	25	永久
7	90-38-07	KY12 精制白糖生產技術研究與開發	廣西大學	投標單位技術人員資料（孫衛東）	20020411	27	永久
8	90-49-01	KY12 憲政視野下的隱私權與新聞自由	張軍	論文（1篇張軍）	20070110	10	永久
9	90-38-07	KY12 精制白糖生產技術研究與開發	廣西壯族自治區科學技術委員會	關於下達2002年廣西科學研究與技術開發計劃第二批項目的通知	20020725	29	永久 桂科計字〔2002〕35號
10	90-38-07	KY12 精制白糖生產技術研究與開發	孫衛東	「十五」廣西科技攻關項目（精制白糖生產技術研究與開發）實施情況	20030515	34	永久
11	90-49-01	KY12 憲政視野下的隱私權與新聞自由	張軍	憲政視野下的隱私權與新聞自由課題研究報告	20070704	30	永久

【閱讀4】 歸檔文件整理規則

DA/T22-2000

中華人民共和國國家檔案局 2000-12-06 批准　2001-01-01 實施

1 範圍

本標準規定了歸檔文件整理的原則和方法。

本標準適用於各級機關、團體和其他社會組織。

2 定義

本標準採用下列定義。

2.1 歸檔文件

　　立檔單位在其職能活動中形成的、辦理完畢、應作為文書檔案保存的各種紙質文件材料。

2.2 歸檔文件整理

將歸檔文件以件為單位進行裝訂、分類、排列、編號、編目、裝盒，使之有序化的過程。

2.3 件

歸檔文件的整理單位。一般以每份文件為一件，文件正本與定稿為一件，正文與附件為一件，原件與複製件為一件，轉發文與被轉發文為一件，報表、名冊、圖冊等一冊（本）為一件，來文與復文可為一件。

3 整理原則

遵循文件的形成規律，保持文件之間的有機聯繫，區分不同價值，便於保管和利用。

4 質量要求

4.1 歸檔文件應齊全完整。已破損的文件應予修整，字跡模糊或易退變的文件應予複製。

4.2 整理歸檔文件所使用的書寫材料、紙張、裝訂材料等應符合檔案保護要求。

5 整理方法

5.1 裝訂

歸檔文件應按件裝訂。裝訂時，正本在前，定稿在后；正文在前，附件在后；原件在前，複製件在后；轉發文在前，被轉發文在后；來文與復文作為一件時，復文在前，來文在后。

5.2 分類

歸檔文件可以採用年度—機構（問題）—保管期限或保管期限—年度—機構（問題）等方法進行分類。同一全宗應保持分類方案的穩定。

5.2.1 按年度分類

將文件按其形成年度分類。

5.2.2 按保管期限分類

將文件按劃定的保管期限分類。

5.2.3 按機構（問題）分類

將文件按其形成或承辦機構（問題）分類（本項可以視情況予以取捨）。

5.3 排列

歸檔文件應在分類方案的最低一級類目內，按事由結合時間、重要程度等排列。會議文件、統計報表等成套性文件可集中排列。

5.4 編號

歸檔文件應依分類方案和排列順序逐件編號，在文件首頁上端的空白位置加蓋歸檔章並填寫相關內容。歸檔章設置全宗號、年度、保管期限、件號等必備項，並可設置機構（問題）等選擇項。

5.4.1 全宗號：檔案館給立檔單位編製的代號。

5.4.2 年度：文件形成年度，以四位阿拉伯數字標註公元紀年，如1978。

5.4.3 保管期限：歸檔文件保管期限的簡稱或代碼。

5.4.4 件號：文件的排列順序號。

件號包括室編件號和館編件號，分別在歸檔文件整理和檔案移交進館時編製。室編件號的編製方法為：在分類方案的最低一級類目內，按文件排列順序從「1」開始標註。館編

件號按進館要求標註。

5.4.5 機構（問題）：作為分類方案類目的機構（問題）名稱或規範化簡稱。

5.5 編目

歸檔文件應依據分類方案和室編件號順序編製歸檔文件目錄。

5.5.1 歸檔文件應逐件編目。來文與復文作為一件時，只對復文進行編目。歸檔文件目錄設置件號、責任者、文號、題名、日期、頁數、備註等項目。

5.5.1.1 件號：填寫室編件號。

5.5.1.2 責任者：制發文件的組織或個人，即文件的發文機關或署名者。

5.5.1.3 文號：文件的發文字號。

5.5.1.4 題名：文件標題。沒有標題或標題不規範的，可自擬標題，外加「[ ]」號。

5.5.1.5 日期：文件的形成時間，以 8 位阿拉伯數字標註年月日，如 19990909。

5.5.1.6 頁數：每一件歸檔文件的頁數。文件中有圖文的頁面為一頁。

5.5.1.7 備註：註釋文件需說明的情況。

5.5.2 歸檔文件目錄用紙幅面尺寸採用國際標準 A4 型（長×寬為 297mm×210mm）。

5.5.3 歸檔文件目錄應裝訂成冊並編製封面。歸檔文件目錄封面可以視需要設置全宗名稱、年度、保管期限、機構（問題）等項目。其中全宗名稱即立檔單位的名稱，填寫時應使用全稱或規範化簡稱。

5.6 裝盒

將歸檔文件按室編件號順序裝入檔案盒，並填寫檔案盒封面、盒脊及備考表項目。

5.6.1 檔案盒

5.6.1.1 檔案盒封面應標明全宗名稱。檔案盒的外形尺寸為 310mm×220mm（長×寬），盒脊厚度可以根據需要設置為 20mm、30mm、40mm 等。

5.6.1.2 檔案盒應根據擺放方式的不同，在盒脊或底邊設置全宗號、年度、保管期限、起止件號、盒號等必備項，並可設置機構（問題）等選擇項。其中，起止件號填寫盒內第一件文件和最后一件文件的件號，中間用「－」號連接；盒號即檔案盒的排列順序號，在檔案移交進館時按進館要求編製。

5.6.1.3 檔案盒應採用無酸紙製作。

5.6.2 備考表

備考表置於盒內文件之后，項目包括盒內文件情況說明、整理人、檢查人和日期。

5.6.2.1 盒內文件情況說明：填寫盒內文件缺損、修改、補充、移出、銷毀等情況。

5.6.2.2 整理人：負責整理歸檔文件的人員姓名。

5.6.2.3 檢查人：負責檢查歸檔文件整理質量的人員姓名。

5.6.2.4 日期：歸檔文件整理完畢的日期。

【閱讀 5】某某系 20××年大事記

1. 2 月 22 日，某某系 200×—200×學年第二學期教師集中報到。

2. 2 月 25 日，某某系召開新學期行政人員會議，明確個人工作範圍及職責。

3. 2 月 26 日，某某系召開 200×年工作會議，會上，韋某某主任傳達了學院 200×年工作會議精神，並明確 200×年某某系要以學院工作會議精神為指導，在 2007 年各項工作的基礎上，紮實推進我系教學、科研、專業建設、黨建工作和學生管理工作。

在具體工作上，全系教師應在系領導班子和系教學、科研、黨務和學生管理工作、宣傳四個工作小組及六個教研室的帶領下，同心協力，在學院的第一個教學質量年內提高教學水平，爭創科研成果，發展專業特色，培養師生入黨積極分子，搞好宣傳工作。

4. 2月26日，某某系開展200×年賑災捐資儀式，捐款共計790元。

5. 2月28日，某某系參加學院捐款儀式，共捐款790元。

6. 2月28日下午，公關教研室全體教師與主任在603辦公室召開公關專業建設會議，明確了以對南寧市企事業單位對公關人才的需求情況的調研結果為依據，制訂攻關專業實驗計劃。實驗計劃初步確定以年級為單位，由教研室教師帶領制定一些相關的課外實驗課程。

7. 3月4日，主任與我系三位博士召開座談會，討論新學期科研、教學工作計劃。

8. 3月7日，我系分工會組織兩支隊伍，共20人，參加學院工會舉辦的慶「三八」奧運火炬接力趣味賽，獲鼓勵獎。

9. 3月11日下午，我系召開繼續解放思想大討論動員會就廣西發展的新形勢討論我系專業建設、教學以及科研計劃。

10. 3月11日下午，某某系召開外出進修、實踐教師學習心得交流會。組織全系教師聽取學習經驗，並就專業建設展開討論。

11. 3月13日下午，某某系領導班子和各個黨支部負責人就我系開展繼續思想大討論的活動方案召開研討會。

12. 3月14日上午，蒙麗珍副院長、評估辦何莎主任一行蒞臨某某系，就200×年年終某某系在教學評估中的表現進行信息反饋。

13. 4月1日下午15：00～17：30，在6教2階教室，由文秘教研室組織，邀請羅××女士向我系2006、2007級學生進行了「如何塑造最佳面試形象」講座。

……

68. 12月25日下午，系召開「2009屆畢業生就業指導暨實習動員會」。系黨總支書記、主任韋某某作重要講話，黨總支副書記丁××就就業工作提出指導意見，分團委副書記覃××主持。畢業班文秘0631班全體畢業生參加會議。

69. 12月28日上午，文化與傳播系舉辦的「文傳大講堂」在蓮湖二階教室開講，廣西師範大學教授、博導李××開堂第一講，主題為「文學作品解讀與人文素質提升」。

70. 12月28日晚，系在3號禮堂召開期末考試動員會。系主任韋某某主持大會，全系500多名師生參加了此次動員會。

【閱讀6】中共海州區第九次代表大會會議簡介

中共海州區第九次代表大會於2001年2月28日召開，歷時3天，於3月2日圓滿結束。參加本次大會的黨員代表應到會280名，實到會273名。

這次大會的指導思想和主要任務是，以鄧小平理論和江澤民同志「三個代表」的重要思想為指導，認真貫徹黨的十五大和十五屆五中全會精神，進一步處理好改革、發展、穩定的關係，以經濟建設為中心，以經濟強區為目標，以發展為主題，以改革開放和科技創新為動力，以項目工作為重點，認真實施「興三優二，非公先行項目為綱，外向牽動，以人為本，經濟強區」的經濟發展總體思路，以增加稅收和財政收入為第一發展戰略，以三產興區為經濟發展的主要格局，以招商引資為經濟工作的主攻方向，努力增加經濟總量和

財政收入，大力加強黨的建設、精神文明建設和民主法制建設，動員全區廣大幹部群眾，繼續解放思想，真抓實幹，促進全區經濟持續、快速、健康發展和社會全面進步。

會議的主要議程：
1. 聽取和審議中國共產黨阜新市海州區第八屆委員會工作報告，通過工作報告決議。
2. 聽取和審議中國共產黨阜新市海州區紀律檢查委員會工作報告，通過工作報告決議。
3. 選舉產生中國共產黨阜新市海州區第九屆委員會委員。
4. 選舉產生中國共產黨阜新市海州區第九屆紀律檢查委員會委員。
5. 選舉出席中共阜新市第九次代表大會代表。與會代表首先聽取張×同志代表八屆委員會向大會作題為《解放思想，奮力拼搏，紮實工作，為實現全區經濟和社會的跨越式發展而努力奮鬥》的工作報告。代表們對這個報告進行了認真的討論和審議，並通過了工作報告決議。同時聽取了於×同志代表八屆紀律檢查委員會，作題為《認真貫徹從嚴治黨方針，繼續加大從源頭上預防和治理腐敗工作的力度，為實現海州經濟和社會的跨越式發展做出新貢獻》的工作報告，經代表們認真討論和審議后通過了工作報告決議。

會議期間經過充分醞釀和民主選舉，產生了中共阜新市海州區第九屆委員會和中共海州區第九屆紀律檢查委員會，當選的區委委員略。

【閱讀7】 舜宇集團檔案利用效果實例

檔案給新產品開發帶來效益。1991年6月，我廠簽訂了一份臺灣光學股份有限公司Y型照相機鏡頭合同。對方單位要求在半個月內一定要發貨，並要樣品驗收。而開發一種新產品需要查閱大量技術資料。過去，我廠由於未建立綜合檔案室，對外單位寄來的、開會學習帶來的一些先進技術資料由各人自己保管使用，別人需要就要四處尋找，給設計工作帶來不少麻煩。從設計到投產，起碼需要兩三個月時間。而建立綜合檔案室后，系統地集中了各種資料、技術圖紙，設計時參閱效果非常好，大大方便了設計工作，使我們及時投入批量生產，按時完成交貨任務，順利簽訂了10萬元的合同，收到了一定的經濟效果。

廠部技術科

檔案——基建維修、改建的好幫手。集團公司最近幾年發展速度快，因此基本建設從未間斷。內行人知道基本建設的資料是比較多而又複雜，從立項籌建到竣工驗收結算止，一系列的手續是比較繁瑣的。未建立檔案之前，資料東放西藏，到時要查挺麻煩，甚至於出現資料遺失現象。建立檔案室以後，為了省時、省力、省料，單位改建前會不約而同來到檔案室查閱、複印有關房屋建造時的各種竣工圖。由於檔案室及時提供了全面的基建檔案，施工隊的改建工程能得以順利進行。如利用新光儀大樓土建圖紙，為工程開工、初驗及竣工驗收結算，提供了有力的證據和參考價格，比較規範地立卷裝訂成冊，查找及時方便，為我們做具體工作的同志幫了大忙。再如食堂擴建時，在施工期間不慎將一煤氣管挖破，正當大家焦急不安時，檔案室及時提供了有關食堂的水煤管線分佈圖，使施工隊很快排除故障，保證了施工隊擴建工作的順利進行，大大地提高了工作效率，同時也節省了大量的人力、物力和財力。

公司基建辦
公司顧問辦

項目十五　辦公設備應用管理實訓

一、實訓目標

　　知識目標：掌握辦公室常用設備知識，瞭解設備的普通故障的處理方法，熟練掌握辦公室常用設備的使用與基本維護，以及一般故障處理。

　　能力目標：能夠解決辦公設備在使用過程中產生的一般故障，掌握設備的基本構造，瞭解辦公設備的使用注意要點，熟練使用辦公室常用的設備。

二、適用課程

　　現代辦公設備應用與維護。

三、實訓內容

任務一　計算機主機箱整機清理

【實訓情景】

　　秘書小李發現，工作時間有多長，那麼計算機開啓運行的時間就會有多長。有時候積聚的灰塵會嚴重影響電腦硬件的正常運行，輕者使電腦內部過熱，導致電腦運行速度變慢；重者會使電腦死機，甚至硬件損傷。因而她制訂了辦公室計算機主機內部清理的計劃，定期對計算機主機內部予以清潔與整理。

【實訓重點】

　　掌握計算機主機內部硬件的結構構成及安裝與維護。

【實訓步驟】

1. 必須先切斷計算機主機電源，最安全的方式是將電源插頭拔出，而不是只是排插斷電，而電源插頭還接在排插上。
2. 打開側蓋。（免工具可以打開）
3. 最好在室外進行，免得灰塵四處飛揚。
4. 動作輕柔，不要操作線路。

任務二　顯卡的一般故障及維護

【實訓情景】

　　秘書小張上班時，打開電腦時發現，無法進入系統，並且電腦還發出明顯的「滴滴」的聲音。根據經驗，小張知道這是電腦自檢後，對自檢結構的匯報，判斷是顯卡出現問題。

【實訓重點】

掌握顯卡故障出現時的特徵及一般處理方法。

【實訓步驟】

1. 必須先切斷計算機主機電源，最安全的方式是將電源插頭拔出，而不是只是排插斷電，而電源插頭還接在排插上。
2. 打開側蓋。（免工具可以打開）
3. 螺絲刀撐開固定螺絲，並注意主板上的顯卡鎖定解除。
4. 取出顯卡后，觀察是否有燒毀的痕跡。
5. 如果沒有，則用橡皮擦對金手指進行擦拭，消除氧化層。
6. 安裝回主板上，鎖定顯卡，接好線路。
7. 開機測試。

任務三　硬盤的一般故障及維護

【實訓情景】

小張的辦公室準備要隨著公司搬遷到400千米外的另一個城市裡，辦公室主任特地要她做好辦公室貴重易損物品的搬運工作安排。其中就有電源主機這一項。小張考慮到，按照目前的硬盤容量來看，大部分的電腦用戶都是使用1T以上的產品，大容量硬盤儲存海量數據的同時，也有著一個很明顯的問題：如果辦公室的計算機的硬盤出現問題，那麼所有的數據就會有丟失的危險，硬盤承載的數據量越大，就意味著損失越大。特別是磁盤陣列，數據恢復的費用是遠遠超過硬盤本身的價值的。

【實訓重點】

硬盤的使用正確及搬遷時的保護就是最好的維護。

【實訓步驟】

1. 必須先切斷計算機主機電源，最安全的方式是將電源插頭拔出，而不是只是排插斷電，而電源插頭還接在排插上。
2. 打開側蓋。（免工具可以打開）
3. 需要長路途遷移計算機時，將硬盤拆卸出來，另行存放。

任務四　顯示器一般維護

【實訓情景】

辦公室實習生小李第一次上班就發現，辦公室裡的液晶顯示器上面已經布滿了微塵，有的還有明顯的手指印，甚至有的還有不明的污漬，懷疑可能是咖啡或者泡面殘留下來的液體。

【實訓重點】

為顯示器表面除塵，除污漬。

【實訓步驟】

1. 關閉計算機，關閉顯示器，並切斷顯示器的電源。

2. 將液晶顯示器清洗液噴在顯示器表面。
3. 以從左至右、從上至下的方式擦拭。
4. 靜待表面液體徹底揮發后，再接通電源使用。

任務五　正確安裝打印機驅動程度

【實訓情景】
　　小張秘書由於公司的原因轉換了辦公地點。結果上班時發現，由於更換計算機或者重裝電腦，原有的打印機驅動程序消失了，打印機無法正常使用，需要安裝打印機驅動程序。

【實訓重點】
掌握安裝打印機驅動的方法。

【實訓步驟】
1. 安置好打印機。
2. 將打印機與計算機連接。
3. 特別要注意，驅動程序最好在官方網站中的技術支持中下載。

任務六　雙面打印及其他打印設置

【實訓情景】
　　公司辦公室主任叫秘書小李準備明天的會議文件，為了節約用紙，辦公室主任特別叫小李打印文件時，要雙面打印。

【實訓重點】
手動的雙面打印及打印機面板控制。

【實訓步驟】
　　雙面打印需要在打印屬性中進行設置，另外打印設置中還可設置其他項，例如橫向打印等。打印機控制面板：一般有聯機鍵、換行鍵、換頁鍵、進紙/退紙鍵、出紙方向鍵等按鍵，還有電源燈、聯機燈、紙空燈、高速打印燈、出紙方向燈等指示燈。

任務七　打印機卡紙處理及硒鼓更換

【實訓情景】
　　辦公室秘書小李在打印明天會議需要使用的文件時，發現打印機突然卡紙了，打印機停止了工作。

【實訓重點】
打印機卡紙的處理及判斷硒鼓是否需要更換。

【實訓步驟】
　　造成打印機卡紙故障的原因很多：打印機正在打印時抽出紙張，打印紙張質量不合規格，送紙路徑有紙屑、碎紙等雜物，裝紙盤安裝不正常，紙張質量不好，紙張傳感器出錯。硒鼓更換與卡紙處理有相似的步驟。

任務八　複印機雙面複印及複印身分證

【實訓情景】

公司決定星期四開股東大會，討論增加董事會成員的相關事宜，在眾多的有投資意向的各集團老總中，共同推舉出有利於公司成長的成為董事會成員。

【實訓重點】

身分證複印的要求。

【實訓步驟】

雙面複印需要不斷地打開複印機的上蓋進行翻頁，是要複雜一些。複印身分證有其比較固定的標準模式，也是需要注意的。

任務九　發送和接收傳真

【實訓情景】

集團經過漫長而艱苦的談判，終於經過各方妥協后，達成了一致意見，準備簽約了。當天晚上辦公室秘書王菲接到辦公室主任交給的任務，要向客戶傳真一份重要的協議，務必準確及時地完成任務，並向辦公室主任匯報。

【實訓重點】

傳真機的使用。

【實訓步驟】

1. 先將需要傳真的文稿準備好。有釘的要去除，文稿要排列整齊，以免混亂。
2. 將傳真稿件放置在傳送位置。
3. 撥打對方的電話，確認可以傳真后，進行傳真。
4. 傳真完成后致電確認。

任務十　複印機和傳真機卡紙處理

【實訓情景】

集團辦公室的王菲在複印機列印運行的時候以及傳真機在收發傳真時，均遇到卡紙，無法進行任務的情況，周圍並沒有同事幫助她，所以只好自己動手解決這個問題。

【實訓重點】

複印機與傳真機的內在結構及卡紙處理方法。

【實訓步驟】

1. 必須先按暫停鍵或者取消鍵。
2. 不能直接將被卡住的紙張抽出，以免損壞設備。
3. 大多數情況下需要找到硒鼓，撥出硒鼓后，才能抽出被卡住的紙張。
4. 傳真機的卡紙處理有額外的要求。

任務十一　安裝及使用掃描儀

【實訓情景】
　　公司辦公室秘書餘大壯在年底整理全年資料時，需要對重要文件進行保存整理歸檔。不但要求保留紙質的，而且也要保留紙質文件的電子版，所以他也按照常規要求，保留了文件的電子版。

【實訓重點】
　　安裝驅動程序及掃描設置。

【實訓步驟】
1. 要考慮到沒有安裝驅動的情況下，把工作全面完成。
2. 掃描后要注意保存的格式。
3. 需要進行修改的，可以直接用 Photoshop 軟件。

任務十二　Photoshop 的相關應用

【實訓情景】
　　在使用掃描儀掃描圖片后，電腦呈現出來的圖片有時達不到預期的效果，尤其是對色彩等比較注重的行業。

【實訓重點】
　　Photoshop 軟件修改圖片的基礎性應用。

【實訓步驟】
1. 可以用 Photoshop 來進行硬件的導入，把掃描儀直接導入軟件中，方便掃描和掃描完成后進行的修繕工作。
2. 綜合運用軟件的各種技巧對圖片進行修補。

任務十三　掃描儀的一般維護

【實訓情景】
　　經過一個多月的整理，餘大壯終於把一年的公司重要文件資料和備忘進行了掃描備份存儲。他發現掃描儀使用時的維護是最重要的，一旦發生故障，沒有電子學和光學基礎的人是無法進行維修的，所以平時的維護最重要。

【實訓重點】
　　正確的清潔方法。

【實訓步驟】
1. 切斷電源，斷開與電腦的連接。
2. 用清潔液進行清潔。
3. 注意面板的清理。

任務十四　數碼相機在會議中的使用

【實訓情景】
　　集團總部辦公室接到董事長的通知，要求辦公室做好三天后的一個大型產品的營銷年會的相關攝影工作。到時會有董事長講話，本市主管商務的副市長也將參與會議。辦公室主任叫有攝影經驗的李秘書承擔這項任務。

【實訓重點】
數碼相機的使用方法與技巧。

【實訓步驟】
1. 要營造出大型會議主席臺的格局。
2. 要突出發言者。
3. 組裝好單反相機，有條件的可以使用反光板。
4. 攝影過程中要把握好角度、光線、取景自然。

任務十五　DV 的使用

【實訓情景】
　　接上一個任務，李秘書在晚上時還需要對集團公司專門為接待賓客而開的一個晚會進行錄制，為此，李秘書早早就準備好了相關的器材。

【實訓重點】
DV 在會議中的使用。

【實訓步驟】
1. 把相關設備器材準備好，一般都會用到三腳架。
2. 電池在使用前確定充滿電。
3. 設定的位置和角度在現場調試好。

四、實訓準備

（一）知識準備

　　1. 計算機主機箱的整機清理

　　（1）拔下主機電源。拔下主機箱后面的其他連接線，拔顯卡的時候要先把左右兩側的螺絲擰開。

　　（2）卸機箱護蓋。用螺絲刀卸下主機箱側面護蓋上的螺絲，把蓋抽出來。

　　（3）置於室外。把主機箱拿到一個寬敞的地方，最好是室外，豎著放在地面上。

　　（4）大面積除塵。打開吹風機或者專業的除塵器，朝主機內部吹，特別要吹的是電源、芯片、顯卡、機箱后部的風扇處。遵循的原則是：由上到下、由內向外，先吹風扇，后吹其他部件。等灰塵吹得差不多時，進行下一步操作。

　　（5）除細處灰塵。把機器放在桌上，用皮老虎把吹風機吹不到的細小處比如卡槽處都吹一下，吹的時候用一塊濕毛巾蓋住吹起灰塵的地方，讓濕毛巾吸附掉大部分灰塵，避免

灰塵四周飄浮。

　　（6）裝機。所有的部件都清理乾淨后，把機箱蓋安裝好，擰好螺絲。把主機放回原處，插上電源等其他連接線。

　2. 顯卡的一般故障及維護

　　（1）開機無顯示。此類故障一般是因為顯卡與主板接觸不良或主板插槽有問題造成的。對於一些集成顯卡的主板，如果顯存共用主內存，則需注意內存條的位置，一般在第一個內存條插槽上應插有內存條。由於顯卡原因造成的開機無顯示故障，開機后一般會發出一長兩短的蜂鳴聲（對於 AWARD BIOS 顯卡而言）。同時檢查金手指是否氧化，用橡皮擦去擦拭金手指。

　　（2）顯示花屏，看不清字跡。此類故障一般是由於顯示器或顯卡不支持高分辨率而造成的。花屏時可切換啓動模式到安全模式，然后再在 Windows 下進入顯示設置，在 16 色狀態下點擊「應用」「確定」按鈕。重新啓動，在 Windows 系統正常模式下刪掉顯卡驅動程序，重新啓動計算機即可。也可不進入安全模式，在純 DOS 環境下，編輯 SYSTEM.INI 文件，將 display.drv=pnpdrver 改為 vga.drv 后，存盤退出，再在 Windows 裡更新驅動程序。

　3. 硬盤的一般故障及維護

　　（1）不在震動狀態下使用。

　　（2）需要長路途遷移計算機時，將硬盤拆卸出來，另行存放。

　　（3）硬盤壞道一旦出現，可以採用屏蔽硬盤壞道以阻止其擴散的辦法來減少損失，而且在劃分壞道區的時候要劃分多一點空間。同時對出現壞道的硬盤裡面的數據要經常進行備份，備份是解決數據丟失的最保險的辦法。

　4. 顯示器一般維護

　　清潔液晶顯示屏不需要專用的溶液或擦布，清水+柔軟的無絨毛布或純棉無絨布就是最好的液晶顯示屏清潔工具。在清潔時可用純棉無絨布蘸清水然后稍稍擰干，再用微濕的柔軟無絨毛濕布對顯示屏上的灰塵進行輕輕擦拭。但不要用力地擠壓顯示屏，擦拭時需要從上至下、從左到右一次擦拭，禁止亂抹式擦拭。

　5. 正確安裝打印機驅動程度

　　（1）接通打印機電源，並與電腦進行連接，將打印機正常開機。

　　（2）到打印機的官網搜索匹配的驅動程序並下載到電腦中。

　　（3）解壓並安裝驅動程序。

　　（4）進行打印測試。

　6. 雙面打印及其他打印設置

　　（1）將打印機通電源，檢查與電腦的連接，正確放置好打印紙。

　　（2）先點擊「預覽」文檔，看打印是否符合要求。

　　（3）打印時點擊「文件」菜單，點擊「打印」。①在彈開窗口左側設定打印「頁面範圍」為需要的，否則將打印文檔全部內容而造成浪費。② 在右側設定份數。③非重要文件，要多張時，點擊「屬性」，選擇「經濟模式」。④ 可點選「手動雙面打印」。

　　（4）點擊窗口下方「確定」，開始打印，查看打印出的是否符合要求。

　　（5）雙面打印時，還要按提示將打印出的紙取出（如超過一張紙按從上到下第 1、3、5……順序重新排好），空白面向上，頭朝裡，再放入放紙處，然后點擊彈出窗口「確定」。

7. 打印機卡紙處理及硒鼓更換

（1）首先看看進紙區域能不能看到紙張，如果可以則慢慢地將紙張向下拉出打印機。如果看不到紙張，那就要打開頂蓋區域找紙張。（注意：找到紙張後如果不能輕鬆移動紙張，不要強行拉出而要慢慢移動輥軸拉出）如果紙張附著在紙盤中，可以嘗試通過紙盤上部或從頂蓋區域把它拉出。

（2）紙張卡在頂部輸出區域，但大部分紙張仍留在打印機內，則最好通過后擋門取出紙張。這樣可以順著輥軸在后擋門拉出。

（3）首先打開雙面蓋拉動一下看能不能拉出紙，如果不能的話先把墨盒拿出來，就能輕易把紙張拿出了。

（4）抽出硒鼓，把新的硒鼓安裝好。

8. 複印機雙面複印及複印身分證

（1）接通複印機電源，進行一定時間的暖機。

（2）打開上蓋，將複印物放在面板上，開始列印。出紙後，再將紙張放正確，然後將目標物翻頁，進行第二次列印。雙面複印完成。

（3）將身分證正面放在複印機面板上，先列印正面，然後再列印背面，但注意要正面在上，背面在下，上下位置合理美觀。

9. 發送和接收傳真

（1）傳真機的使用。首先，把要發送的紙張有內容那面朝上，放到傳真機的入口位置。當然，不同品牌的傳真機紙張放置要求可能不一樣，按要求操作即可。其次，把傳真機的功能設置為「傳真」。再次，電話撥號，撥通要發傳真的目標對象的電話並等待對方接通。接通電話以後，告知對方發送傳真的請求，要求對方發送一個接收傳真信號。最後，對方在接受你的傳真請求，並發送給你傳真信號的時候，你的電話會從接通狀態突然發出一聲綿長的「叮」的聲音。聽到這個信號，迅速按下傳真機上的「啟用」（START）發送按鈕。

（2）接收傳真則與發送相反。首先是放置好紙張。其次可以設定自動接收傳真。如果設置是手動的，則在接聽電話後，點傳真鍵或者啟動鍵，就可以接收對方的傳真了。

10. 複印機和傳真機卡紙處理

（1）先按停止鍵。

（2）觀察紙張在出紙口的位置，打開前蓋，找到硒鼓。

（3）抽出硒鼓，然後將被卡的紙張緩慢地抽出。

（4）傳真機處理了卡紙後，還需要電話告知對方重新傳真。

11. 安裝及使用掃描儀

（1）平穩放置掃描儀。

（2）與電腦連接好，接通電源。

（3）如果沒有安裝相關的驅動程序，則需要去該品牌的官網下載，然後安裝。

（4）啟動 Photoshop，點擊載入掃描儀。在掃描之前，可調整掃描屬性，調整尺寸、變淺變深、銳化、色彩調整、分辨率、黑白閥值、鏡像、消除雜紋、復位工具等選項。調整完畢後，點擊掃描圖片。

（5）掃描文字可用另外的選項。比較常用的是 OCR 模式，對文字的識別比較通用，該程序還可以自動進行文字識別，並轉換為可編輯的文件。

（6）保存圖片。一般可用 jpg 格式等。

12. Photoshop 的相關應用

（1）用 Photoshop 進行后期修圖並沒有完全相同的步驟或流程，這個修圖過程與方法很大程度上取決於對修圖對象期望達成的效果。

（2）按 Cmd/Ctrl+Shift+N 來創建一個新圖層，然后使用修復畫筆工具（J），設置參數。

（3）綜合使用 Photoshop 的相關工具進行修改。

13. 掃描儀的一般維護

（1）掃描儀應避免震動和碰撞。在室內搬運時要小心平穩，需要長距離搬運時，必須先用固定螺栓復位。

（2）避免將物件放在掃描板玻璃和外蓋上，以免損傷掃描儀。

（3）掃描時，如果原稿不平整，可輕壓上蓋，但不能太用力。

（4）保持掃描儀的清潔。掃描儀玻璃平板上如果有污垢，可用抹布蘸少量酒精擦拭。

（5）不得拆開掃描儀給部件加潤滑油。

14. 數碼相機在會議中的使用

（1）設備準備：①相機：確認相機無故障、肩帶無斷裂，如果有條件，再帶上一個備用相機。②電池：準備兩塊以上的電池，並帶好充電器，以免因電池原因耽誤工作。③鏡頭：以 24～70 焦段作為主要鏡頭。④腳架：三腳架在這種需要不停走動的場合一般用不上，但是最好帶上一根獨腳架，有備無患。⑤閃光燈：帶上一只機外閃光燈和兩套電池。一般相機自帶的閃光燈指數較小而且只能直閃，使用局限較大。⑥工具：鏡頭紙、小皮槍、刷子等清潔用品。⑦包：準備一個能把這些東西都放進去的攝影包，做到包不離身。

（2）現場拍攝：①空鏡頭拍攝：到場后一定不要忘記拍攝會場以及會場各區域的空鏡，包括會場（曝光要以會場主體，如舞臺等數值為主）、大門口簽到處。一些較大的會議活動還會在會場外布置橫幅、氫氣球。還有就是特別的細節拍攝（會場裝飾物），比如準備發獎用的獎杯、獎狀特寫等。②主要人物會前拍攝：活動前一定要和主辦方和承辦方的負責人溝通，確定拍攝人物重點（包括主辦方領導以及受邀主要來賓），並且記錄主要領導或重要來賓交談的場面，包括寒暄和互贈名片的場面，盡量能夠結合背景的陳設，交代會議場所和環境。③活動過程拍攝。領導講話拍攝：如果條件允許，盡量抵近拍攝。這樣可以將主席臺的橫幅、投影等反應會議內容的信息拍攝在畫面當中。拍攝時機需要攝影者掌握，一般在講話者抬頭與參會者眼神交流或有手勢時按下快門，這樣可使講話者顯得更加生動。也有的領導自始至終不抬頭交流，這樣的講話者拍攝一般可在講話開始或結束時會出現講話抬頭的機會。但是為了保險起見，低頭的時候一定要拍上幾張以免內容缺失。拍攝角度一般要與講話者同高，盡量不使用仰角或俯角拍攝，並和講話者保持 45 度左右的角度。會場拍攝：主席臺拍攝一定要有全景和單人的特寫。由於主席臺背景一般色調較暗，拍攝盡量使用人臉曝光值測光數據，注意不要讓麥克風、水杯等擋住面部，如果有必要可以有一定的角度。另外會場內前排就坐的一般為比較重要的參會者，所以需要從左右兩個方向對會場進行拍攝。最后還要對會場全景拍攝，一般在后場后左、中、右三個位置各拍一張，曝光值同樣應該以主席臺測光數值為準。活動拍攝：一定要注意主要領導和重要與會者的活動並兼顧其他與會者。拍攝盡量做到人物和能夠表現活動的主題的背景相結合。當參與活動的人員走動時，應盡量走到前面拍攝，而不是從后面跟隨。還要提醒一下，照片的曝光寧欠勿過。

（3）相機的使用：①ISO：如果可能，在室內拍攝時盡量提高 ISO。活動拍攝曝光速度

的提高能更好地提高圖片的清晰度。②光圈：盡量不要把光圈開得很大。原因有二，首先盡量不適用鏡頭的光圈值的兩端，畫質會有些輕微的影響；最重要的是大光圈（如2.8）的對焦平面很薄，如果你拍的人物前后相差10厘米，就會出現一實一虛的情況。所以推薦，最好在4.5以上光圈。③閃光燈：在房頂不超過4米時最好採用反射閃光並利用眼神光板。反射閃光的好處是在提高拍攝主題亮度的同時，還可以適當拍攝環境的亮度，且被攝主體身后不會出現十分明顯的黑影。眼神光板可以增加被攝主體的亮度，調整眼神光板的反光量可通過調整閃光燈的輸出功率（使亮度更高或更低）、改變閃光燈焦段或直接使用柔光板（增加閃光角度）達到。在必須使用閃光燈而且需要交代環境的情況下，一般應保證速度最少八十分之一秒、光圈不低於4.5（保證足夠的對焦平面），並相應調整ISO值后測出曝光準確值。在使用閃光燈后通過調整閃光燈的輸出量使被攝主體曝光飽和的曝光速度比上述曝光速度稍快即可（一般達到1/100）。這樣可以更好地表現被攝主體所處的環境。

（4）拍攝集體合影。取景完整、中心突出、和諧。

15. DV的使用

（1）安裝電池、三脚架，將DV固定在三脚架上。

（2）調試好角度、光線和模式。

（3）注意在拍攝會議時畫面變換要慢，以突出會場嚴肅的氣氛，不要隨意快速變換場景。會議的拍攝大多數是動度比較小的畫面，聲音才是主要吸引人的地方，所以一定要注意聲音的清晰錄制。在拍攝時應該將攝像機的麥克風通過延長線對準發言人，這樣可以使錄音更清晰，主題更突出，但也要注意不要使攝像機的採音裝置與會場的揚聲系統距離太近。

（二）材料準備

實訓設備：計算機、打印機、傳真機、掃描儀、數碼相機、DV、十字螺絲批、液晶顯示器清潔液、粗纖維布。

實訓軟件：略。

五、建議學時

18學時。（其中：教師指導學時為6學時；學生操作學時為12學時）

六、實訓成果展示及匯編要求

實訓完成后每組提交實訓脚本或文本（含實訓重點討論分析一份），實訓演示情景錄像資料一份。

七、實訓工具箱

（一）案例分析

【案例1】一次特殊的拍攝任務

辦公室秘書張秘書在一次重要會議中，突然被公司的經理叫去進行拍攝一些會議照片，以便於記錄公司發展的重要時刻。但在此之前，張秘書並沒有使用過公司的攝影器材，也

沒有執行過類似的任務。

由於是中途受命，所以準備得不太充分。因此要善於利用已有的工具，進行一些微調，完成上級交代下來的任務。

但是，雖然單反相機各有特點，但是都有相似的功能。單反相機表面功能也有較多相似特點，所以可以先熟悉單反相機的表面按鍵功能。

P檔，一般就是程序曝光模式，由相機本身根據內部儲存的曝光資料來生成一個相對合適的光圈和快門的曝光組合進行曝光。

A檔，就是光圈優先曝光模式，即由使用者設定光圈大小后，由相機的內部處理芯片根據現場情況和所選定的測光模式，設定快門速度進行合理曝光的模式。

S檔，就是快門優先曝光模式，即由使用者設定快門速度后，由相機內部的處理芯片根據現場情況和選定的測光模式，設定光圈大小進行合理曝光的模式。

M檔，就是手動曝光模式，即光圈和快門完全由使用者自行決定，拍出的片子的質量，全靠著攝影者的經驗和水平了。

P檔，可以算是比較實用的一擋。

大多數相機都是以下三個原則來設置程序的：

（1）光線充足的情況下，光圈設為最優光圈：F8—F16，在此基礎上進行光圈優先曝光。

（2）光線一般的情況下，根據當前焦距（一般相機和鏡頭都有數據交換，即使是變焦鏡頭，相機也知道當前焦距是多少）決定快門速度（快門速度至少是焦距的倒數，符合手持拍攝要求），然后在保證曝光合適的情況下進行快門優先曝光。

（3）光線嚴重不足時，相機則會採用最大光圈下的光圈優先曝光。

瞭解了P檔后，就能在很多場合運用它。P檔其實是非常有用的一檔，抓拍時更是保證曝光成功的利器。

同時P檔有個值得一提的就是在你撥動參數設定輪的時候，光圈和快門的參數是可以調整的，只是調整其中某個數值的時候，另一數值會隨著改變就是了。這就是所謂的彈性程序曝光，可以在一定程度上替代光圈優先或者是快門優先。

A檔。大多數情況下，景深都很重要，光圈大小是單反相機控制景深的重要手段，所以用好A檔，就控制了全局。一般拍人像的時候，為了背景虛化，就用最大光圈下的光圈優先。拍景色的時候，為了成像優異，就用F16下的光圈優先。控制快門的速度的時候，甚至會使用到F45。拍攝微距的時候，A檔尤其重要，光圈大一擋、小一檔的效果有很大不同，所以在使用A檔的同時用好景深預視非常重要。

S檔，是有諸多限制的模式。相機一般至少有30、15.8、4.2.1.1/2.1/4.1/8、1/15.1/30、1/60、1/125.1/250、1/500、1/1,000、1/2,000十七個檔位。也就是說，在同一場景下，能與快門速度相匹配的光圈範圍不足7：17。少了10個檔位的光圈。當快門速度設在不合理的位置的時候，可能出現沒有光圈與之相匹配的情況，因而出現曝光過度或者是曝光不足的問題。數碼單反相機的出現，為S檔的運用開創了一個新天地，可以在ISO50、100、200、400、800、1,600間任意選擇，使快門的選擇餘地大了很多。

【分析】

1. 數碼單反相機一般分為幾部分？每一部分在存放和使用時應注意什麼？

數碼相機的存放與DV有共同之處，都需要將電池拆卸出來，然后充滿電，再放置於

防潮箱中。另外，數碼相機的存儲卡和鏡頭也需要拆卸出來存放。鏡頭如果是長焦的，則需要立放。

2. 鏡頭有灰塵或指紋如何處理？

鏡頭有灰塵或指紋可用鏡頭紙進行清潔。本身單反相機也會有自清潔程序，如果並非默認的，調試出來即可。

一般不在現場進行照片的刪除動作，所以估計好SD卡大約能存儲多少張照片。

還可以運用Photoshop進行后期製作和完善。

（二）拓展閱讀

中國期刊網中有大量關於計算機硬件的一般維護的論文，例如《計算機日常維護》《液晶顯示器成像原理》《論硬盤的一般維護及要點》《打印機的故障及解決》《Photoshop從入門到精通》《傳真機的數字數控壓縮》《辦公室攝像原理與實踐》。

國家圖書館出版品預行編目(CIP)資料

秘書工作綜合實訓 / 楊珈瑋 主編. -- 第一版.
-- 臺北市：崧燁文化，2018.09

　面；　公分

ISBN 978-957-681-495-2(平裝)

1.祕書學

493.9　　　　107013264

書　名：秘書工作綜合實訓
作　者：楊珈瑋 主編
發行人：黃振庭
出版者：崧燁文化事業有限公司
發行者：崧燁文化事業有限公司
E-mail：sonbookservice@gmail.com
粉絲頁　　　　網　址
地　址：台北市中正區重慶南路一段六十一號八樓 815 室
8F.-815, No.61, Sec. 1, Chongqing S. Rd., Zhongzheng Dist., Taipei City 100, Taiwan (R.O.C.)
電　話：(02)2370-3310　傳　真：(02) 2370-3210
總經銷：紅螞蟻圖書有限公司
地　址：台北市內湖區舊宗路二段 121 巷 19 號
電　話：02-2795-3656　　傳真：02-2795-4100　網址：
印　刷：京峯彩色印刷有限公司（京峰數位）

　　本書版權為西南財經大學出版社所有授權崧燁文化事業有限公司獨家發行電子書繁體字版。若有其他相關權利及授權需求請與本公司聯繫。

定價：400 元

發行日期：2018 年 9 月第一版

◎ 本書以POD印製發行